徐州饮食概论

张涛 钱峰 著

中国商业出版社

图书在版编目(CIP)数据

徐州饮食概论 / 张涛,钱峰著. —— 北京：中国商业出版社,2020.7
ISBN 978—7—5208—1169—9

Ⅰ.①徐… Ⅱ.①张… ②钱… Ⅲ.①饮食—文化—徐州 Ⅳ.①TS971.202.533

中国版本图书馆 CIP 数据核字(2020)第 097003 号

责任编辑:李飞　蔡凯

中国商业出版社出版发行
010—63180647　www.c—cbook.com
(100053　北京广安门内报国寺 1 号)
新华书店经销
北京京丰印刷厂印刷

*

787 毫米×1092 毫米　1/16 开　14.50 印张　320 千字
2020 年 7 月第 1 版　2020 年 7 月第 1 次印刷
定价:128.00 元

*　*　*

(如有印装质量问题可更换)

千年美食,香溢彭城

赵彭城

"民以食为天",这是公认的真理。而食什么、怎样食、味道如何?这三个问题则构成了中华饮食文化的蔚然大观。

食什么?可探索到一座城市或地域的地理位置、土壤条件、气候环境,植物界、动物界的物产状况。

怎样食?可见其烹饪技艺、人伦礼仪、节庆需求及政治礼制。

味道如何?则是关乎一城一地的经济社会发展水平,人文性格及审美趣味了。

《徐州饮食概论》(以下简称《概论》)的作者张涛、钱峰二位先生,潜心研究、认真梳理徐州这座历史文化名城的饮食概况,而且紧扣城市历史文脉,深刻剖析饮食文化与政治、经济、社会、文化的关系,以翔实的史料,精确地论述,阐明了以上三个问题,可称《概论》的一大亮点,也是作者对徐州文化建设的学术贡献。

我曾有一个多年百思不得其解的困惑:徐州为"彭祖故国、项羽故都、刘邦故里",徐州饮食文化渊远流长,而为何在著名菜系中无一席之位?仔细品读了《概论》后,我释疑了,徐州的千年美食溯源,可统称彭祖菜系、大汉风味。彭祖为中华烹饪鼻祖、养生大师。当然中国历史上也还有卓有贡献,享誉一方的大师。但如按上古历史年份及可考的典籍中,孔子、屈原等名家对彭祖的赞颂(《论语》"述而"篇中:"述而不作、信而好古,窃比于我老彭"。屈原天问:彭铿斟雉,帝何飨?)。彭祖名列首位也名副其实、当之无愧。人们以往有一认识误区,仅仅认为菜系就是一本菜谱,而忽略了形成菜系的历史文化积淀和博大精深的哲学思想。历史说明长度,哲学则证明了真理普遍性的宽度。彭祖的饮食养生思想中,关于阴阳平衡、五味调和、顺时养生、遵循自然、药食同用、合理配伍等调理机体的重要原则与方式,则对后世的中医原理、道家学术、儒家理论起到先启作用。《概论》精辟的论述，可谓提炼凸显了饮食文化的精髓。我与文友李文顺先生多次研讨，一致认为：普天之下，各大菜系皆遵循彭祖饮食养生思想，结合本地食材，研发丰富多彩的饮食产品，逐步形成菜系。彭祖不仅留下几道名菜，更重要的是创立了养生原则、产品标准，这才是一流杰作，功莫大焉！徐州再无树立菜系之必要，以营养、风味取胜足矣！

徐州饮食为何对广大区域乃至各大菜系产生深刻影响呢？究其历史原因，还因为徐州是汉文化发源地。汉王朝一统天下四百多年，对封建社会的发展和汉文化建立，奠定了坚实的基础，"近水楼台先得月"，其中为徐州饮食文化填充了丰富的儒、释、道内容。在《概论》中所述"龙凤宴""凤鸣宴""太极宴"可见端倪。同时，汉风的形成有浓重的民俗性。民俗学家鲁思·本尼迪克特在《文化模式》中说："民俗是一个国家或民族中广大人民所创造享用和传承的生活文化"。民俗是民族心态的浓缩，是现实生活中不成文的模式。《概论》中总结的徐州饮食特色，最生动地体现了各种美食的民俗性。民俗性就是民族性。这是徐州饮食从形式到内容广泛传播，深受人们欢迎的重要原因，所以在各地饮食中多可看到徐州饮食的印痕与风味。

民俗与城市命运紧密相联。徐州所处的地理位置，决定了自古是兵家必争之地。清代地理学家顾祖禹说："经营天下，岂可以彭城为后图哉！"战火一次次摧开徐州城门，从夏朝至新中国成立，徐州曾发生了四百多起战争，在古代万人规模战役就有二百多起。军事上的对峙与胜负之后，多路人马均留下各自地域的饮食习俗，深深积淀在城市之中。故徐州兼有南甜北咸，东辣西酸的风味特点，而形成了自身五味俱全，鲜咸为主的特色。历史造就了徐州饮食文化的开放性、包容性、传承性。汇集与扩散，交流与融合，徐州具有了强大的辐射力和美誉度。

更为可贵的是《概论》，从徐州城市的人文精神、性格特征、审美情趣作了概括总结。徐州饮食文化体现了中华民族的传统美德。饮食首先要讲"礼"，尊老爱幼，长幼有序；要讲"德"，重情义，宽厚待人；要讲"趣"，美美与共、团圆和美；要讲"和"，五味调和，精烹美味。健身、快乐为最高境界，也是传统中医的养心养身之精髓。

《概论》令人信服地诠释了那句名言："民以食为天"。天是什么？第一是关乎生命、生存的大事;第二是生活品质、民生幸福的大事;第三是传承、发展、创新民族饮食文化的大事。这都是天大的事。感谢《概论》!

《概论》读后,我心中泛起乡愁:一城青山半城湖,千年美食百姓福。愿徐州早日成为世人瞩目的"美食之都"!

赵彭城

2020 年 谷雨时节

(徐州市政协原副主席

曾任江苏省烹饪协会副会长

徐州市烹饪协会会长)

春天的收获

孟夏时节,收到了钱峰和张涛两位老师送来的《徐州饮食概论》书稿,读完之后,很有几句话想说。

自古彭城列九州。6000年的文明史和2600年的建城史,使徐州这座城市充满了浓重的文化气息。"彭祖故国"、"刘邦故里"、"项羽故都",每一个名头都伴有许多动人的历史传说,而彭祖便是人们口中的中国厨师鼻祖,他烹制的"雉羹"和"羊方藏鱼"也使其成为中国饮食文化的源头和重要组成部分,这已成为基本定论。作为彭祖故国的后来者,我们感到十分荣幸和自豪。

尽管徐州饮食文化源远流长,我们的前人也曾制作了诸如"凤鸣宴"、"龙凤宴"、"太极宴"等传世宴席,但迄今为止,还没有一册从烹饪专业的角度全面阐述徐州饮食文化的文献,所以,这次《徐州饮食概论》的出版应该具有类似饮食文化里程碑的意义。

全书共分四个大板块。分别为:徐州饮食文化篇,徐州饮食特色篇,徐州物产篇和徐州饮食习俗篇,末尾还附录了"名人与饮食文化"以及"徐州饮食'老字号'"等知识小品,整体感觉资料详实,内容全面;描述精准,涉猎广泛。从历史到当代,从小吃到大宴,从菜品到配料,从食俗到方言,无不讲述的头头是道,津津有味,读来令人兴致盎然,爱不释卷。可谓是"一册在手,食事尽知"。

然而我更感兴趣的还不只是这本书本身,因为我和这两位作者老师曾为同事。他俩都是江苏省徐州技师学院的教师和干部。我则担任过这个学校的党委书记,我们在一起共事长达四年之多,彼此之间的合作支持十分值得留恋和回忆。钱峰老师曾获烹饪专业硕士学位,长期从事专业教学、科研以及管理工作,领导业绩突出,科研成果丰富,现为徐州地区屈指可数的烹饪专业正教授之一。张涛老师则是徐州烹饪界年轻的老专家,是最早一批国家级烹饪大师。擅长地方菜和川菜，精于专业培训和新品研发，长期从事各级烹饪大赛评判以及规则制定工作，在全国及至省内同行中人脉较广，享有声誉。这次他俩联手编写这本《徐州饮食概论》，既为徐州的饮食文化建设填补了一项空白，也进一步提升和奠定了他们在徐州餐饮界的地位和影响。特别是当前徐州市正在举全市之力创建"世界美食之都"之际，《徐州饮食概论》的面世必定为尽快实现这一目标注入一股更强的推力，实在是一件大好事。我为徐州市饮食文化研究再添新成果而感到高兴，也为两位作者的共同进步感到欣慰，当然，我更希望广大读者能够多多关注和支持徐州市饮食文化建设，努力打造世界美食之都，创造我们更加美好舒适的幸福生活。

庚子年夏日于久隆凤凰城陋舍

（作者为江苏省徐州技师学院原党委书记、徐州市饮食文化研究会会长）

目 录

徐州饮食文化篇

徐州饮食文化 ……………………………………………………………（3）
徐州菜的历史渊源 ………………………………………………………（17）
"徐州饣它汤"索源 ………………………………………………………（21）
淮海地方菜沿革 …………………………………………………………（23）
彭祖饮食文化形成与发展 ………………………………………………（29）
徐州两汉饮食文化概述 …………………………………………………（45）
徐海风味的形成与发展 …………………………………………………（66）
徐州酒文化特征 …………………………………………………………（71）
徐州食羊与"伏羊文化" …………………………………………………（75）

徐州饮食特色篇

徐州早点的风味特色 ……………………………………………………（85）
徐州民间乡土菜的风味特色 ……………………………………………（93）
徐州古今宴席的风味特色 ………………………………………………（101）
胡德荣与道家名馔"太极宴" ……………………………………………（109）
徐州面食的饮食风味特色 ………………………………………………（113）
徐州小吃的饮食风味特色 ………………………………………………（119）
徐州小菜的风味特色 ……………………………………………………（125）
徐州素食的风味特色 ……………………………………………………（129）
徐州八大碗与其他地区八大碗风味特色 ………………………………（133）
徐州窑湾船宴的风味特色 ………………………………………………（139）
徐州蒸菜的风味特色 ……………………………………………………（141）
徐州地锅的风味特色 ……………………………………………………（143）

徐州饮食物产篇

徐州蔬菜 …………………………………………………………… (149)
徐州水产 …………………………………………………………… (153)
徐州果品 …………………………………………………………… (157)
徐州调味品 ………………………………………………………… (159)
徐州糕点 …………………………………………………………… (161)

徐州饮食习俗篇

日常食俗 …………………………………………………………… (171)
节日食俗 …………………………………………………………… (175)
婚丧食俗 …………………………………………………………… (179)
饮食方言 …………………………………………………………… (181)

徐州饮食其他篇

名人与徐州饮食文化 ……………………………………………… (189)
徐州饮食"老字号" ………………………………………………… (199)

徐州饮食
文化篇

徐州饮食文化

徐州古称彭城，具有四千多年的历史，尧舜时期，因彭祖制羹献尧而被封为大彭氏国。大禹治水时就将徐州列为华夏九州之一，徐州自古就是北国锁钥、南国门户、兵家必争之地和商贾云集中心，有"彭祖故国、刘邦故里、项羽故都"之称誉，也有"千年帝都""帝王之乡"之美誉。徐州不仅是彭祖文化和两汉文化的发源地，也是"道家基地、天师故里"（中国道教创始人张道陵，徐州丰县人），同时还是中国佛教的发源地，中国最早的佛寺"佛屠仁祠"即诞生于此。现为中国历史文化名城，淮海经济区中心城市。徐派作家王茂飞这样评价自己的家乡徐州："一州，两汉，三楚之西，乾隆四巡，五省通衢，六千年文明，主席七访，八百寿彭祖，九朝帝王徐州籍，十里长街淮海路。"

饮食是人类生存发展的基础，是人类与自然界的一种物质交换。饮食活动创造了一个色彩斑斓的"文化世界"，饮食文化在人类的整个文化中具有不可替代的独特地位，更是中国传统文化中最具有特色的现象之一。从火的发明和应用，变生食为熟食，人类的饮食文化史就翻开了新一页。从那时起，饮食就已经不仅是满足人们的生理需要，而且也在一定程度上满足了人们的精神层面的需求。国以民为本，民以食为天，徐州悠久的发展历史孕育并创造了饮食文明，在历史的长河中，勤劳的徐州人民逐步创立了浓厚的地方饮食文化，对中国饮食文化的发展，具有举足轻重的地位。在历史发展的长河中，创造了灿烂的饮食文化，并且经过历代的发展，流传至今。

一、夏商周时期的饮食

远古时期，徐州处于获水与泗水之交，周围山岭叠嶂，具备远古时期部族定居和获取生活资料来源的条件，神农氏以后，人类饮食文明从远古的生食到熟食、从本味到调味已经积累了大量的经验。这一时期，陶器已经出现，农业经济有了一定的发展，饮食方式得到了一定的改善。在6000多年前邳州（徐州东80公里）大墩子遗址中，出土了大量的陶器，以夹沙红陶和泥质红陶为主，有少量单色彩陶，全是手工制品，器型简单，钵为平底；还有石斧、石匕首、骨针、鱼形标、鹿角镰、石镐、骨镞等；出土大量牛、羊、猪、狗、鹿、雉的遗骸，狗的遗骸最多，并用整狗做殉葬品。并掘出一陶罐粟，联系古籍所载：黄帝教人民种五谷，人们开始吃粥饭。证明6000多年前大墩子先民已从游猎为主向以农耕为主的生活迈步，农业、渔猎生产已见端倪，徐州地区的饮食文明从那时起逐步建立。

从大墩子出土文物而知远古先民已有饲养禽畜之事。先时是狗、猪，后来由于有了更多的饲料（包括粮食作物的禾秸），牛、羊、鹿、雉等渐有饲养，还发明各种各样的农业生产工具，如翻土用的石铲；收割用的獐牙勾形器、石刀、古镰；碾磨谷物的石磨棒。此外，鱼镖、镞、网坠等工具和鹿、獐、牛、鱼、龟、蚌等残骸的发现，说明当时渔猎生活仍占有一定的地位。这一时期农业和渔猎的发展，粮食的种植、动物的饲养，为饮食提供了丰富的食物资源；陶器的使用，形成了原始的煮、炖、熬、蒸等烹调技法；石具的应用，改善了食物的外观，形成了一定的食物加工技法。盐的食用和酒的酿造已成规模，这在邳州大墩子遗址出土的陶制容器中可以发现。黄帝作灶、昆吾作陶、彭祖制羹等故事传说得到了验证。从挖掘状况看，当时主要生产工具多发现于男性墓内，纺轮多发现于女性墓内，这说明在原始社会时期生产活动上，男女已有了比较明确的分工，过着男耕女织的生活。

古代徐州，土地肥沃，气候暖湿，山水陆地相间，是古人良好的栖息地。徐者，舒也，徐州称徐，说明这里地势平缓、土地宽舒，适宜人类生存。《禹贡》中记载："海、岱及淮惟徐州。淮、沂其乂，蒙、羽其艺，大野既猪，东原底平。厥土赤埴坟，草木渐包。厥田惟上中，厥赋中中。厥贡惟土五色，羽畎夏翟，峄阳孤桐，泗滨浮磬，淮夷蠙珠暨鱼。厥篚玄纤、缟。浮于淮、泗，达于河。"可以看出，古代徐州地理环境优越，物产丰富，但由于当时生产力水平的限制，人们的生存条件仍然十分艰苦。"太羹不和，粢食不毇"。时常受到干旱、洪水、战争、疫疾等不利因素的影响，特别是洪水，古籍记载尧帝率民抗洪，积劳成疾，身染沉疴，竟然卧床不起，一连数日，粒米、滴水未进，彭祖山上打来野鸡，配以稷米，熬制成"雉羹"，献于尧帝，治好了尧帝的沉疴，于是尧帝封彭祖为大彭氏国的酋长。爱国诗人屈原就此留下"彭铿斟雉帝何飨？受寿永多夫何久长？"的诗篇。东汉王逸《楚辞章句》注曰："彭铿，彭祖也。好和滋味，善斟雉羹，能事帝尧，帝尧美而飨食之也。"宋代洪兴祖《楚辞注》补注曰："彭祖姓钱名铿，帝颛顼玄孙，善养气，能调鼎，进雉羹于尧，封于彭城。"彭祖的"雉羹之道"逐步发展成为"烹饪之道"，雉羹也成为我国典籍中记载最早的名馔，被誉为"天下第一羹"。陶文台教授在他的《中国烹饪史略》中称彭祖"是我国第一位著名的职业厨师"，而且是"寿命最长的厨师"，至今仍被尊为厨行的祖师爷。彭祖不仅是一位美食家和制作者，更是一位养生大家，创立了"爨阵八法"的厨房布局，其"糜角鸡""水晶饼""雉羹"流传至今。因此，也可以说，徐州是中国饮食文化的发源地。

相传，汉字的"鲜"字，来源于彭祖的"羊方藏鱼"。传说彭祖的小儿子夕丁喜捕鱼，但彭祖恐其溺水而坚决不允。一日夕丁捉到一条鱼，恐父亲责备，央母亲将鱼藏入正在烹煮的羊肉罐内，彭祖品尝羊肉时感到异常鲜美，当弄清原因后如法炮制，使"羊方藏鱼"这一名菜流传至今，后来演变为"鲜"字来源。

据文献记载,商周时期,饮食业已经相当发达,青铜器的发现和使用,使传统的食具和盛器有了变化。《史记·殷本纪》:"大冣乐戏于沙丘,(纣)以酒为池,县(悬)肉为林,使男女裸相逐其间,为长夜之饮。"说明商代饮食业的发达。《诗经》作为我国第一部反映周代礼教文化和社会生活的诗歌总集,为我们提供了大量的饮食方面的资料。周朝灭殷商,徐州被并入青州内。在徐州贾汪庙台子发现了周代遗址,遗址揭露出3000年前周代人居住的房屋残存和一些器物残片,让我们感受到先人们农耕渔猎、安居乐业的生活气息。这一时期,徐州的饮食业也发展到了一个新高度。

商周时期是中国饮食文化的成形时期,以谷物蔬菜为主食。主要农作物有:稷,指小米,又称谷子,是主要的食物来源,为五谷之长;黍,又称粟,仅次于稷;麦,主要指大麦;菽,指豆类,主要是指黄豆和黑豆;麻,指大麻。南方还有稻等。

二、春秋战国时期

周灭商,统一全国后,实行分封制,建立了许多诸侯国。徐州初属吕国,吕亡于宋(年代不可考)改属宋,始称彭城邑。这是徐州正式称为彭城的开始。这一时期农业经济逐渐发展起来,手工业和商业也开始兴起。各诸侯国为了发展和保护本国的经济,巩固自己的统治,防御敌国的入侵,先后在国都和新兴起的城邑正式筑城。可以肯定,在吕国统治时期的徐州,也同吕国首都吕城(城址在徐州东南六十里处吕梁洪旁)一样,已具城市规模,这就是宋亡吕占领彭城称为彭城邑的原因。"子在川上曰,逝者如斯夫,不舍昼夜"这是孔子从曲阜沿泗水南下,途经吕梁而发出的感慨。

战国初期,宋国为避强敌锋芒,又可占据战略要津,把都城从睢阳迁到彭城,彭城为宋邑(《宋都城考》)。当时,彭城是"商贾云集,酒楼市肆星罗棋布"并有"驿站,馆舍",饮食业发展比较迅速。公元前286年,齐国乘宋树敌较多和内政衰微之机,联合燕国一举灭了宋国,彭城纳入齐国版图。公元前284年,秦、魏、韩、赵、楚等国组成联军,大举进攻齐国,齐国大败,原占有的宋国土地也被魏楚重新瓜分。楚国得到了沛和彭城。虽然彭城一带属楚的时间只有60余年,但彭城一带受楚文化的影响较深,楚风俗非常浓厚。徐沛一带的人自称为楚人,操楚音。汉高祖刘邦所作的《大风歌》就是楚音。公元前223年秦灭楚,彭城最终归秦国。

徐州离曲阜(孔子故里)、邹城(孟子故里)较近,受孔孟礼教的思想影响较深,孔子多次到徐州,求教老子,宣传儒家思想。由于儒家思想的传播和近邻习俗的影响,徐州的饮食习俗中含有浓厚的礼仪习惯,影响至今。

春秋战国以来,以铁器和牛耕技术为主要代表的先进生产工具、技术的诞生和推广运用,大大提高了社会劳动生产率,促成了社会全面的变革。由于生产力和生产技术的进步,社会分工的发展,经济结构和经济规模发生了较大的变化。

在食物的来源上,扩大和提高了粮食的栽培区域和技术,农耕工具得到了极大的改善,人们对饮食的追求进一步提高。孔子在《论语·乡党第十》说道:"齐必变食,居必迁坐。食不厌精，脍不厌细。食情而锡。鱼馁而肉败不食，色恶不食，臭恶不食，失饪不食，不时不食，割不正不食，不得其酱不食。"可见人们对饮食的需求较前人有了很大的变化。

在饮食器具、食品生产加工上，也有了一定的发展，青铜器替代了陶器，促进了烹饪加工技术和烹调技术的发展。

三、秦汉时期

秦朝从统一六国到灭亡，只有15年时间，从此被汉代代替。两汉时期跨越四百余年，是中国历史上大一统的发展时期。作为两汉文化的发源地，一个"汉"字，彰显了大汉民族的灵魂，汉字、汉人、汉族……它对中华民族的文明发展，乃至对世界文化的发展都产生了重大而深远的影响。也是中国饮食文化史的重要阶段。

公元前202年，刘邦胜战项羽，建立西汉，定都长安。徐州仍称彭城县，属楚国，以彭城为国都。楚国是楚元王刘交（刘邦的弟弟）的封地。

徐州经过两汉四百余年的长足发展，徐州共有十三位楚王、五个彭城王。解忧公主是第三代楚王刘戊的孙女，为了维护汉朝和乌孙的和亲联盟，奉命出嫁到西域的乌孙国，自幼生长在徐州的解忧，自然而然也将徐州的饮食风俗、物产食品等带到了西域，扩大了徐州饮食的影响，不少学者在"一带一路"的影响下，也在研究"一带一路"的饮食交流。

汉代徐州，生产力得到了很大的发展，农、林、牧、副、渔得到了全面发展，这为汉代的饮食提供了丰富的物质基础，饮食资源得到了充分的开发。在这期间，饮食原料、饮食器具、加工技术、烹饪技术、饮食礼仪等都得到空前发展，这在汉画像石中出现的许多饮食场面可见一斑。在出土的汉画像石上，有官场宴会、市肆酒楼、歌舞宴宾、二人对饮、四人小酌的动人画面；也有鸡、鱼、兔、鹿、雁等原料图案；还有庖人凭案宰牲、厨人烧火、烹制作炊、案头操作等场景；特色技艺烤羊肉串、腌制的腊鱼、风肉高悬于庭的食物场景也呈现在众多的画面中。证明徐州2000多年前飨食活动就已相当丰富，并且成为日常生活中的一部分。在徐州市铜山县汉王乡发现的汉画像石中，尤为突出的是庖厨内容占了一半。在出土文物中，有各式汉代炉灶，如炮台灶、连眼灶、拔烟灶等。从徐州出土的汉墓中的食物、汉画像石上饮食原料图案以及史料记载来看，当时的食物主要有：稻米、小麦、谷子、高粱、稷、粟、豆等农作物；猪、牛、羊、狗、兔等畜类；鸡、鸭、鹅等禽类；鱼、鳖、鳝等水产；菠菜、葵、蔓菁、韭菜、茄子、萝卜、白菜等蔬菜；桃、杏、柿、梅、枣等水果；说明汉代食物原料来源丰富。随着张骞出塞，开拓了汉朝与西域诸国的贸易，开辟了西域的"丝绸之路"，中西（西域）饮食文化得到了广泛交流，引进石榴、芝麻、葡萄、胡桃（核桃）、西瓜、甜瓜、黄瓜、菠菜、胡萝卜、茴香、芹菜、胡豆、扁豆、苜蓿、莴笋、大葱、大蒜，还传入了一些烹调方法，如炸油饼，胡饼（芝麻烧饼，也叫炉烧）。

淮南王刘安发明豆腐，使豆类得到了广泛的应用，物美价廉，可做出许多种菜肴，1960年河南密县发现的汉墓中的大画像石上就有豆腐作坊的石刻。东汉还发明了植物油，但很稀少，南北朝以后植物油的品种增加，价格也便宜。同时域外烹饪技术传入了中原，饮食市场日益繁荣。

汉代，徐州的烹调技术已有较大发展。《汉书》记载有"汉颍川尹逞为徐州刺史，以小铜釜甑，一日于炊"。由此不难看出，当时已将粗笨的陶釜，用青铜鼎改为轻薄小巧的铜釜，有了轻巧的炊具，这是炊具的一大进步。用小锅旺火，是速成菜肴脆、嫩、鲜的起源，这在出土的汉画像石中也有画面表现。随着冶炼技术的提高，铁器逐渐取代铜器，铁质器具和工具，在西汉得到普及，并不断改良革新，不仅有生铁铸的鼎、釜、甑、炉等器具，还出现了铁煅的厨刀、轻薄的供小炒用的小釜、大口宽腹的小鬵、类似隔舱锅的五熟釜和夹层蓄热的诸葛行锅等，铁釜的广泛使用，为炊事提供了方便。睢宁双沟出土的东汉画像石有"牛耕图"，描述了使用"二牛抬杠"方式耕种的场景，说明铁质工具得到了普遍使用。

在刘、项争霸的楚汉时期，项羽称霸定都彭城。传说在"开国大典"时，虞姬娘娘设制"龙凤宴"。当时彭城已成为军事中心，客栈、菜馆、酒楼随之盛兴。楚汉相争的结果，刘邦取得了天下，称汉高祖，都于西安。据《三辅旧事》载："太上皇（刘邦的父亲）不乐关中，高祖徙（迁徙）丰、沛屠儿，沽酒、卖饼商人，立为新丰县，故一县多小人。"此段《西京记》也有记载。历史上称为"东食西迁"。

《后汉书·楚王刘英列传》载："帝以亲亲不忍，乃废英，徙丹阳泾县，赐汤沐邑五百户。遣大鸿胪持节护送，使伎人奴婢妓士鼓吹悉从，得乘辎軿，持兵弩，行道射猎，极意自娱。男女为侯主者，食邑如故。"这段历史称为"北食南迁"。

据《史记·高祖本纪》载：公元前195年，刘邦讨伐英布叛乱后，回师来故里沛县（今徐州沛县）设宴同父老子弟欢聚，酒酣，刘邦击筑作《大风歌》"大风起兮云飞扬，威加海内兮归故乡，安得猛士兮守四方"。史料记有刘邦集名师、汇珍馐大宴百官于沛。后有人题联云："集四海琼浆高祖金樽于故土，会九州肴馔铿锵膳秘以彭城。"当时宴会盛况，可见一斑。

汉代的主要农作物以粟、麦为主，随着水稻种植北移，稻谷也逐渐成为当时的一种主要食物来源。饼是当时的主要食物之一，刘邦在西安建新丰城，曾迁徙丰沛屠儿，酤酒、卖饼商人。

汉朝，饮酒之风甚盛，从史料记载以及汉画像石中可见，各种宴饮的场面比比皆是，饮酒器具在出土的文物中，也经常遇到。

汉代食狗之风盛行，跟随刘邦打天下的樊哙，就曾是杀狗卖狗肉的，关于"鼋汁狗肉"的传说流传至今，樊哙后裔传承的"鼋汁狗肉"已成为徐州市非物质文化遗产，影响深远。

汉代养殖业发展迅速，羊为当时主要的饲养动物之一，从古代祭祀来看，羊就是主要的祭祀用品，当今的徐州（彭祖）伏羊节，延续了几千年的食羊风俗。

经有关专家学者和厨师的挖掘研究，汉代流传下来的主要名菜有裹炸豚肮、整炸肝膂卷、沛公狗肉、鱼汁羊肉、犬鼋烩、凤凰卧巢、鸳鸯鸡、牝鸡抱蛋、霸王别姬、炸长春卷、煎椿芽托盘、荷叶蒸鱼、瓢花篮苹果等。

主要宴席有高祖宴、汉王宴、凤城宴、汉御宴、汉宫宴、汉风宴、刘邦布衣宴、全狗宴等。尤其是徐州流传历代至今的"八大碗"，是"吃大席"的戏称，特别是在乡村，过年过节，遇到喜事，吃大席是非常普遍的。这种大席每桌八个人，八道凉菜过后，八道热菜一碗一碗上，都用清一色的大黑碗，徐州称为"窑黑碗"，看起来爽快，吃起来过瘾，具有浓厚的乡土特色。"八大碗"源于徐州市非遗保护项目，沛县汉宴"十大碗"源于东汉初年，至今已有近两千年历史。据传说，东汉初年，光武帝刘秀率文武百官赴沛县高祖原庙祭拜进香。沛县县令闻报后十分忧愁，这么多的王侯将相口味各异，饮食招待成了最大难题。一位老厨师建议不妨做出十道大菜，有荤有素，酸、辣、甜、咸风味各不相同，任由随便挑选。县令闻听大喜，当即吩咐照此办理。光武帝及文武百官食用后，果然个个满意，皆大欢喜。光武帝回京后参照此法制作宴席，并传至民间，被当地人称为"水席"，传承至今。此即十大碗来历的传说。

徐州东部日常所食煎饼这一时期已经出现，东晋王嘉《拾遗记》："江东俗称，正月二十日为天穿日，以红丝缕系煎饼置屋顶，谓之补天漏。相传女娲以是日补天地也。"南梁宗懔《荆楚岁时记》："北人此日食煎饼，于庭中作之，支薰火，未知所出。"文中的"此日"指正月初七这一天。

徐州特产烙馍、盐豆起源于这一时期。相传在楚汉相争时期，刘邦的大军屡战屡胜，项羽只有仓促逃亡，在逃亡中，粮草供给不上，士兵没有饭没有菜，于是将黄豆煮熟既当饭又当菜，但是刘邦还是在不停地追杀，于是没有吃完的黄豆就被装进蒲包，藏在粮草车里。等到摆脱刘邦的追杀，已是五六天后，此时煮熟的黄豆已经长满白丝，士兵自叹命苦，连黄豆都没得吃。有的人在长白丝的黄豆里面加盐，没想到，加盐之后的黄豆比原来的更好吃。于是，盐豆便在项羽的军中流行开来。后来，刘邦战胜了项羽。盐豆，就成了刘邦的战利品，而这道菜也开始在徐州民间广为流传。徐州烙馍是徐州独特的一道美食，据传说在楚汉相争的年代，韩信的军队行军时，所带军粮是当地盛产的小麦，既不好携带也不方便食用，足智多谋的汉朝大将军韩信令部率们把小麦磨成粉，用生铁做成鏊子，放在火上，烙成薄饼，流传至今。烙馍的吃法很多，最普遍的吃法就是用烙馍卷上各种炒菜，既好吃又快捷，很适合军队边行军边吃，后来徐州人还把油炸馓子卷在烙馍里吃，外面酥软里面脆香，美味无比，到徐州旅游的游客，都要专门尝一尝。

徐州特产羊角蜜，因其形态似山羊之角，内含蜜糖而得名。民间传说，霸王项羽率军与汉刘邦大战于九里山前，在人困马乏、饥渴难耐时，山上牧童用一只羊角盛满野蜂蜜，敬献给楚霸王项羽及妃子虞姬饮用，项羽饮后顿觉神清气爽、愉悦无比，霸王大喜，把随身镶满金银珠宝的佩剑送给牧童。后来，军师范增命御厨房用面粉制作成羊角形的点心，里面灌制蜂蜜、麦芽糖，成为楚王宫里的一道名点。随着岁月的变迁，昔日楚王宫的御用名点逐步演化成古城徐州一种著名的特产点心。

自东汉末年已有"徐方百姓殷盛，谷食甚丰，流民多归之"（《后汉书·陶潜传》，中华书局，1982年）之美誉，成为可与中原媲美的发达地区，具有完备的市场，市肆酒铺林立。

四、魏晋南北朝时期

魏晋南北朝时期，是南北相争的年代，战乱不断。三国初年，徐州开始成为兵家必争之地，后来曹操占领彭城，彭城在曹魏控制下，转为安定和恢复的时期。当地军民发展灌溉，种植杭

(梗)稻,连年丰收,成为曹魏在淮北用兵时军粮的主要供给地。汴水的通航,也促进了徐州与外地的交流和合作。公元420年刘裕篡晋建立宋国,是为南北朝的开始。宋文帝元嘉二十一年(444年)曾下诏书说:"徐豫多稻田而民间未务陆作,可符二镇修立旧坡,开课垦辟。"(淮系年表)可见当时徐州附近仍然盛产稻米,是农业发达的地方。宋明帝泰始三年(466年)徐州入于北魏。北魏就把徐州作为进攻南朝的军事基地,仍然重视徐州一带的农业发展,大力扩大灌溉面积,实行屯田,大获粟稻。魏晋南北朝时期贾思勰的《齐民要术》中集中、系统、全面地反映了中国古代农学成就,尤其是总结了魏晋南北朝时期北方的生产经验,是我国现存最早的完整农书。

2015年7月,在徐州金地商都城下城考古发现两汉至元明清不同时期的地下城遗址时,在南北朝出土的文物中,生活用陶器有瓮、罐、盆、釜、钵、壶、缸、豆、甑、纺轮、网坠、玩具及少量原始瓷壶、罐等,有些罐及釜上刻画有文字,标明其用途、制造或使用者,最多的为"酒官",另外还有"食""桓""甲""酒官二十九斗""王戎"及数字等。另外还发现有铜镜、铺首、构件、"五铢"和"半两"钱币等。出土遗物以陶瓷器居多,陶器主要为双系罐、盆、板瓦、筒瓦及莲花、葵花纹瓦当等;瓷器有杯、碗、平底钵、鸡首壶、罐等。特别值得一提的是粮仓遗迹。粮仓壁及底部皆铺有板瓦、筒瓦或残片。仓内尚存有粮食,但已炭化严重,品种单一,全部是小米。据史料记载,徐州城在这一时期遭遇几次围城之灾,而且时间都不短,城内守军就得依靠存粮来解决吃饭问题,而在城内修建大型粮仓则可以供给军需。

这一时期,由于连年战争,以汉族为主体的中国传统文化,无论是精神文明还是物质文明都受到了巨大的破坏,徐州经济也受到了阻碍和发展,饮食业也一度出现萧条。南朝陈宣帝太建十年(578年),吴明彻北伐围彭城,久攻不下,堰泗水灌城,徐州城再次遭到毁城,徐州再度趋向萧条衰落的境地。虽然经济萧条,但也不乏富人花天酒地,东晋富豪石崇就是一例。

晋朝战争期间,徐州一带的居民大批南下,司马睿遂于京口(镇江)设侨治徐州(也称南徐州),一度驻广陵等处,固有南北徐州之说(《东晋南北朝舆地表》)。南北文化的交流以及北方少数民族的入侵,加大了徐州饮食交流和外传的机会,原料的来源丰富了徐州饮食的基础,菜点造型、宴席组合也有所进步。

五、隋唐时期

在我国历史上,隋朝仅存在了37年,但统一了全国,结束了中国数百年分裂的局面。由于连年的战争和建设,饮食业发展受到阻碍,在隋文帝和隋炀帝的统治下,中国又迎来了第二个辉煌的帝国时期。大统一的中国重新建立起来,开凿了大运河,使黄河、淮河水运得以贯通,流经整个徐州地区,漕运畅通,加上发达的陆路交通,促进了经济发展。农耕技术较为先进,农业器械和生产工具具有完整体系。耕作农具有犁(曲辕犁)、耧、耙、碌碡等;农业生活用具有石碾、石磨、石臼等(王建主编《徐州简史》)。农作物主要是大麦、粟、豆、黍,水稻也有种植。

唐朝是公认的中国最强盛的朝代之一,这一时期,国富民强,经济发展,人们生活得到了保障，烹饪原料、烹调技法、宴席等得到空前发展，是中国饮食文化的高峰。在徐州古城遗址隋唐地层的遗迹中，有夯土高台1处、砖井1眼及5处砖砌水池。出土遗物主要为碗、壶、罐等瓷器，另外还有"开元通宝"钱币、铜盆、石球、三彩俑片、铁臼等。此次出土的瓷器数量较大，以青瓷为主，还有少量的黑瓷。青瓷器中数量最多的是大小不等、品种不一的瓷碗，其次还有一些时代特征明显、制作精致的盘和大量的生活用陶。这些器物的出土足以说明这一时期徐州城社会生活的富庶繁荣。

唐朝诗人白居易曾跟父亲在徐州生活过，他在《朱陈村》一诗中写道："徐州古丰县，有村曰朱陈。去县百余里，桑麻青氛氲。机梭声札札，牛驴走纭纭。女汲涧中水，男采山上薪。县远官事少，山深人俗淳。有财不行商，有丁不入军。家家守村业，头白不出门。"描写了代表着徐州地区日常生活的场景，说明社会稳定，国泰民安。

这一时期，徐州饮食也得到了快速发展，据传说，唐朝贞元年间，礼部尚书张建封任徐州武宁里节度使时，有宠妾关盼盼，烹饪女妆，音乐歌舞无所不能，尤其是关盼盼善用面筋、蜂蜜、麻油、果料制作一种蜜制蜂糕供日常食用，以保持红颜不老，姿色动人，深得张建封的喜爱。张建封特为关盼盼独选一楼，名曰"燕子楼"。后来张建封病故后，关盼盼独居燕子楼十多年，闭阁焚香，坐诵佛经。其侍女将蜜制蜂糕的制法传至民间，徐州百姓争相仿制，成为一道名点。

到了唐代，徐州有了茶的记载。徐州著名民俗学家李世明在2014年8月25日《徐州日报》"从唐代茶碾看徐州茶文化"一文中指出：徐州茶文化历史开端起码要归于唐代诗人刘禹锡，给了他一个美冠。他的《西山兰若试茶歌》，不仅记叙饮茶，而且在历代茶事记载中首次叙述茶的制作，成为一篇很重要的茶史文献。此外，还有一位与茶有关的大诗人白居易，也算是徐州人，他在徐州度过了青少年时代，把徐州称为"故园"。白居易的茶诗颇多，《山泉煎茶有怀》当属其首，被广为传颂："坐酌泠泠水，看煎瑟瑟尘。无由持一碗，寄与爱茶人。"在徐州市政建设中，在南门彭城路、北门大街等地挖掘出唐朝时期的城下城，从其中发现了唐代茶文化中的重要器具，那就是瓷茶碾轮，是徐州唐代饮茶的实证，也折射出徐州唐代饮茶活动的普及，当时饮茶已进入官府及市肆，成为他们生活的日用品。至于这些茶碾的产地，有待考证，或是由徐州当地民窑生产，或是由外地转运而来。唐代封演的《封氏闻见记·卷六饮茶》中说："开元中，泰山灵岩寺兴禅教，皆许饮茶。人自怀挟，到处煮饮，从此转相仿效，遂成风俗。自邹、齐、沧、隶渐至京邑，城市多开店铺煎茶卖之。不问道俗，投钱取饮。茶自江淮而来，舟车相继，所在山积，色额甚多。"其中所言"邹、齐、沧、隶"皆临近徐州；茶自江淮舟车而来，必先经过徐州。《封氏闻见记》中有多处言及徐州，由此推及，徐州饮茶的兴起，至迟亦在此时，即唐开元之后，距今1300余年。可以想象，徐州城内或已出现茶馆，或者是煮茶卖之的茶摊。

唐朝中后期，由于徐州特殊的地理环境，有过辉煌时期，也有衰败时期，徐州的饮食市场也随着社会的动荡而出现摇摆不定。

六、宋元时期

徐州有着良好的地理环境和优越的地理位置，在此基础上的社会经济，属于发达之地。北宋思想家石介对此做了概括：徐州"通江淮之运，来昊楚之货，又为会津，而况土膏地润，足蒲鱼，宜稻菱，实为乐土"（《石祖徕集》卷16《上徐州张刑部书》）。说明徐州土地肥沃，水源充足；物产丰富，尤以水产丰富。连对北方风物很挑剔的南方人对此也比较满意。如北宋哲学家、文学家福建人杨时《龟山集·卷十九》记载："彭城风物质陋，与吾乡大异。幸有鱼、稻、鹑、堆之类，足以充食。故南人处之差为便耳。"

就农业而言，徐州因地处中原南北方交界处，农作物种类可以地兼南北，不但盛产水稻，小麦和豆类生产更为发达。苏轼在给神宗皇帝上书中称徐州："（徐州）地宜菽麦，一熟而饱数岁。"是说徐州当地适宜小麦、豆类生产种植一年丰收，可供数年食用。在北方地区以及南方广大地区中，类似粮食生产盛况的史料仅见此一例，与南宋时"苏、湖熟，天下足"的谚语所夸张形容的农业发达情况相类似。

宋代的徐州是京城开封的东方门户，市场繁荣，酒楼林立、建筑宏伟、装饰繁华，有着无可挑剔的服务和吹拉弹唱的伴奏助兴，成为雅俗共赏的文化娱乐场所。

著名美食家苏东坡于宋神宗熙宁十年（1077年）初夏来徐州任知州，在徐州一年十一个月，留下了许多饮食方面的诗句和动人的饮食传说。

苏东坡任徐州知府期间，曾经在徐州虚白斋酒楼款待过杭州诗僧道潜（参寥），参寥有诗云："虚白斋与子瞻共坐，有客馈鱼于子瞻，子瞻遣放之，随命赋是诗。"苏轼在给司马光的书信中曾赞扬道"彭城嘉山水，鱼蟹侔江湖"，说明徐州鱼蟹甚美，苏轼在徐州频频举行酒席宴会，其诗文多有记述，并流传许多他创制的"蕈馒头""芹芽鸠肉烩"等。在徐州期间，洪水泛滥，他率领民众抗洪，保住了徐州城，徐州人民杀猪宰羊，送他以示感谢，苏东坡将这些礼物做成菜肴和食品，送还百姓，这就是流传下来的"东坡四珍"。苏东坡在徐州爱吃徐州的麦饭，在《和子由送将官梁左藏仲通》"城西忽报故人来，急扫风轩炊麦饭"句下自注"徐州所出"。这首诗的开头有："雨足谁言春麦短，城坚不怕秋涛卷。"说明麦饭是春天才有，也说明徐州小麦品种优良。相传他曾制作过一道"青山鸡"菜肴，形色俱美，味醇鲜香，直到解放前仍然是铜山县和徐州市高级宴席上的一道主菜。苏东坡所用之鸡为铜山县青山泉之鸡，故曰"青山鸡"。该鸡有肉厚、头小臀大诸特点，在徐州厨师行业流传"青山鸡"和"杏花盛开雏鸡成"的歌谣。

这一时期，徐州食品业相当发达，蜜三刀、金钱饼等糕点应运而生。

据说徐州特产蜜三刀，最早产于徐州，也与苏东坡有关。北宋年间，苏东坡在徐州任知州时，与云龙山上的隐士张山人过从甚密，常借酒相会，一天苏东坡与张山人在放鹤亭上饮酒赋诗，酒酣之时，苏东坡抽出一把新得宝刀，在饮鹤泉井栏旁的青石上试刀，连砍三刀，在大青石上留下三道深深的刀痕，看到宝刀削铁如泥，苏轼十分高兴，正在这时，侍从送来茶食糕点，有一种新作的蜜制糕点十分可口，只是尚无名称，众友人请苏东坡为点心起名，他见这种糕点油润金黄，表面上亦有浮切的三痕，随口答曰"蜜三刀是也"。

徐州蝴蝶馓子、热粥这时候已经相当出名了。在他的《寒具诗》中写道："纤手搓成玉数寻，碧油煎出嫩黄深，夜来春睡无轻重，压扁佳人缠臂金。"（"寒具"是馓子两汉时期的别称）馓子也常被百姓作为一种中药而采用。故此，徐州民间常用馓子泡汤，配以延胡索、苦楝子治疗小儿小便不通；用地榆、羊血炙热后配馓子汤送下，治疗红痢不止。尤其是产后妇女，在月子里喝红糖茶泡馓子，有利于散腹中之瘀。徐州的蝴蝶馓子以其香脆、咸淡适中、馓条纤细、入口即碎的特点，赢得人们的喜爱。徐州的蝴蝶馓子外型美观，口感颇佳。不过徐州人最喜爱的食法是烙馍卷馓子，配以稀粥，吃起来惬意舒坦。

徐州传统热粥以黄豆提浆，辅以贡米、上等白面精制而成。粥味浓香、不粘碗，喝一口留下一个"窝"，喝完不用刷，碗都是光光的。苏东坡曾以诗赞誉："身心颠倒不自知，更识人间有真味。"熙宁十年（1077年）四月，苏轼任徐州知州，次年春旱，灾情严重。不久下了一场透雨，按当时习惯，他去"徐门谢雨"。宴席上，苏东坡空腹干喝了四两烧酒，一时酒困欲睡，口渴思茶。农夫艾贤便把一碗放了糖的热粥送给苏轼喝了下去。当他知道这碗粥原是艾贤给自己卧病已久的父亲喝的，感叹不已，命人请来文房四室，于是赋《热粥诗》云"身心颠倒不自如，更识人间有真味"，并挥毫写下"人间真味"四字。一赞粥香，二赞艾贤品德高尚。后来，艾贤便以"真味香"字号开了小饭铺。他坚持薄利多销，生意越做越大，后来竟成了大饭庄的老板。从此，连鱼米之乡的江淮一带，也经营起热粥来了。

苏轼还有一首《豆粥》诗，就是在徐州热粥的激发下，触景生情写出的。他在《豆粥》诗中，一开头写了东汉光武帝刘秀在干戈中把生命寄予热粥的典故，介绍了热粥的营养价值。诗曰："君不见溥沱流澌车折轴，公孙仓皇奉豆粥。湿薪破灶自燎衣，饥寒顿解刘文叔。"原来，刘秀起兵时，有一次兵败逃至津沱河下游，遇大风雨，天冷无食，患了感冒。刘秀引车道旁空舍处，有个叫冯异的抱薪煮粥，光武帝对灶燎衣，食热粥，汗出，伤风愈。接着，他又写了晋时大豪门石崇在声色犬马之中，醉心于热粥的故事，并指出即使一碗平平常常的热粥，烹制亦须得法。他写道："又不见金谷敲冰草木春，帐下烹煎皆美人。萍宙豆粥不传法，咄咙而办石季伦。"是说晋时石崇与另一大豪门王恺比阔斗富。石家的粥做得又快又好，为王家所不及，其中有法，密不告人。后来，王恺买通了石崇的家人，才知豆子是久煮才熟。之所以快，是磨成粉先煮熟，客来以滚开的白粥浇兑而成，再配上干韭菜末佐餐，更是别有风味。

徐州特色——烙馍，是徐州独有的主食，至少于宋代就已出现。在徐州出土明代"地下城"遗址的文物中，就有制烙馍的鏊子。烙馍的擀制翻挑，堪称徐州妇女的一绝，民谚云"薄如纸，轻如烟，斤面能烙一十三"，又大又圆，熟而不焦，柔软适口。

熙宁十年（1077年）黄河夺泗入淮，鳝随水泛滥，捕不胜捕。楚人（徐州人）以鳝辅以作料煮汤，此即徐州辣汤之雏形。苏轼赋诗"巨野东倾淮泗满，楚人恣食黄河鳣"。

元代大德年间，徐州有樊信犬肉馆，供应品种有叉烤犬脯、砂钵犬肉、水晶犬腿、烧犬头等名菜，元代著名书法家鲜于枢为该店题写了"夜来香"匾额（董志祥《彭城史录》，现代出版社2016年版）。

元代道教盛行，徐州有真武观、玄通观等众多道庙观，其道家饮食托荤菜、药膳菜，别具一格。徐州名菜养心鸭子、四谛丸子、杏仁豆腐、三正鸡，也相传自元代流传而来（董志祥《彭城史录》，现代出版社 2016 年版）。

七、明清时期

元明两朝历来对大运河的利用与整治十分重视。徐州作为黄金水道上的枢纽城市，其重要标志之一，就是明代在徐州修建广运仓，成为全国漕运四大粮仓之一。

明成祖迁都北京后，徐州隶南京，领丰、沛、萧、砀四县。明代的徐州虽然历经黄河水患，但官府的重视使得城池得到修缮，加之又成为漕运的重要枢纽，使徐州成为既是民船的交粮地，又是官兵接运处，舟车鳞集，贸易兴旺。在徐州古城遗址的发掘过程中，出土文物非常丰富。有锡壶、铁剪刀、围棋子、麻织物、石磨、纺线用的骨坠、冶铁用的坩埚，还有做饭用的铁刀、盖锅用的木拍等，还有大量的青花瓷器，品种繁多，碗、盘、碟、盏、杯等应有尽有。这些大量市民们日常使用的生活用品，展现出明代生动的生活场景。

明代中后期，农产品呈现粮食生产的专业化、商业化趋势。由于手工业的发展，非农业人口的剧增，经济作物种植面积的不断扩大，使本地生产粮食不能满足需求，因而每年需从外地输入大量粮食。

天下第一奇书《金瓶梅》，由徐州人张竹坡点评，书中记述了大量的宋明时期的饮食生活，点评人张竹坡也加入了大量的徐州饮食元素，不少专家学者质疑其观点。但书中记述了明代运河的许多真实地理特征，可以证明它主要写的是徐州运河；书中的一些方言和建筑服饰等，也大多具有徐州的传统特色。这说明明代徐州饮食市场繁荣，讲究饮食，宴席种类多，代表了不同社会层次的生活、注重礼仪、等级森严、讲究美食，美乐结合、宴席环境优雅，布局富丽堂皇。其中许多菜肴、点心和宴席至今还有传承。特别是一些民间饮食，琳琅满目。1989 年在徐州召开了首届国际《金瓶梅》学术研讨会，徐州烹饪泰斗胡德荣先生根据《金瓶梅》研究其饮食状况，率弟子制作"八盘五簋宴"，深受与会者喜爱，并出版了《金瓶梅饮食谱》一书。

在徐州 2015 年"溯源十二五徐州考古成果展"中，展示的出土文物与饮食有关的有明代的秤砣、中药碾子、烙馍的铁鏊子，还有百姓人家的青花瓷盘子、碗。这些不会说话的文物，向观众讲述的就是明代百姓的真实生活。

清代是徐州饮食发展的又一高峰，混入满蒙的特点，饮食结构发生了很大变化，北方黄河流域小麦的比例大幅度增加，面成为宋以后北方的主食；马铃薯、甘薯、蔬菜的种植达到较高水准，成为菜肴制作主要原料；人工畜养的畜禽成为肉食主要来源。满汉全席代表了清代饮食文化的最高水平。

清代童岳荐撰写的《调鼎集》是一部饮食专著，全书记录了许多徐州菜和小吃，如"铜山风猪天下驰名"等。

清朝嘉庆年间，当时，先有山东济宁回民底姓来徐州开设皮货商号，致富后，在他的带领下，不少回民在徐州定居，清真馆子在徐州出现。

清代徐州的酿酒业较为发达，这与当时盛行的饮酒风气有关。徐州生产的酒产量大，质量上乘，口碑与销量极佳，徐沛高粱酒远近闻名，宿迁洋河镇所产大曲酒也是味道甘美，十分畅销。作为御贡酒的窑湾绿豆烧，更是清代徐州酿酒业的杰出代表（王建主编《徐州简史》，商务印书馆2015年版）。

清代咸丰年间，黄河北徙后，南关奎河沟通南北，货运繁忙。光绪年间，坐落在南关商业区的著名饭店有宴春园饭庄、兴隆园饭庄、兴廉园饭庄、西苑饭店等，有的还附设花园，规模相当可观。1912年津浦铁路通车，火车站附近有大鹏居、佛香居、德兴楼等饭店，市内大同街有花园饭店、九华楼、一品香、春和饭店等名菜馆。20世纪二三十年代，有菜馆酒楼二百余家，饭店摊点近千户，主要经营菜肴、饭点、面食、熟食等。名菜有：西苑菜馆的彭城鱼丸、扒海参、众星捧月；兴盛园的红烧鱿鱼、爆炒腰花、糟溜鱼片；庆和园的梁王鱼、龙门鱼、烹虾仁；功德林的素火腿、素糖醋鱼、苏板鸭；畅春楼的薏米鸭子、清蒸兜鸡、冰糖肘子，最有名的是八卦鱼，外脆里嫩为全市第一；兴盛园的东坡肉、鸳鸯鸡、炒苔菜荚；宴春园的羊方藏鱼、葱扒野鸭、牝鸡抱蛋、春卷；奎光阁的吊炉烤鸭、白煮鳜鱼；东兴楼的八宝饭；颐和园的糖醋鱼；东来春的青蛙凉肴；新新西菜馆的西菜，致美楼乌云压白雪、九眼豆腐、烧蚕头、牛肉干、锅巴虾仁，最有名是烤鸭；九华楼的虾仁涨蛋，最拿手的烧鱼兰蓝；树德义的八卦鱼、龙门鱼；花园饭店的叫花鸡等。可承办的风味宴席有：释家风味"天花宴"；儒家风味"鹿鸣宴"；道家风味"八卦宴"；官场宴席"八盘五簋""龙凤宴""满汉席"；市肆宴席"鱼翅全席""八盘海参席""四二红鱼皮席""大十样""水十样""大中小三滴"等。风味特色有：山东、安徽、北京、天津、上海、河南、扬州、日本、朝鲜、回民及地方风味特色（资料摘自徐州市饮食行业志）。

清末民初徐州饮食仍保持古代传统，有许多住家式花宅园酒楼。如李会春（国画大师李可染之父）开设的"宴春园"，系私家园林式饭庄，有虎座门楼，三进庭院设有厨房、客厅，厅内悬挂名人字画，摆放锣鼓乐器。花园内设有客房，廊庑掩映，名人雅士多次来饮宴聚会，酒香外溢，乐声远播，为当时徐州名园之一，可惜毁于日寇战火（董志祥《彭城史录》，现代出版社2016年版）。

晚清时期，徐州盛产高粱、大豆等农作物，又处水陆交通要道，商贾云集，酿酒业与榨油业一直很发达，晚清时期形成规模，酒油糟坊多达二十余家（王建主编《徐州简史》）。糖果糕点食品发展迅速，徐州著名传统名特产品"小儿酥糖"，清末已开始生产，流传有"徐州特产小儿酥糖，人人不可不尝尝"；徐州桂花楂糕，色似玛瑙，鲜艳晶莹，酸甜适口，风味极佳。清末《铜山县志》记载"土人磨楂实为糜，和以饴，曰楂糕"；特色产品酥糖，也称董糖，据说清代徐州董记作坊所产酥糖曾作为贡品进献皇帝。

八、近代

清末和民国时期，徐州的饮食文化更加丰富多彩，冻豆腐、酥鱼、蹄卷、芙蓉肉、糟猪耳、搅瓜等普遍食于民间。乾隆六下江南，所到之处行宫接驾的饮食都是当时珍稀的美味，而他四驻徐州，正是这位偏好饮食的帝王为徐州饮食文化之发达所做的铁证，留下了许多动人的传说。近代中国改革思想家康有为品尝到细嫩的彭城鱼丸时，高兴地赋诗赞誉"彭城鱼丸闻遐迩，声誉久持越北南"。

1923年5月6日发生了"抱犊崮"事件，孙美瑶在临城毁轨劫车，劫走美、英、法、意、德等国家旅客39人，一时外宾云集徐州，为招待国外人士，当时徐州"一品香"老板从上海雇来西餐厨师，传授西餐制作，西餐开始落户徐州。其后有蒋志明在大马路东头开西餐馆，花园饭店也增设西餐部。徐州开始真正有了西餐的经营。

徐州饮食市场曾一度不振。新中国成立初期，饮食也有菜馆100余户，从业人员936人，另外有摊点600个，从业人员3600人，年营业额200万元（旧币）。除上述固定营业的业户外，还有许多挑摊、挎蓝串街叫卖的小商贩。1956年对私改造，使私有饮食业纳入社会主义全民所有制经济和集体所有制经济的轨道，挽救了一批濒临倒闭的私营企业，但是因网点集中合并，撤点过多，菜饭馆由100户、936人合并为21户、144人，摊点由600个、3600人合并为379个、3300人（摘自《徐州饮食史志》）。在人民政府的扶持下，饮食也基本稳定有所发展，"文化大革命"期间，饮食市场再度受到严重破坏。自改革开放以来，徐州饮食又迎来了大好时光。恢复了部分的老字号，挖掘和整理了部分传统名菜名点名宴，引进和吸收了大量的外地饮食元素，举办了各类大赛，增强了徐州饮食与国内外的交流。

1955年1月23日，经徐州市人民委员会同意成立了徐州市地方国营饮食公司。1959年10月，徐州饮食公司鲁兴菜馆厨师金传忠被选送到北京参加国庆十周年国宴执厨。

徐州菜具有苏鲁融合的特点，介于鲁菜和苏菜之间，是山东菜的豪放和苏菜的柔美的结合，其主食是米食和面食的结合。论起中国饮食习惯的格局，为南甜北咸、东酸西辣和南米北面、南茶北酒。徐州居中的地理位置，能借鉴和传播各地风格。形成了今天以鲜为主，兼蓄五味，浓而不浊，淡而不薄，南北适宜的特点。

徐州菜的历史渊源

徐州古称彭城，有关徐州菜的历史，可以追溯到远古时代的帝尧时期，尧封颛顼后裔彭铿（彭祖）于此，称"大彭氏国"（《汉书·地理志》）。"彭氏族是江苏境内早有国家雏形的民族部落，其历经夏、商，亡于商武丁四十三年。徐州支龙山东麓的龙山文化遗址表明，徐州的发展已有4000多年的历史。几千年来，徐州一直是我国古代自然行政区域"九州"之一，其范围"北起泰山，南至淮水，西至济水，东止于海"（《尚书·禹贡》）。

《楚辞·天问》中有"彭铿，斟雉帝何飨？受寿永多夫何久长"之句，王逸注与洪兴祖补注说：彭祖善调羹，以待帝尧，为尧所赞赏，封于彭城。《中国烹饪史略》中称他是"我国第一位职业厨师"。从古至今被尊为厨师的祖师爷，并有雉羹、羊方藏鱼、糜角鸡等名馔传世。

近年来，在徐州出土文物中，有新石器时代以黑陶为主要特征的"龙山文化"时期的黑陶片、彩陶片、粗砂红陶片、鼎、簋、鬲、甑等。西汉时期的某代楚王墓葬，规模很大，称为地下宫殿（徐州北洞山），有厨房、灶具、餐厅，并有陶质炊具、餐具等这些文物出土证明4000年前的徐州，已成为人类生产和饮食文化发展活动的地域之一。

春秋战国时期，彭城为宋邑。战国中期，宋弃睢阳而迁都彭城（《宋都城考》）。当时，彭城是"商贾云集，酒楼市肆星罗棋布"并有"驿站，馆舍"，饮食业发展比较迅速。据史料记载，当年烹子侍主的"易牙"。晚年落脚于此，并有纪念他的店铺"易牙居"，（地址在徐州文亭街）流传在50年前，尚有"易牙五味鸡"等名菜及用于齐桓公会请诸侯的"八盘五簋"宴席，沿用至今。

在刘、项争霸的楚汉时期，项羽称霸定都彭城。据《大彭烹事录》载：霸王在"开国大典"时，虞姬娘娘设制"龙凤宴"。后有张三举人为之题诗云："一餐龙凤餐，尝尽天下鲜。珍馐佳环宇，疑是上九天。"当时彭城已成为军事中心、客栈、菜馆、酒楼随之盛兴。楚汉相争的结果，刘邦取得了天下，称汉高祖，都于西安。据《三辅旧事》载："太上皇（刘邦的父亲）不乐关中，高祖徙（迁徙）丰，沛屠儿、沽酒、卖饼商人，立为新丰县，故一县多小人"。此段《西京记》也有记载。这段历史称为"东食西迁"。

据《史记·高祖本纪》载：公元前195年，刘邦讨伐英布叛乱后，回师故里沛县（今徐州沛县）

设宴同父老子弟欢聚,酒酣,刘邦击筑作《大风歌》"大风起兮云飞扬,威加海内兮归故乡,安得猛士兮守四方"。史料记有刘邦集名师,汇珍馐大宴百官于沛。有人题联云"集四海琼浆高祖金樽于故土,会九州肴馔铿铿膳秘以彭城"。当时宴会盛况,可见一斑。汉代,徐州在烹饪技术上已有较大发展。《汉书》记有"汉颖川尹暹为徐州刺史,以小铜釜,一日十炊"。由此不难看出,当时已由粗笨的陶釜、青铜鼎,改为轻薄小巧的铜釜。有了轻巧的炊事,这是炊事的一大进步。用小锅旺火,是速成菜脆、嫩、鲜的起源。当时已有"鸳鸯鸡""蒸羊脸""犬鼋会""牝鸡抱蛋""裹炸椿芽"等,宴席有"龙凤宴""八盘五簋""十全宴""五吉宴"等。

在东西汉时,有代楚王及彭城王定都徐州。南北朝时,徐州刺史部屡经乔迁,随之饮食业不断向外开拓。厨师为生计,到处经营菜馆、饭庄,因此,烹饪技术和地方风味菜流入各地。当时有名士为"易牙居"菜馆题联云:"周八士闻香下马,汉三杰知味停车。"可见当时菜点具有相当高的水平。

近年来,从徐州出土的汉画像石中可以窥见有关徐州饮食情况。在出土的汉画像石上,有官场宴会,市肆酒楼,歌舞宴宾,二人对饮,四人小酌;原料有鸡、鱼、兔、鹿、雁;有庖人凭案宰牲;有厨人烧火作炊,案头操作;还有烤羊肉串、腊鱼、风肉高悬于庭的食物场景等。在徐州市铜山县汉王乡发现的汉画像石中,尤为突出的是庖厨内容占了一半。由此可见,汉代徐州烹饪技术迅速发展,出现过很多的美食家、厨师。《汉古歌》曰:"上金殿,著金樽,延宾客,入金门,入金山,上金堂,东厨具肴馔,椎牛烹猪羊,主人前进酒,歌舞为清商,投壶对弹琴,博弈并复行"。像石中正如歌中所唱,无不表现饮食兴盛。

"龙门鱼"是徐州名馔,已有1570余年的历史了。此菜出自刘裕幼年之手,后来他当上了南宋王,定都南京。北伐时来到徐州,相传在戏马台上大宴百官时,他让厨师做了此菜,以飨群臣。后来,是刘义康被封为彭城王。北魏侵占徐州,宋军南迁时,随士族渡江的有厨师和大批的饮食小商贩,此时被称为"北食南迁"。北魏占领徐州、淮北一带,外族人把这些北方饮食徙至徐州,这时期是徐州饮食史上最大的一次交流。

从东、西汉曹魏至宋武帝,徐州一直是军事重镇。曹魏时徐州刺史治彭城,领郡国六,下邳、琅琊、东莞、广陵、彭城、东海国(《三国会要方域》)。东晋以后,徐州一带的人民和大批士族渡江,司马睿遂于京口(今镇江)设侨制徐州,称"南徐州"。故又有北徐州之称,一度驻广陵(今扬州)等处。古联句云:"北控兖青,南控淮扬,纵横八百里,看峰峦霞蔚秀锺此州。"

徐州行政区历经多次南移,饮食业的从业人员也就向外开拓发展,以致技术外流。如水晶蹄肴之法即徐州一例。有术语云:"蹄肴腌渍重用桔,口感质地在压力。蘸食调味用姜醋,切摆方法各不一。"以此徐州菜点被广泛传播南北。

唐宋时期,诗人韩愈、白居易、李商隐、苏东坡等,他们不仅以诗著称,而且都是美食爱好者,并有逸事流传。唐宋八大家之首的韩愈,好饮食,仅有关菜点的诗文就不少。在他担任徐州通判之职时,曾自制烧鱼,后称"愈炙鱼"。随父来徐定居20余年的白居易(其父白季庚在徐州任县令)爱吃一种鸭子,因其字乐天,故称"乐天鸭子";自称"老饕"的苏东坡在徐州任州牧之职二年，他的四道菜被称为"东坡四珍"流传千古。有诗赞曰："学士风流号老饕，烹调有术自堪豪。四珍千载传佳味，君子无由夸远庖。"由于这些文人墨客的推波助澜，使这一时期的饮食更加发展了。民国六年，康有为在徐州曾说："元明庖膳无宋法，今人学古有清风。"这是他赞扬北宋的烹饪已登峰造极。

元朝时期，位于交通枢纽的徐州出现了空前的繁荣。当时佛、道、儒盛兴，有僧人开办的素菜馆"慈航园"，有释家风味的"天花宴""菊花宴""八珍宴"。有道士开办的"觉林"菜馆，有道家风味的"太极宴"，名菜"阴阳鱼"等，有儒学会开办的"麒麟阁"，有"鹿鸡宴"，名菜有"众士乘龙""黉门一品"等名馔名点。明代，另有食疗菜在徐州广泛应市，当时有一家以"易牙"之名命名的店"易牙居"饭庄，有四种风味迥异，流行于世的菜，即现今的"养心鸭子""四谛丸子""杏仁豆腐""三正鸡"及食疗名宴。

《调鼎集》是清代的一部饮食专著，全书记录了很多的徐州菜，如"铜山风猪天下驰名"。徐州气候温和，河流纵横，动植物资源十分丰富。徐州古传《原料歌》有"东猪西羊青山鸡"，并有全国文明的"苔干"、"四孔鲤鱼"、"韭黄"及"苔菜"，均属徐州名产。清朝康熙年间，四皇子胤禛（就是后来的雍正皇帝）有一次与陪同的人年羹尧来到状元李蟠家，招待宴席是由李自尝（康熙年间的名厨）制作的，其主要的菜有"羊烩鱼""炸豚吭""冬瓜燕""红日当空"四道菜，至今传为美谈，李自尝被徐州厨行尊称为一代宗师。康有为曾赞道："彭城李翟祖馂铿，异军突起吐彩虹"。

近代，徐州烹饪迅速发展，形成了系列并独具传统技艺，各式宴席风格有别，像"鹿鸣宴""八盘五簋""十大样""释家素宴"、道家"太极宴"，《金瓶梅》中的"三汤五割"、两汉风味"麒麟宴"、西楚风味"龙凤宴"等，古为今用，现有崛起之势。

纵观徐州饮食和烹饪渊源，不仅技法独具，有名店、名师、名菜传世，而且传播各地，又与全国各地方菜在交流中取长补短。徐州是东方（淮海地区）菜的一大流派，在历史上对其他菜系有一定的影响作用。

（原文发表在《中国烹饪》1990年"淮海地区"专辑）

"徐州饦汤"索源

说来颇有意思，曾被江苏省评为优质汤的徐州饦，连字典上也没有"饦"这个字。被徐州人读成 sha 的"饦"字，索其源，实乃"糁"字的变音。

糁，音 sa。《说文》："以米和羹也。"《尔雅义疏·释言》说得更清楚"以米和羹为糁，以米煮粥为糜"，从而划清糁与粥的界限。那么，享誉徐海、名传淮扬、声振苏锡的徐州饦，"以"什么"米"又"和"怎样的"羹"，才历经百代而不衰呢？

目前的饦汤中，米普遍以麦来代替。据说，较讲究的饦师，选的是稷米。放米的时间，一律在头天晚上，待锅开之后，再以文火慢熬；一夜之后，则粒粒皆余空壳，羹汁即显黏性。稷米黏性较强，但产量极少，逐渐为麦粒取代。至于羹的取料，徐州以鸡为主，新沂以牛为主，萧（安徽萧县）、砀（安徽砀山）则以羊为主，宿县（安徽省）取鸡并辅之以鸭。但不论选择哪种主料，凡汤中放进麦仁儿者，才可呼之曰"饦"。形成为独具一格的制羹流派。距徐州市 90 公里的宿县，口语中道的是老母鸡汤，门前招牌上写的却是"齑"。这字，字典上明明注音为"ji"，广大群众偏偏读之为"sha"，由此可见。齑，意为细碎。这是"以米和羹"的标准。只有把稷米（今为麦粒儿）"和"鸡汤，和到浑然一体的程度，方称得起为饦。这显然是为那些不借助挂芡不成羹者所望尘莫及的。

以"以米和羹"为特色之一徐州饦汤，渊源久长。

据《纲鉴易知录·卷一·五帝记》载："太羹不和，粢食不。藜藿之羹，饭于土，饮于土。"施意周同志点校时称："太羹，太古之羹，肉汁也。无盐、梅之和；黍稷曰粢。音毁，米一斛为八斗；羹器。"这与《说文》中释羹颇为吻合。

从"不和盐、梅、粢食不"的"太古之羹"，进而为"饭于土，饮于土"的"藜藿之羹"，固然是羹的延伸与发展，但在中国出现了"饦"的羹器，又不能不算是饮食革命创举与手工业的空前发达。至于那"土"是陶器还是别的什么，考古工作者已经做了大量的工作，无须我们赘述。有一点是值得我们特别注意的，那就是在徐州饦的制作过程中，至今还保留着"粢食不"的遗风。只是由于（稷）米的逐渐泯灭，不得不请产量大的麦来替代了。

还有一点就是彭铿的史无前例的羹的革命,那是连战国时的著名诗人屈原都为之赋诗称颂的。他以"雉羹"继承并发展了"藜藿之羹"。查《尔雅义疏·释鸟》,雉有青质五彩的鷮雉;长尾,走而且鸣的雉;小冠、背毛黄、腹下赤、顶绿,色鲜明的雉;黑,在海中山上的秩秩海雉;长尾的山雉;白,江东呼白的雉;最健斗的雉绝有力奋;素质五彩的雉;青质五彩的摇雉等十四种之多。倘无长时期的烹调经历,倘无去芜存菁的科学精神,彭铿何以于众多雉中独独选出了能与"四足之美"的麋媲美的"两足之美"的雉呢?从烹"羊羔"为"羹",更之以"雉"为"羹",不仅需要科学的态度,还需要有革新的胆识。因此,彭铿称得起是一位善"辨六禽"(《尔雅》)的庖人,无愧于烹调大师的称号。

唐尧是贤明的君主为史家所公认。唐尧是彭铿的伯乐,他不仅肯定了彭铿对民族的贡献,还给了他"封于大彭"的最高奖赏。这对于我们当然有着深刻的启示。这便是《周易》所言"大烹以养圣贤"的全部含义。问题在于彭铿的"雉羹",远非"太古之羹"或"藜藿之羹"所能比拟。因此,从辨禽选雉,到烹雉为羹,既涉及选料的考究,又讲究调理的细致。由此看来,屈大夫"彭铿斟雉帝何,受寿永多夫何久长"的诗句确非人云亦云,随意写来,而是有着毋庸置疑的实在性。

无独有偶,恰似稷米的泯灭,"雉"之源也近干涸了。这就是为什么今日徐州饦汤以麦粒儿代稷米,又以鸡替雉的原委。当然,麦虽有淀粉,但黏性仍低于稷米,羹而不成始名汤。但为了保持传统特色,不得不挂起芡来。由此说来,糁之演变为饦,便无可非议了。不过,徐州毕竟仍具有太古遗风。

曾被感遇大师张九龄(673—740年)"一见叹为清才"的皇甫冉(714—767年),在徐州曾写过这样一首诗:

上公旌节在徐方,旧井莓苔近寝堂。
访古因知彭祖宅,得仙何必葛洪乡?
清虚不共春池竟,盥洗偏宜夏日长。
闻道延年如玉液,欲将调鼎献明光。

皇甫诗人,身在"彭祖宅"中,"盥洗"彭祖井畔,品尝足了彭城菜系的各式口味,特别是服了"雉羹"之后悟出"得仙何必葛洪乡"的结论。无疑,这是他能生活在彭城,此生足矣的坚定信念。仔细研究,其中又何尝不是对彭铿的"调鼎"贡献卓越的颂赞。

由鸡替代雉,最早的资料可索之于清。据烹饪界前辈们回忆,光绪年间西门吊桥处有一小饭店,门匾及楹联均由名气颇大的书界泰斗苗聚五处挥毫。上联是:汪家糁汤飘香;下联为:彭祖鸡羹传世。横匾是"玉记糁锅"四个字。其时"传世"之"羹",已非"雉"而"鸡"了。在经营"鸡羹"同时,兼售水煎包。所以,至今喝饦汤吃煎包便成为徐州人用早点的习惯。

经历了数千个春秋的徐州饦汤,正以崭新的风味,呈现在人们的面前。劝君路经古彭城,万万莫忘一品羹!

(此文作者为江苏师范大学副教授张七愧、胡德荣)

淮海地方菜沿革

在中国地形图上，山东丘陵向南，黄土高原迤西，有一条蜿蜒向东去，全场1000公里的长河——淮河。17万平方公里的淮海区域，跨河南、安徽、江苏、山东四省。人们称"淮海"。淮海之地，古人即有称谓，北宋词人秦少游（高邮人）自称"淮海居士"；清代状元张謇上书光绪皇帝，议建淮海省；日伪时期设淮海省政府于徐州，今人又以徐州为中心，北至泰安，东抵海州（连云港），西达开封，南至淮河一带，统称为"淮海地区"。它包括20个地区地级城市、市，即江苏省的徐州市、盐城市、淮安市、连云港市、宿迁市；山东省的泰安市、菏泽市区、济宁市、枣庄市、日照、莱芜、临沂地区；安徽省的阜阳市区、宿州、蚌埠市和淮北市和亳州市。河南省的商丘、开封、周口；总计人口1亿多，20座美丽的城市，97多座县（市）城。

淮海地区菜肴是祖国宝贵烹饪文化遗产的重要组成部分。它包括：山东南部的鲁菜；河南东部的豫菜；安徽沿江一带的徽菜；江苏北部的苏菜。淮海菜是我国东方的一大流派，它涉及今之苏、鲁、豫、皖4大菜系。这一流派的发展受多种因素的影响，经历了漫长的历史演变过程。

淮海悠久的历史孕育出灿烂的饮食文化。在现今的徐州、海州、曲阜、藤县、商丘、开封、淮阴、蚌埠、赣榆等地出土了大量新石器时代的文物，如鼎、鬲、甑等陶器。在徐州邳县大墩子遗址中发现有野畜、野禽的骨骼及猪、牛、羊、鸡、鹅等家畜、家禽的骨骼。在龙文山文化遗址中发现有早期陶器的黑陶片，与今之盆、碗、缸、壶等物相似。陶器的发明和广泛使用，家畜、家禽的饲养，粮食的种植，说明人们已经结束了停留在几十万年前烤、泡、水烹的饮食生活，开始以水为导热体的煮熬法和汽蒸法烹制食物，显示了古代烹饪技术的发展水平。

我国历史上曾有黄帝制灶、昆吾作陶、彭铿执鼎的说法。《屈原·天问篇》载"彭铿斟雉帝何飨"，是说彭铿为唐尧帝制作的"雉羹"（野鸡羹），尧食之滋鲜味美，封彭铿建大彭氏国（今徐州市），后称彭城。这是以厨师命名的城市。因其首创野鸡羹并有羊方藏鱼、麋角鸡等传世，被厨行尊为祖师爷。

随着社会的进步和发展，淮海也由粗至细，从简到繁，由低到高，逐渐演义，这一过程大体经历了6个阶段。

虞舜和夏商时期：这一时期，我国已从氏族社会进入奴隶社会。继彭祖之后，随着陶器的发展，开始了五味调和烹饪食物，改变了单纯的火烹技法。官场、民间生活大有改善，出现了专业烹调技术人员。淮海地区当时是我国东方菜的一大流派。

据《禹贡》记载，九州是我国古代自然行政区。系禹治水后所划分的"九州"，淮海地区占有徐、豫、兖三州，农业和畜牧业在淮海境内形成了一定规模，为菜点提供了众多的物质基础，随着炼铜业的出现，烹调工具迈进了一步，有利于刀工处理及加热成熟，出现了新的技法，菜点随之增多。

据《左传·昭公四年》载："夏启有钧台之亭"，杜豫注："河南阴翟县南有钧台坡，盖启享诸侯于此"。或许这是我国最早的宫廷宴会。在夏商两代，虽不断迁徙，但其都城多在开封一带。

商汤都豪（商丘附近）时，有"伊尹相汤，王于天下"之说。伊尹即以烹调擅长。《吕氏春秋·本味篇》总结了夏商周饮食发展的技艺，堪称我国最早的烹饪专文。《史记·殷本纪》帝纣"以酒为池，悬肉为林，使男女裸，相迎其间，为长夜之饮"。这是最早的宫廷嬉戏淫乱的夜宴（亦说朝歌）。其地在淇。

豫东门户商丘，古时微子启曾在此建宋国，所以这里又称宋国。据传，帝尧将其弟阏伯迁至商丘火正，主辰星之祀，辰星又称商星，阏伯死后葬于大丘上，所以又称商丘。这里的芹菜全国闻名，古老的"项圈肉"亦出于此。

春秋战国时期：我国已进入了封建社会，五霸七雄割据。当时，淮海地区有鲁、宋、楚等国。全国境内的大都市有齐国的淄博等7座大城市，其中在淮海境内就有魏国的大梁，宋国的定陶（徐州西北不远，今属山东）。定陶是当时全国最大的商业城市之一，市内肉食酒肆星罗棋布，据史料记载还有接待各国使节的"驿站"、住宿的"递站"。宋国人墨翟，目睹诸侯盛宴饮馔数十种，"美食之大，目不能遍视，口不能遍味"。这是他对当时饮食繁多的描述。

开封是我国六大古都之一，公元前361年，魏惠王迁都大梁（亦称作梁），自战国到宋朝有7个政权在此建都。当时华北平原地区，河网密布，水产丰富，鸡鸭禽蛋数量多质量好。曲阜为鲁国都，源于周武王封其弟周公旦于此。以其城有阜，委曲长七八里，故名，即儒家创始人孔子的故里。这里世代被尊为文化圣地。孔子不仅是一位教育家，他对饮食之道也大有研究。《论语·乡党篇》中详细记载了他的饮食之道，是我国最早的比较完整的烹饪专论之一。亚圣孟轲也说过"口之余味也，目之余色也。"等关于饮食的理论。儒家的烹饪学说，影响了后世的饮食发展。

秦汉时期：秦始皇统一了中国后，施行暴政。全国各地树起了反秦大旗。淮海境内的徐州是反秦的中心。当时徐州一带反秦的主要人物有刘邦、项羽及后称汉三杰的张良、萧何、韩信等人物，在此募兵聚众，一时店点小贩云集，酒楼市肆振兴。有菜馆联句"汉三杰知味停车"即出于此。

项羽灭秦称霸，都彭城（今徐州市），曾设"龙凤宴"，大宴百官，有龙凤会、鸳鸯鸡等名菜。刘邦当了皇帝，太公深在宫中不悦。据《三辅旧事》载："太上皇不乐关中，高祖徙丰，沛屠儿，沽酒、卖饼商人，立为新丰县，故一县多小人。"这段历史称为"东食西迁"。

秦汉之际，楚怀王心、西楚霸王都先后建都彭城。刘邦称帝，封其异母弟刘交于此，号楚国。东汉刘秀封其子刘英于楚国。先后有楚王、彭城王18余代。楚隶徐州刺史部，曹魏时刺史治彭城，领郡国六（下邳、琅琊、东莞、广陵、彭城、东海国）（《三国会要方域》）。古联句云："北控兖青，南控淮扬，纵横八百里，看峰峦霞蔚秀锺此州。"

东临大海的连云港，山峦隐现，楼影朦胧，但遮不住它妖娆风姿。说它是新兴的城市，主要是以它的面貌而言。其实，在我国港口中它是最古老的一个港口，早在秦汉时就是一个外交门户。

这里饮食自古独具风格，素以海鲜为主要原料，有对虾、梭子蟹、江瑶柱、东海鲈鱼、光沙鱼等名产。其海蜇干制品远销全国各地，东海连云港以鲜为主，得天独厚，久有名气。连云港西南淮阴是秦置县名，现地处苏北腹部，是江苏省面积最大、人口最多的一个市。有"酒乡"之称，著名的洋河、双沟等酒厂都在这里，据传汉代这里就是产酒的盛地。

这里的物产丰富，又有鱼米之乡的称誉。其湖河之多，水产之盛，不仅水产资源丰富，又以盛产长鱼著称。为淮阴烹调技术提供了有力的条件，对烹制长鱼有炒、炸、焖、烧、溜等技法，其初加工不论生剥熟剔都工艺绝妙。古传长鱼宴108品，堪称我国一绝，是我淮海境内独树一帜的风味，久已名扬海内。

徐州一带自两汉时期大有发展。"尹汉颍川尹遑为徐州刺史，以小铜釜，一日于炊。"用小锅取代了大锅，为炒、煎与旺火速成菜的制作提供了优越的条件，菜点也随之进步。出土文物中有各式汉代炉灶，如炮台灶、连眼灶、拔烟灶等。在徐州北铜山发现的某代楚王墓，规模之大，被称为地下宫殿。仅陪墓有厨房（里边有灶案及操作设备）、水井、原料房、餐厅、乐舞厅、会议室、厕所等，并有食物的残迹（正在考察中）。

晋与南北朝时期：这一时期处于大动荡时期，也是民族融合时期。汉族与少数民族、南方与北方饮食文化互相交流。东晋以后，徐州一带的人民和大批士族渡江，司马睿遂于京口（镇江）设侨治徐州（称南徐州），一度驻广陵等处，故有南北徐州之说（《东晋南北朝舆地表》）。

石崇是东晋人，据徐州《同治府志》记载："邳人石崇豪富，金谷花园是他饮酒作乐之处。"徐州人念石崇为本乡，40年前还有金谷里。金谷里世代相传的是一所娱乐场所，不仅有"书寓""戏院"，还有为游人提供早点、晚餐及夜餐的菜馆，是一所饮食集中之地。邳县东南的宿迁，是一座古城，被称为洪水走廊，自古就是饮食文化兴盛之地。有酱瓜鸡、熏肉、扒猪头等名菜传世。徐州南蚌埠在南北朝时饮食业非常兴盛，有淮河上的一颗明珠的称誉。

淮北有一座小镇，古代这里盛产符离草，有符离县，后称符离集。这里有古传的"烧鸡"今称符离集烧鸡，来往火车、汽车、客人经此无不征购一尝为快。

徐州人刘裕，词人辛弃疾说他当年"金戈铁马、气吞万里如虎"。取代东晋王朝称宋武帝于南京，徐州"龙门鱼"即出自他幼年之手。

这时淮海菜由于原料来源丰富，选用也非常讲究，菜肴造型、宴席组合也有所改进，上菜的程序至今还在沿用。

　　唐与五代时期：唐朝统一了中国，安定了百余年，并向外扩张，是我国历史上的兴盛时期。与国外交往多，工农业繁荣昌盛，饮食业也随之而起。当时在淮海境内大城市很多。据史料记载，唐太宗亲到淮海大地视察，来到了连云港海岸（今之宿城）。当时疆域之大，交往之广，西至印度，南至越南缅甸，北到蒙古，从而使烹饪原料得以互通，为烹饪技术提供了良好的物质基础，饮食业有了更新的发展。

　　唐末，黄巢起义，天下大乱，后来朱温废唐哀帝李柷，自行称帝，建都于开封，称大梁王，这时政治中心即移向开封一带，饮食业应运而兴，烹饪技术随之提高。

　　唐代淮海菜在原料的使用上非常广泛，菜点风味以鲜为主，高级宴席清淡，通常菜点浓厚。对菜的烹制技术较前有改进。

　　宋元明清时期：北宋开封是六大古都之一，五代时朱温都此称东京。北宋至徽宗（赵佶）时，饮食业烹调技术有了空前的发展，其源于赵佶。他未称帝时即好吃喝玩乐，即位后更甚。因之士大夫及绅商均效法于他。民初康有为诗云："元明疱膳无宋法，今人学古有清风。"

　　据《东京梦华录》所记。那时东京饮食市肆的品种，仅动物内脏有二色腰子、托贻衬肠、荔枝腰子、还原腰子、生丝肚、生炒肺等，羊的品种更多，海鲜有炒蛤蜊，水鲜有紫苏鱼、炒蟹，并有假河豚等，野味品种数不胜数。市场摊点小吃及沿街叫卖品种不下百种之多。这时期宫廷菜更加讲究，而且品种多，宴席组合及上菜程序都有一定的规范。

　　《东京梦华录》中还载有："聚天下之奇珍，皆归市易。""会寰区之异味，悉有疱厨。"开封地处中原，山川纵横，南屏淮水，北贯黄河。水产有宽背鲫鱼闻名全国。南北朝时，已流传黄河鲤鱼最佳，以开封为之最。

　　在淮河以北，黄河北岸，饮食业发展极盛。据传当时两淮地区的长鱼宴（108品），已有盛名。元丰年间，苏东坡在徐州任州牧时，留下的"东坡四珍"，流传至今。明朝朱洪武，提倡尊儒，封孔子为"天下文官组，累代帝王师"，一时儒教振兴，来曲阜朝圣祭祀，日益增多，随之孔府菜也就应运而起。元清时代蒙古、满二族的饮食与淮海食俗融合。

　　淮海菜从唐尧时代起，经历了四千余年的演变，在文化、政治、经济、烹调工具及用具诸多因素的影响下，到了清代已日臻成熟，形成淮海菜体系。其主要地方风味已经形成，烹调技术独特，名师、名菜、名店构成一体，菜点及宴席的规格已形成一定的格局，在我国的烹饪史上具有重大意义。

　　淮海菜包括苏、鲁、豫、皖、四大菜系中的部分风味。一、豫菜有商丘、开封等，以开封为代表，是淮海境内最大的风味之一。开封古城东京饮食以北宋最盛，擅长宫廷菜、释家菜及市肆风味，选料面广，味适南北，久已成格局。二、鲁菜，有济宁、曲阜等，以曲阜为代表，最突出的要数孔府菜，在秦汉时就已形成。由于世代皇帝都来此朝圣，不仅宴席讲究，而且选料名贵，因之促使孔府菜形成独具的风格。鲁南临沂菜有悠久的历史，其菜品展现自如，适应面广。地方小吃更独具特色，如单县的羊肉汤、曹县的"烧牛肉"。三、徽菜，有宿县、阜阳、蚌埠等，以蚌埠为主要代表,早在南宋时就已形成体系。阜阳是一座古城,秦置汝阳县至清改阜阳,颍河及其支流茨河、泉河流贯其间。水产有鳜鱼、青鱼、虾、蟹等并盛产蔬菜瓜果,为阜阳菜点提供方便。因之这里具有很多的名菜及风味小吃。风味小吃有"枕头馍"、名菜如"扒肚子""板鸡"等。以河鲜和野味菜著称,选料朴实,擅长烧、烤、炸、蒸、炒等技法,具有释家、道家、宫廷、民间、官邸、村野等风味形式。1989年6月《金瓶梅》学会在徐州成立,因之又推出金学菜(徐州烹饪协会正研究树立金学菜实体)。淮海菜口味平和,兼适四方,从古至今出现的名师、名店、名菜遍及淮海大地。淮海菜从西汉南北朝至北宋时,技术外流、饮食开拓,如刘邦迁丰沛厨儿至西安,刘宋时北魏进犯徐州一带,徐州刺史南迁,饮食业与技术人员均随迁侨治之地。北宋开封迁至杭州等地,以此淮海菜影响很广。现淮海地区各地有专门培养技术人员的技校、培训中心,已为社会培养了大批烹饪技术人员,为振兴淮海烹饪而工作。

(原文发表于《中国烹饪》1990年"淮海地区"专辑)

彭祖饮食文化形成与发展

一、彭祖饮食文化的形成

彭祖作为烹饪鼻祖、长寿之星,对其研究者众多。徐州作为彭祖故里,已把彭祖文化作为振兴徐州经济的资源来开发。彭祖文化作为一种文化现象,已经渗透到中医、烹饪、养生、道教、哲学等领域,彭祖饮食文化或叫彭祖烹饪文化,是中国饮食文化的重要组成部分,在彭祖文化中起着重要的引导作用。

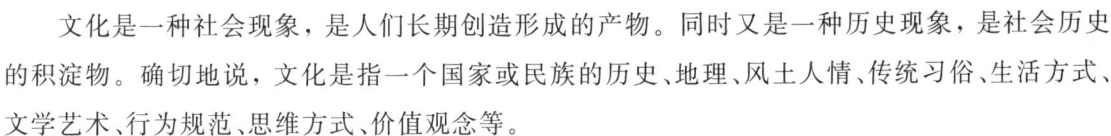

彭祖饮食文化是以彭祖饮食内容为载体产生和发展起来的文化现象,是徐州饮食文化的重要组成部分,也是实施精神文明赖以产生的前提和基础,它是以彭祖文化为背景,其形成是在漫长的历史时期中,在自然环境、人文环境、社会生活等多种因素影响下形成和发展的。它与徐州的历史、区域、经济、民俗、物产、烹饪技法等密切联系,是人类社会发展和进步的标志。

文化是一种社会现象,是人们长期创造形成的产物。同时又是一种历史现象,是社会历史的积淀物。确切地说,文化是指一个国家或民族的历史、地理、风土人情、传统习俗、生活方式、文学艺术、行为规范、思维方式、价值观念等。

广义的彭祖文化是指与彭祖有关的一切生活方式和为满足这种生活方式进行的物质文明和精神文明创造,以及基于这些方式形成的心理和行为。其具体内容包括三个层次:一是彭祖物态文化,指与彭祖有关的遗迹、遗存;二是彭祖制度行为文化,指由彭祖或其后学所创造的系列"养生之术",以及各种纪念彭祖的风俗习惯、行为礼仪、谚语故事等;三是彭祖精神心理文化,指人们在长期的养生实践和意识活动中形成的价值观念、思维方式、审美情趣、心理性格等。狭义的彭祖文化则是指由彭祖开创,经后人完善的,以养生长寿为目的的,以摄养、导引、烹饪、房中等系列养生术为手段的生命哲学,以及对中国民族精神所产生的影响。

彭祖饮食文化是彭祖文化的重要组成部分,彭祖因"雉羹"而被誉为厨行的祖师爷,作为烹饪鼻祖、烹调的创始人,历代厨师顶礼膜拜、代代相传,开创了中国饮食文化的先河,也形成了独特的彭祖饮食文化。

1. 独特的自然环境,奠基了彭祖饮食文化

彭祖建都于獲水之阴,南依青山,名大彭山,背山面水,地势平坦而高亢,是一片藏风聚气的宝地。彭祖治理大彭山水不遗余力,爱民如子,导民有方,迎来了彭祖大治的好时光。在此期间,彭祖还率领民众行导引术、服气术等养生之道,教民众开荒种地,饲养动物,种植粮食和蔬菜,不仅有日常饲养的家畜、种植的蔬果、湖塘中的水鲜、山间的野味,还有一些特殊野草、野菜、动物等,除雉羹外,他还制作了羊方藏鱼、糜角鸡、云母羹等菜点和汤点。这种独特的自然环境,为植物的栽培、动物的养殖、矿物的开采,对扩大食物的来源提供了有利条件,在徐州的汉画像石中就有烹饪原料鸡、鱼、兔、雁、鹿等;有庖人凭案宰牲、烧火做菜等场面。在烹调技法上,善于煮、炖、炒、熬、煸、拔丝等技法。这些为彭祖饮食文化的形成,提供了物质基础。

现代徐州周围有山有水,古语云:"三片平原三片山,故黄河斜贯一高滩。"仅山就有50余座,水有古黄河、奎河、京杭大运河、云龙湖、微山湖、骆马湖。夏季暖热湿润,高温多雨,冬季干燥寒冷,雨量较少,全年光照充足,积温高,降水较为充沛,水分资源比较丰实。这些气候和地理环境为发展彭祖饮食文化提供了物质条件。

2. 彭祖的烹饪术,孕育了彭祖饮食文化

"雉羹"是中国有文字记载的最早的一道菜,彭祖因制羹献尧帝,被后人奉为烹饪行业的祖师爷。其影响甚大。徐州人民至今还流传早点喝饦汤(雉羹)的习惯,并且饦汤已被列入中华名小吃。在烹饪方面,彭祖为徐州的后人们留下了许多经典菜品,包括其传人在其基础上创作的一些精品,至今仍在流传。

彭祖菜、宴是彭祖饮食文化的重要组成部分,是由彭祖及其再传弟子创作的菜肴,它利用了彭祖的传统技艺、调味工艺,经实践证明,长盛不衰,如"羊方藏鱼""糜角鸡""云母羹""水晶饼"等菜肴,至今仍是宴席上的珍馐;"八盘五簋宴"等宴席更是徐州地区民间不可缺少的宴席形式,这些对后世影响甚大,促进了彭祖饮食文化的形成和发展。

彭祖烹饪术的另一特点,是彭祖创制并流传下来的烹饪行业的"爨阵八法",彭祖"爨阵八法"的烹饪之道,皆为"口传心授,传贤不传长,述而不作",鲜为人知。"爨"字下有大火,中有双木,上有"兴"字,字形像生着火的一台炉灶,爨的意思是烧火煮饭。《仪礼注疏卷》中云:"'爨,灶也'者,周公制礼之时谓之爨,至孔子谓之灶。"也有爨房之说;"爨阵八法"是指厨房的布局分工,"阵"者厨房布局;"八者"厨行中的八种分工;"法"者,则也,即规律。"爨阵八法"不仅包含厨房布局分工,而且包含各种技艺之法,是厨行不可缺少的技艺法则,是徐州厨行世代相传独有的爨法技理,无论是多人同做,还是一人独做都离不开这八法技艺。随着历史发展,爨阵八法的内容更加丰富多彩,厨行行谱记有"燧人取火熟食兴,铿执鼎起烹精;三材五味有调理,爨法技艺源彭城",语句不多,但是说出了"爨阵八法"的起源,直到现在,厨房布局仍沿用

其法，可见其合理性和科学性，虽寥寥数语却包含彭祖烹饪之道的起源和发展，也增添了彭祖饮食文化的一大亮点。

彭祖作为烹饪鼻祖，不仅发明了厨行的"爨阵八法"，还善于调和滋味，作为食物养生第一人，彭祖特别注重食物的烹饪工艺和调味。人对美味的追求是一种正常的生理现象，调和滋味能使食物给人以感官的享受，达到身心愉悦、健康长寿的目的。彭祖特别注重滋味调和，其流传下来的"羊方藏鱼"就是典型一例。传说彭祖的小儿子夕丁下河洗澡，捉住一条鱼，准备让母亲烹制，适巧家里正炖羊肉，由于彭祖禁止夕丁下河，其母怕被责怪，趁彭祖外出，将羊肉割开，将鱼藏入与羊肉同炖，鱼熟取出与夕丁食之。彭祖回至家中吃羊肉时，觉有异香之味，即问其故。经其妻说明，彭祖如法炮制，果然鲜味异常。由此，成为一道名馔。羊肉炖法，易于被人体消化吸收，说明彭祖注重工艺；鱼羊为鲜，说明彭祖注重调和滋味，达到身心愉悦。由此说明，彭祖善调五味、注重烹调工艺。这与徐州菜的特点"以鲜为主，五味兼蓄，华而实、丽而洁、浓而不浊、淡而不薄，取料广泛，注重食疗"是一脉相承的。从传说中还可以看出，彭祖创制此菜源于夏季，这也应该是"彭祖伏羊节"的源头。

彭祖烹饪术的直系传人，从史记上无以考证，但从过去厨师的"行谱"中，及当时名人的诗句中可找到一些线索。康有为有诗云"元明庖膳无宋法，今人学古有清风；彭城李翟祖笾铿，异军突起吐彩虹"，诗人提及的李翟系康熙年间名厨，虽无直据可考，但也可参考为彭祖传人是一代代传下来的。正是在传承过程中，后代传人促进了彭祖饮食文化的发展。

3.彭祖的饮食养生思想，丰富了彭祖饮食文化

中国的饮食养生思想源于彭祖的饮食养生思想，从彭祖开始就创立了一个完整的体系，具有很高的思想性、艺术性、科学性和实用性。其三大贡献中的烹饪术，实际上就是养生思想的概括和总结，居三大贡献之首。饮食养生是中国传统文化的一部分，吃与养生是密不可分的。其烹饪术不仅是一门烹调技术，也上升到养生之术。他是中国博大精深的传统文化的先驱者，其养生之道，经后人几千年的扬弃、整理、检验和发扬，可见其影响之广、影响之深、影响之长。彭祖的饮食养生的思想及方法主要体现在世人编纂的有关彭祖的描述中，彭祖后世依照彭祖的养生理论，出现了许多的养生理论和养生学家。如先秦时期的老子、孔子、庄子养生理论，东汉的张仲景、华佗、王充，南宋的陶弘景、东晋时期的葛洪、唐朝的孙思邈等。彭祖作为一位身体力行的养生大家，在远古时代实现了长寿的愿望，并对其经验进行了归纳和总结。全面合理，自成体系，并把他上升到哲学思想来认识。道家更是把彭祖奉为先驱和奠基人之一，其哲学思想对后世的中医思想、道家思想、儒家思想的形成，起着主导作用。

彭祖的饮食养生思想，主要体现在：(1)阴阳平衡、五味调和，是彭祖饮食养生的哲学思想；(2)顺时养生、遵循自然，是彭祖饮食养生的基本原则；(3)食饮有节、定时定量，是彭祖饮食养生的指导原则；(4)重工艺、调和滋味，是彭祖饮食养生的精髓所在；(5)药食同用、合理配伍，是彭祖饮食养生、调理机体的重要方式。

彭祖饮食文化最大的特点是养生作用，因彭祖相传活了880岁，这与他的饮食养生的观点

是不能分开的，如"雉羹"治好了尧帝的厌食症；"羊方藏鱼"开创了"鱼""羊"为"鲜"之先例；彭祖食疗菜"麋角鸡"具有"治风痹、止血、益气力、补虚劳、填精益髓、益血脉、暖腰膝、壮阳悦色、疗风气、偏治丈夫"之功效；彭祖选用云母作为食养原料制作"云母羹"，可谓别具一格，说明彭祖对食物的食性有一定的经验。《本草纲目》云，云母有"治身皮死肌、中风寒热、除邪气、安五脏、益子精，明目，久服轻身延年。下气坚肌，续绝补中，永五劳七伤。虚损少气、止痢，久服悦泽不老，耐寒暑"等功效，并说"久服云母"，能"颜色日少，长生神仙"。可见云母对延年益寿有一定的作用。"水晶饼""乌鸡炖薏"等食养菜品对养生延年的疗效，同样也受到了后人的重视。彭祖的养生延年经验，后被历代名人重视，并沿袭其法。由于彭祖是古代公认的最老的寿星，因此，后人的长寿著作广为流传，有的便托名彭祖所著。以上可见，彭祖与中国的食疗是有一定关系的，甚至可以认为，彭祖开创了中国食养的先河。其相传弟子们制作的菜品类似的也很多。易牙应该是彭祖的再传弟子。相传易牙三访彭城拜师，得到了彭祖直系传人的真传。后来为齐桓公九会诸侯制作了"八盘五簋"筵席，最后落脚徐州，开有"易牙阁饭庄"。后人有诗："雍巫膳馔祖篯铿，三访求师古彭城；九会诸侯任司庖，八盘五簋宴王卿。"其养生的药膳在彭祖菜中占有一定的比例。由此可见，彭祖的养生思想对后人的影响甚大，丰富了彭祖饮食文化。

4.历代名人的推崇，推波助澜了彭祖饮食文化

彭祖的长寿之道、养生哲理，被后人历代传颂，纷纷效仿，并被神化。春秋时期大教育家孔子在《论语》中就有"述而不作，信而好古，窃比我老彭"的记述，战国时期的庄子、荀子、吕不韦、列子等人也都有对彭祖饮食养生的描述。这些大家对彭祖顶礼膜拜，常常以其养生之道来修行个人，推动了彭祖饮食文化的发展；众多医学大家也推崇彭祖的饮食养生之道，并给予发扬光大，如东汉张仲景、华佗、王充、南宋时期陶弘景、隋朝太医博士巢元方、唐朝孙思邈、南宋周守忠等在其医学典籍中都有对彭祖饮食养生的描述，这些名人的推崇，发扬了彭祖饮食文化的内容；诗人与画家也留下来许多著名诗句和墨宝，如屈原的《天问》、西汉刘向的《彭祖仙室赞》、唐朝柳宗元的《天对》、宋朝苏轼的《彭祖庙》、清代康有为的《题彭城清烧鱼丸》等，这些名人诗词对彭祖饮食文化起到了重要的推波助澜的作用。

5.历代史料的记载，延续了彭祖饮食文化

史料对彭祖记载的很多，有关于彭祖本人的传记，有关于彭氏家族的，也有关于彭城的，如《春秋》《史记》《汉书》《新唐书》《二十五史补编》等大型古籍史料，这些史料大多是对彭祖的记述，对其饮食养生思想记述较少，西汉刘向的《列仙传》中记有"常食桂芝，善导引行气的"的描述，道教经书《神仙传》对彭祖的长寿养生之道记述较多，如"善于补导之术，服水桂、云母粉、麋角散，常有少容""常爱养精神，服药草，可以长生"……此外，东晋干宝小说《搜神记》、宋朝李昉的《太平御览》、明朝李攀龙的《列现全转》及后来的一些史料，都把彭祖神化了，但在后世医学大家的史料中，对彭祖的养生理论论述较多，如南朝梁时陶弘景的《养性延命录》、唐代孙思邈的《千金要方》及《摄养枕中方》、《道藏》中的《彭祖摄生养性论》、隋朝巢元方的《诸病源候论》、宋代姚称的《摄生月令》、宋代周守忠的《养生类纂》等众多养生史料，特别值得一提的是《彭祖

经》，这是一部古代彭祖养生学专著，传说为彭祖所著，可惜已失传。还有文人墨客的颂彭诗文以及大量的关于彭祖形象的书画作品，都是研究彭祖饮食文化的珍贵资料。这些丰富而珍贵的资料，是彭祖文化发展的重要体现，也是彭祖饮食文化的精髓所在，是彭祖饮食文化研究的理论基础。正是这些史料的存留，才使彭祖饮食文化得以延续和发展。

  6.民俗与传说，扩大了彭祖饮食文化的影响

  一个地方的民俗，反映了一个地方的文化，彭祖饮食文化也深深地蕴藏于徐州的民间风俗中。徐州人民为了纪念彭祖，举办了多次彭祖文化节，邀请海内外彭祖后裔来徐祭彭。徐州过去有彭祖楼、彭祖宅、彭祖井、彭祖祠、彭祖墓、彭祖庙等建筑，大彭镇（古大彭国都大彭山所在地）每年农历三月初三要举行彭祖庙会，徐州每年还举办彭祖伏羊节、彭祖腊羹节等民俗活动，特别是厨师们，每年六月十五要到彭祖祠祭奠烹饪鼻祖——彭祖，过去厨师收徒，都要祭奠彭祖，显示入了厨行，通过这些民俗活动，把彭祖饮食文化渗透到了民间，无疑是对彭祖饮食文化的民间普及，起到了积极作用，彭祖饮食文化在民间这块肥沃的土壤里，经过代代相传得以茁壮成长，扩大了彭祖饮食文化的影响。

  由于彭祖历史年代悠远，囿于暗昧，杂有不少神话和传说，特别是在民间，彭祖传说众多，经代代流传至今，徐州厨行大多能说出雉羹、羊方藏鱼等菜肴的传说来历，彭祖的养生之道更是传说甚广，彭祖饮食文化通过民俗和传说，已经渗透到社会各个阶层。

二、彭祖"爨阵八法"与烹饪之道

  彭铿是我国烹饪鼻祖、长寿之星，被历代后人顶礼膜拜，他不仅开创了中国烹饪的先河，还提出了许多的养生思想和方法，对后世影响甚大。他把饮食与养生结合起来，创制了很多流传至今的养生菜肴，同时还发明创造了"爨阵八法"的烹饪之道，由于其为"口传心授，传贤不传长，述而不作"，因而鲜为人知。随着历史发展，"爨阵八法"经过其传人的历代相传，得到了发扬光大，内容更加丰富多彩。

  《说文解字》曰："爨齊謂之炊。臼象持甑，冂爲竈口，廾推林内火。凡爨之屬皆从爨。"古诗云："燧人取火熟食兴，彭铿执鼎起烹精。三材五味有调理，爨法技艺源彭城。""燧人钻木火方兴，不食腥臊不食膻。今日荤蔬成美馔，全凭爨阵八法传。"虽寥寥数语却包含了烹饪之道的起源和发展。爨下有大火，中有双木，上有兴字头，字形像生着火的一台炉灶，爨的意思是烧火煮饭。《礼记》注疏卷记载有"周公制礼之时谓之爨，至孔子谓之灶，故有爨人执鼎与爨"，也有爨房之说。"阵"者，厨房布局；"八者"，厨行中的八种分工；"法"者，则也，即规律。"爨阵八法"不仅包含厨房布局分工，而且包含各种技艺之法，是厨行不可缺少的技艺法则。是徐州彭门世代相传独有的爨法技理，均掌握在彭祖直系传人手中。无论是多人同做，还是一人独做都

离不开这八法技艺。

"爨阵八法"的烹饪之道,主要是"天灶,地灶,红案,白案,生案,水案,凉菜案,配菜案"八法技术,且每一种技术都有相对应的厨行术语。"爨阵八法"对于初学者来说,既形象又生动,言简意赅,易学好记。

厨房讲究布局要合理,才能使工作协调方便,水案、配菜案靠近天灶,水案涨发干货及过油,换热水方便。配菜师傅将配好的菜递给天灶师傅烹调,速度快,效率高。红案、白案要上蒸笼,靠近地灶最方便。只要条件允许,这种布局方便实用。古诗"天地分南北,生冷各西东。水配一天灶,红白靠地锅"就是这个意思。

1.天灶

古时在外支锅造饭,用三块大石头对称放置,上放容器,下面烧火,用来煮熟容器里的食物。这种最原始的火灶,后经不断改进,形成高炉灶。这种高炉灶是用土坯垒成的,后来也有用砖垒制,炉子呈圆形,肚大,口小,下有炉条,实用方便。过去遇到红白事,厨师外出干活就不用备炉子,直接用一些砖,和一些泥,随砌随用,干完活一脚蹬倒,即可清除,因此又叫"一脚蹬"。现在农村有时还用这种方法。

过去饭店用的天灶是固定的长方形,有头火,二火,三火,中间放置"铁牛",用来煮汤(铁牛是用生铁铸成或用厚铁皮制成,圆形,肚大,装水多,专门煮汤。因牛能喝水,故名铁牛)。

天灶布局一般以两排相对,呈井字形,这样工作顺手方便,速度快。天灶是厨房的龙头,天灶一动,其他各部门都跟着忙起来,因此天灶的位置极其重要。烹饪术语云:"井字布局宜四方,南出北应八面忙。龙头一动作作起,虎尾一扫处处清。""执勺姿势凭真工,松肩含胸手腕灵。脚踏丁字分虚实,苦练纯熟是功能。""天眼熊熊出火焰,眼前盆盆辅料全。前眼出菜余炸烫,眼后调汤头二三。"天灶厨师要求动作灵活、敏捷,要对天灶每个火眼的作用、功能、火力的大小运用自如。

天灶的前眼火旺,力猛,适宜做旺火急出的菜,如炒、爆、炸之类菜肴;二火适宜做烧菜,如红烧鱼,把鱼在头火过油,然后各种调料调好汤汁,将鱼放入置二火烧,熟后再回头火收汁;三火适宜煨制菜肴,鸡、鸭、块大、带骨的菜需长时间加热,先在头火经过油、调味、加足高汤即可放三火煨,熟后再转回头火收浓汁。

2.地灶

地灶主要是为水案蒸发、生案蒸熟、红案熘透、白案蒸制、天灶加热、凉菜案制熟。在出菜的过程中,既要及时又要蒸熟熘透,是八作中极其重要的一环。菜肴装进笼屉,笼屉一层一层扣好、火焰旺,气势足。术语说得好:"地锅功夫在蒸工,有酥讲嫩定时间;但得肉酥鱼鲜嫩,技法抢时应争先;生蒸熟熘要准时,红白两案配合稳;原料以汽分大小,适度时宜出笼准。"

地灶又称地锅、蒸锅,分生蒸、熟蒸、清蒸、老蒸、嫩蒸、拍粉蒸、扒蒸、红蒸等。每种蒸法都要掌握蒸的程度,有的原料要蒸得"老"一些(蒸过一些时间),才能好吃。例如,老蒸豆腐,把豆腐蒸得老一点,急火旺汽使其产生气孔,豆腐内部产生空隙,吃时蘸作料易于入味。嫩蒸即把原料蒸得嫩一点,以刚熟为度,清蒸鱼用急火旺汽蒸到鱼刚熟出笼为佳;嫩蒸鸡蛋乳,则要用小火慢汽,以蛋液凝固为度;虎皮肉要蒸得酥烂,米粉肉要蒸出油;清蒸鸭子要一触即酥,东坡肉入口即化;馒头蒸得要饱满、色白、诱人食欲,蜜汁火腿、葱扒野鸭及各种主食点心等都有不同的火候大小、时间长短的要求。地灶对掌管地灶的蒸工要求极高,既要掌握地灶的习性、火候合理,运用时间适度,还要对其他各种了如指掌,才能使地灶功夫炉火纯青。

术语云:"地锅技艺在装笼,蒸熟熘透有技能;无汤色白应在上,色红有汁放低层;早用易熟宜上放,难熟晚吃下边装;八种蒸装各有技,用之得当能适宜。"此则术语是说装笼技巧,蒸菜有干、湿、甜、咸、色白、色红、早熟、晚熟、早上桌、晚上桌等要求,这八种装笼之法是先人长期实践而得出的经验。掌管地灶的厨师要根据菜肴的老嫩、出菜顺序等来控制火候、蒸制的时间,以便蒸熟熘透又不过火,时机掌握得恰到好处,菜肴老嫩适度,美味可口而不失其形。

3. 凉菜案

凉菜案是制作冷菜的工种,把各种动植物性原料经过经过加工成形烹制成熟或腌制入味凉凉后装盘。冷菜是宴席的开始,是开路先锋,其主要方法有腌制、拌、炝及酱、卤、熏、煮等热制冷吃等。

在冷菜技法中热制冷吃较为复杂,如"酥",要求将菜肴酥透,火候要均匀,恰到好处,没有夹生,口感柔软、柔和,连骨头一齐吃,代表菜有酥鸡、酥鱼、酥藕等。

卤,有卤肉、卤蛋、卤肚等;酱,有酱肉、酱茄子、酱排骨等。卤、酱的菜肴香味浓郁,回味无穷。

糟,有糟鱼、糟肉等,用香糟做凉菜味道香醇。

熏,有熏鱼、熏肉、熏鸡等,熏制菜肴有特殊的烟香味。

冷菜"用料要全面,荤素宜相兼。量匀色有异,调味法善变",要百菜百味,刀工细腻,拼摆整齐,色彩搭配协调、荤素搭配合理、形态饱满、构思巧妙,给人以赏心悦目的感觉,诱人食欲。术语中说:"鸾刀穿梭快如飞,丝条块片切一匀。摆尽人间大地物,巧夺天工绘彩云。"

4. 配菜案

配制一个菜肴,除选择好主要原料外,还要做好辅料工作,才能使菜肴丰富多彩,滋味调和,并且要合理使用原料,降低成本,减少损耗。

配菜案是八作中的重要工种,配菜人要知识丰富,通晓各种动植物原料的品质、性能,分档取料,做到物尽其用。如"鸭舌、鹅掌、鸡芽尖,焖煲瓮笋菇双边。虾子、鱼腩、蟹中黄,鳖裙禽腿味正鲜。斤半鲤、尺长黄、箭杆鳝、小头鲂。指条虾、圆身鲫、拳头蟹、马蹄鳖"。说明了原料中的精品及精华部位,配菜师傅要根据宴席要求,按照顾客喜好配制菜肴。

配菜师傅要掌握四季时令原料。如"早春牝鸡肥,伏日畜肉醇。三秋水鲜尽,九至野味珍。春宜鱼鳖夏用鲜,秋用虾蟹冬宜腌。鸡用雌性鸭取雄,羊宜用羯猪用臀。春季时蔬有三芽,三九苔菜天下先。晚秋螃蟹早秋虾,冬狗夏羊四季鲜"等,阐述了原料的季节性。

配菜师傅要知识丰富,通晓古今宴席的规格,合理配膳、科学配伍。"五湖珍品握在手,四季时鲜运掌中。洞察天时知性能，运筹得当配有功。"这说明配菜师傅的重要性。配菜师傅要"配菜取料量材用，陪衬有色宜重形。切片有法齐而整，多样菜品均不同"。配菜时要注意色彩、形状的合理搭配，要"配形不宜乱，顺色应改变"，如果"宾主不分清，配成也无功"。

配菜师傅统管厨房，要了解顾客的爱好口味。取料全面，配出多样的菜肴，荤、素、甜、咸兼备，色彩搭配合理。运用多样烹调方法成菜，给顾客以耳目一新的感觉。而且配菜师傅还要懂得宴席礼仪，因此，常被尊为厨房的"主管师傅"。

宴席有简单丰盛和烦琐特制之分，主管师傅要根据宴席的档次与场合、客人的身份和要求、人数进行配制。"识客是技术，满意算标准。"烦琐特制的宴席，配菜计量要少而精，菜不过两箸，汤不越三匙，菜品多而数量少，做到繁而精，终而有余。简单丰盛的宴席，丰俭适中，配制有理，够其所需，做到简而丰。

宴席的组合与菜的配制要达到取料全面，技法多样，荤素有别，色彩协调，配菜合理的要求。宴席要合乎"繁而精，简而丰"的组合以及主食细致多样的原则。

主管师傅不仅要做好本职工作，而且还要安排天灶、地灶、冷菜的工作，使"生案师傅"的刀工处理与"水案师傅"的发制原料都能达到与配菜协调。"熟案师傅"负责熟料拆扣工作，"白案师傅"制作主食、点心，要及时、恰到好处地与"地灶师傅"协作。此八作技术分工，配之得当。大厨房明确分工，小厨房人少兼顾，一个人工作也离不开八作之技。

5. 红案

红案又叫熟案，其主要工作是熟料扣碗，因其扣菜中红菜居多，所以叫红案。术语说："红案技术在扣摆，鸡鸭鱼肉熟出骨。原料面子要整齐，调味技法各有术。"

红案扣碗的鸡、鸭、鱼、肉要预先加工至刚熟，然后出骨。把刀面选好，切片码齐，扣入碗中，加入调料交给地灶蒸至酥烂，出笼滗出汤汁，扣入盘中，将汁回锅，调味，勾芡，浇在菜上即可。

"反扣鸭子正扣鸡，鱼块仰扣肉顺皮;野味剁条鼋宜整，甜菜摆面果装心。"是说鸭子从鸭背开刀剔净骨，用胸脯做面子整扣碗中，加汤下调味蒸酥烂。因为用胸部做面子，谓之"反扣";扣鸡用鸡的背部做面子，谓之"正扣"，然后放入调料，加鸡汤、盐上蒸笼，蒸至鸡酥烂;瓦块鱼、虎头鱼等鱼类都是皮朝下扣入碗中，此为"仰扣"。红烧肘子、虎皮肉、米粉肉等都是皮朝下顺摆，上桌时反扣过来，形态美观;甲鱼，因整只形状美观，所以扣碗应整扣，成菜美观大方;扣八宝甜饭，要在碗底先摆上各种果脯，成美丽图案，也可摆上吉祥图案或文字，再放调过味的熟糯米上笼蒸透，翻扣盘中，上笼蒸熟。

6. 白案

白案，指的是面点厨师运用各种原料制作干、稀主食或花样点心，以供宴席之用。

"能掌古菽粉，善制四面珍;味适八方主，十指技艺深。"技艺高超的面点师能用各种五谷杂粮等原料制作不同形状、不同风味的主食和点心。这些点心，荤素兼备，甜咸适口。

"推扒折叠与包擀，蒸烤炉炸技艺全;甜咸荤素品味多，只在手法千万变。"制作点心技法很多,和面要用推、扒、揉、搓等技法,才能使面团柔、软、弹性好。包馅、擀皮,样样精通;蒸、烤、炸、煎烹调方法多样,甜咸荤素品种众多,这些方面关键在于手法的变化和技术的全面。

白案师傅与配菜师傅要相互协作,既分工又合作,才能做好适合不同档次、不同规格宴席要求的点心,增添宴席特色。

7.生案

生案,即运用各种刀法,将原料加工成形以便于配菜,或直接交给天灶、地灶,由掌勺师傅上火烹制。生案加工生料,所以厨师首先要学会使用各种刀法。刀法是指行刀的各种技法。

"降龙伏虎仙人路,怀中抱月除邪奸。"是说劈刀的持刀方法和运用劈刀劈原料的过程。持刀的右手食指伸直,紧贴刀背,形如仙人指路,大拇指在刀上,中指在刀下捏住刀,无名指、小指握住刀把,左手四指稍微分开按住原料,右手从外向怀里一推一拉使刀运行,将原料劈成片,两只胳膊松肩曲肘,呈圆形,好像怀中抱着圆月亮。

"松肩须曲肘,指实要腕灵;左手退有则,右手下刀准。切工在左不在右,下刀轻重有功夫;松肩曲肘手腕灵,进退有则技有术。"厨师持刀,手指按要求把刀捏住,但持刀的手腕要灵活。松肩曲肘站立案前,身体与案子平行,以相距10～20厘米为宜,两腿自然分开与肩等宽,收腹,含胸,上身微向前倾,左手退的速度要与右手进刀的速度协调。持刀的右手下刀要准确,左手退的速度与右手下刀的速度要协调,以达到厚薄相等、长短一致、整齐划一的要求,下刀的力度要掌握好,切韧性带筋的原料要用力大一点,切嫩、脆的蔬菜力度要小一些,以把原料切断、刀不被面板吸住或面板对刀没有吸附感为度。

"切前剁后片中间,劈砍灵活剔用尖。托刀削皮砸用背,八法用刀各不一。"是说一刀多用的方法。削茭白、竹笋、莲藕等蔬菜,要左手执原料,右手托刀有节奏地往上削就觉得省劲;用刀的前部切,感觉灵活;用刀的中间劈,运用自如。"生切无二门,猪鸡丝要顺;横切牛羊肉,老嫩质地分。"猪肉、鸡肉的肉质较嫩,因此切肉丝、肉片要顺丝切。炒制时,肉因受热收缩的概率低,不宜散、碎,形态美观,口感也佳。牛羊肉的纤维较粗,质地较老,因此切丝片要截丝切,把肉的纤维尽可能地切短,炒熟后,无老、韧感。

"横劈肉片竖切丝,块整条直丁子匀",是说切肉丝要先把肉劈成大薄片,顺丝码齐,然后用直刀法中的推刀切顺丝一刀切断,经过刀工处理后的原料要大小一致。

除刀工外,生案还要负责上浆、整鸡及整鱼出骨、烤鸭上叉等,总之,生案要会运用刀工处理原料,还要会其他技术,以便互相协作,提高工作效率。

8.水案

水案是发制干货原料的工种。由于很多原料特别是高档原料,其季节性和区域性都比较强,产地和消费地相距甚远,为了使山珍海味易于储存和运输,人们往往把这些原料制成干品,便于长久保存,使非产地的人们也能吃上山珍海味。这些干货制品原料在加工烹制前,首先要进行干货发制,使其吸收水分,尽可能地恢复到鲜品时的状态。

干货原料涨发方法多样,有水发、油发、碱发、蒸发等,要根据原料不同和烹调需要,采取不同的发制方法，如肉皮要油发再水发，碱水去污，洗涤干净再用高汤烹制；发燕窝功夫要细，毛燕细择，血燕要用过滤后的草木灰水浸泡，官燕清泡，总之要达到色白透明为度。

有些干货原料，如鱼皮、鱼翅、鱼骨、海参等海味，还要用火烧、水煮、油炸、开水烫来去沙、除污、避异味等辅助手段。术语说得好："长白东海水中鲜，去沙除污技艺全。烧煮炸烫火当先，北方壬癸工后完。"因此，具体到每一种干货，要采用不同的发制方法，尽可能使干货原料涨发到接近鲜品时的状态，去除异味增加香味，便于烹调和食用。

三、彭祖饮食养生思想及方法

彭祖作为历史人物，因长寿而闻名于世，传说他活了880岁，许多文献都有记载，《神仙传》形容他"殷末已七百六十七岁，而不衰老"，但真实的寿命，虽然有许多说法，但也没有文献能真正说得清楚，但其长寿之道，确为后人所称道，其长寿之法，也为后人所推崇，孔子、荀子、吕不韦等先秦思想家都有其长寿的言论，在此不再一一列数，西汉刘向的《列仙传》把彭祖列为仙人，已逐渐被称为神话中的人物，披上了神话的色彩。

彭祖因"雉羹"而被誉为厨行的祖师爷，作为烹饪鼻祖、烹调的创始人，被历代厨师顶礼膜拜、代代相传，开创了中国饮食文化的先河，也形成了独特的彭祖饮食文化，作为彭祖故地，他为徐州留下了宝贵的文化遗产，彭祖文化正在被挖掘和整理，彭祖遗风，至今遗存；作为饮食长寿之道，他把烹饪术的调和滋味发展到了当时至高无上的地步，使饮食与人体相辉相映、不可分割，烹饪术的出现，使人们对美味的追求达到了对感官的完美追求；从其糜角鸡、云母羹、水晶饼等食疗丹方，开创了中国食疗食养的先河，伟大领袖毛泽东来徐州曾指出"徐州应该是我国养生学的发祥地""彭祖应该是我国有文字记载的养生家"，他充分肯定了徐州及彭祖在饮食养生学中的地位。因此，弘扬彭祖文化，特别是研究彭祖饮食养生文化的思想和方法，对研究现代人类社会的长寿之道有积极意义。

饮食是人类生存的第一需要，是人类健康的第一物质保证，自从有了人类，基本上就有了人体有关食疗保健的活动，在人类未使用火以前的"茹毛饮血"的时代，"饥则求食，饱则弃食"，饮食在于维持生存，为了"疗饥"，这与近代利用饮食来治疗营养不良性疾病是一致的，最初的饮食活动也是最原始的饮食养生。

中国的饮食养生思想源于彭祖的饮食养生思想，从彭祖开始就创立了一个完整的体系，具有很高的思想性、艺术性、科学性和实用性。其三大贡献中的烹饪术，实际上就是养生思想的概括和总结，居三大贡献之首。饮食养生是中国传统文化的一部分，吃与养生是密不可分的。其烹饪术不仅是一门烹调技术，更上升到养生之术，彭祖是中国博大精深的传统文化的先驱者。其养生之道，经后人几千年的扬弃、整理、检验和发扬，可见其影响之广、影响之深、影响之长。彭祖的饮食养生的思想及方法主要体现在世人编纂的有关彭祖的描述中，彭祖后世依照彭祖的养生理论，出现了许多的养生理论和养生学家，如先秦时期的老子、孔子、庄子养生理论，东汉的张仲景、华佗、王充，南宋的陶弘景、东晋时期的葛洪、唐朝的孙思邈等。彭祖作为一位身体力行的养生大家,在远古时代实现了长寿的愿望,并对其经验进行了归纳和总结,全面合理,自成体系,并把它上升到哲学思想来认识。道家更是把彭祖奉为先驱和奠基人之一,其哲学思想对后世的中医思想、道家思想、儒家思想的形成,起着主导作用。

1.阴阳平衡、五味调和,是彭祖饮食养生的哲学思想

阴阳平衡是生命活力的根本,人体内阴阳平衡人则气血充足、精力充沛、五脏安康、容颜发光、健康有神;阴阳失衡人就会患病、早衰,甚至死亡,所以养生的宗旨是维系生命的阴阳平衡。可以说,维护了阴阳的平衡,生命就会健康长寿。阴阳平衡论是传统中医学基本的饮食治疗原则,《素问·至真要大论》曰"谨察阴阳之所在而调之,以平为期",《内经》也曰"生之本,本于阴阳"。人是一个阴阳平衡的平衡体,在正常生理状态下,阴阳总保持相对平衡。这种平衡不仅指人体内的机体平衡,还包括人体与环境的阴阳平衡,人体与食物的阴阳平衡,人体内阴阳主要通过饮食来调节,保证人体身体健康,如甲鱼、乌龟、燕窝、银耳等滋阴润燥、养阴生津以补阴虚,而鹿肉、羊肉、狗肉、虾仁等益精填髓、温肾壮阳以补阳虚,这种阴阳调节是彭祖养生的哲学指导思想。在其实践活动中身体力行,如他常用来食补的牡桂、灵芝、云母粉、麋鹿散等,说明彭祖善于用食物来调节阴阳,维持体内阴阳平衡。另外,《彭祖养生经》记载彭祖养寿服食方首选地黄,于冬季或秋季每天20克熟地黄,连服2个月,符合"春夏养阳,秋冬养阴的道理"。现代医学证明,久服地黄可使老年斑消退,说明人体要与食物的四性五味相适应,人体内的阴阳平衡,要通过食物的四性五味来调节,即遵循食性。食物的四性是指食物温、热、寒、凉,温热性质的食物,有温中散寒、助阳益气、通经活血等作用,如姜、葱、韭菜、蒜、辣椒、羊肉、狗肉等,适用于阴症病症;寒凉性质的食物,具有清热泻火、凉血解毒、平肝安神、通利二便等作用,如西瓜、苦瓜、萝卜、梨子、紫菜、蚌蛤等,主要适用于阳症病症。这是一项基本原则,据此来调节体内阴阳的平衡,调整阴阳使其重新达到平衡状态。否则,不是"火上加油",便是"雪上加霜",对治疗相当不利。正如《金匮要略》所云:"所食之味,有与病相宜,有与病相害。若得宜则益体,害则成疾,以此致危,例皆难疗。"食物的五味是指食物辛、甘、酸、苦、咸,彭祖曰"五味不得偏耽,酸多伤脾,苦多伤肺,辛多伤肝,甘多伤肾,咸多伤心"(葛洪《神仙传——彭祖》),《素问·生气通天论》提出了"谨和五味"以调节人体阴阳的五行原则,是饮食养生的重要法则之一,同时指出"阴之所生,本在五味,阴之所宫,伤在五味",说明五味对人体"养"和"伤"的双重作用,五味得当则养,五味失调则伤,五味调和实质上是指用五味来调整阴阳。所谓食物的味,是指食物的味感。五味中以甘味食物居多,咸味、酸味次之,苦味最少,正常饮食以甘味食物为主,兼顾他味。可以根据食物的五味来判断阴阳属性,按照食物的阴阳属性与人体的阴阳性状,合理搭配。五味调和得当,才能保证机体阴阳平衡,保证人体健康。彭祖这种维护人体阴阳平衡、遵循食性的养生哲学思想,对后世影响极大。

2.顺时养生、遵循自然,是彭祖饮食养生的基本原则

1984年湖北江陵汉墓出土大量的汉代文简,其中有两部医学著作《脉书》与《引书》。其中《引书》是一部记载养生祛病的专著,在《引书》的第一部分就论述了四季养生之道,也就是顺时

养生，遵循自然，篇首指出"春产、夏长、秋收、冬藏，彭祖之道也"，接着以四季之序介绍了各季节的养生办法，这一部分精神与《素问·四气调神大论篇第二》所载养生、养长、养收、养藏之道相同。

彭祖养生讲究"天人合一"，就是根据自然界春夏秋冬四时的变化规律，采取相应的养生措施，人和自然是一个相互统一的整体，人体的机理受自然四时变化的影响，顺时养生就是要遵循自然，这是彭祖饮食养生的基本原则。《黄帝内经》记载"夫四时阴阳者，万物之根本也，所以圣人春夏养阳，秋冬养阴，以从其根""和于阴阳，调于四时"，因此，饮食养生要遵循自然规律的变化，同时《黄帝内经》在谈到人如何长寿时，明确指出"智者之养生，必须四时而适寒暑"。其意是聪明的人有一条重要的养生原则是：必须顺从春夏秋冬阴阳消长的规律，适应寒热温凉的气候变化，只有这样，人才能长寿。其原因是天有三阴三阳、六气和五行，即金、木、水、火、土。古人认为人也有三阴三阳、六气和五行的运动，而自然气候的变化关系到阴阳六气和五行的运动；人体的生理活动也取决于六经和五脏之气的协调。因此，认为人体的生理活动与自然变化是同一的道理；同时又认为自然界阴阳五行的运动与人体五脏六经之气的运动是相互适应的，这就是"天人一理，人体一小天地"，以及"天人相应"和"人与天地相参"的"天人一体"观。正如《黄帝内经》里所说的："人与天地相参也，与日月相应也。"由以上可知，人体的生理变化一定要适应自然界的气候环境，即不同的季节的生理变化、病理变化，就需要相应的饮食。饮食顺应了四时，就可以保证体内阴阳气血平衡，使正气充足，这一点在养生保健、防病治病方面尤为重要。彭祖认为，天有四时、气候的不断变化，地有万物生、长、收、藏的规律，人体也不例外，人的五脏六腑、阴阳气血的运行必须与四时相适应，不可反其道而行之。

元代养生医学大家忽思慧在《饮膳正要》中论述："春气温，宜食麦以凉之；夏气热，宜食菽以寒之；秋气燥，宜食麻以润其燥；冬气寒，宜食黍以热性治其寒。"总结性地指出饮食的四季宜忌，要讲究顺时养生，遵循自然。

3.食饮有节、定时定量，是彭祖饮食养生的指导原则

《彭祖养生经》谈道，彭祖曰："不欲甚饥，饥则败气；食诫过多，勿极渴而饮，饮诫过深。食过则症块成矣，饮过则痰癖结聚气风，不欲甚劳，不欲甚逸。"同时还说道："食戒过多，饮诫过深，食饮有节，起居有恒。"彭祖的这种饮食有节、定时定量的思想对后世影响甚大，且被历代所证明其养生的道理，《素问·上古天真论》也提出"食饮有节"的理论，此"节"寓意深刻，可引申发展到人体对饮食的量、质、时、嗜、洁、情、境和寒温是否科学合理，从这几个方面来搭配，才能起到饮食养生的作用。也就是说，人体对饮食要保持一定数量；保证一定质量；进食时间合理；控制饮食嗜好；讲究食物清洁；顺应进食心情；选择进食环境；注意食物四性。孔子《论语》中的"八不食"之一"不时不食"，也可解释为不到进食的时间不能食用，同时强调"不多食"，即饮食有节；《吕氏春秋》就告诫人们"食能以时，身必无灾"；《内经·素问》认为"饮食自信，肠胃乃伤"；孙思邈在《千金要方》也说"是以善养性者，先饥而食，先渴而饮。食欲数而少，不欲顿而多，则难消也。常欲令如饱中饥，饥中饱耳"，同时还指出"不欲极饥而食，食不可过饱，不欲极

渴而饮，饮不可过多"。东汉著名医学家、医圣张仲景在《金匮要略》中指出一个重要的饮食指导原则就是"服食节其冷热苦酸辛甘"。这些食饮有节、定时定量对人体健康的历史结论也为现代科学所证实。

4.重工艺、调和滋味，是彭祖饮食养生的精髓所在

彭祖作为烹饪鼻祖，不仅发明了厨行的"爨阵八法"，还善于调和滋味，作为食物养生第一人，彭祖特别注重食物的烹饪工艺和调味。人对美味的追求是一种正常的生理现象，调和滋味、注重工艺能使食物给人以感官的享受，达到身心愉悦，健康长寿的目的。彭祖说特别注重滋味调和，其流传下来的"羊方藏鱼"就是典型一例。羊肉炖法，易于被人体消化吸收，说明彭祖注重工艺；鱼羊为鲜，说明彭祖注重调和滋味，达到身心愉悦，由此说明，彭祖善调五味、注重烹调工艺，这与徐州菜的特点"以鲜为主，五味兼蓄，华而实、丽而洁，浓而不浊、淡而不薄，取料广泛，注重食疗"是一脉相承的。从传说中还可以看出，彭祖创制此菜源于夏季，这也应该是"彭祖伏羊节"的源头。

5.药食同用、合理配伍，是彭祖饮食养生、调理机体的重要方式

药食同用和食物互补是彭祖饮食养生的一大重要特点，《彭祖养生经》就有"服食医药，亦以养生"的记载。养生当论食补，治病当论药攻，关于饮食养生的历史，与烹饪一样，恐怕要追溯到彭祖时代了。《列仙传》云："彭祖善和滋味，好恬静，惟以养神，治生为事，并服广角、水晶、云母粉，常有少客。"说明彭祖不仅懂得饮食保健，而且应用得当，是从"医食同源""药食同用"的思想观念出发，阐明饮食与增进人体健康和治疗疾病的原理。

彭祖重视食物与药物的配伍，这从其"雉羹"可窥一斑。"雉羹"乃用野鸡煮烂，与稷米同熬而成的一种汤羹类，具有鲜香醇厚、易消化等特点，彭祖因"雉羹"治好了尧帝的厌食症而受封于彭城，因源于上古，故又有"天下第一羹"之美称。彭祖的"雉羹"制作十分讲究，还加入了一种叫员木果籽的食料，《彭祖养道》上曾记载："帝食，天养员木果籽。"员木果籽，也就是茶籽，为我国特有的物种，本身就富含多种营养物质，具有延缓衰老的作用。早在4000多年前，彭祖就发现并利用茶籽的养生功效了。《扈从赐游记》中云：清朝皇帝每年"秋狝大典"，都要在澹泊诚殿特赐王公大臣"野鸡汤"一器，概因野鸡汤是古代圣君唐尧食用过的，王公大臣皆以能品尝到皇帝所赐的野鸡汤为荣。《本草纲目》云：稷米有"益气，补不足、作饭食，安中利胃宜脾，凉血解毒"之功效。雉具有"补中、益气力、止泄痢、除蚁瘘"等功效。两者合二为一，对人体的作用可窥见一斑。

"天姻青崖谪仙侣，清风明月友坡公。童颜鹤发人常在，枫上凤凰角内茸。"这是现代人为赞颂"麋角鸡"菜品而题的一首诗。"麋角鸡"属彭祖食疗菜之一，是采用麋鹿头上的角，与母鸡同炖而成。《本草纲目》云"麋茸功力牡鹿茸"，并言具有"治风痹、止血、益气力、补虚劳、填精益髓、益血脉、暖腰膝、壮阳悦色、疗风气、偏治丈夫"之功效。彭祖之疗生经验，为历代所传承，也为近代科学所证实，故其菜款也能流传至今。

彭祖另一食疗养生菜是"云母羹"，古诗云："水晶麋角云母粉，钱铿服食享遐龄。此乃食疗

胜药物，煌煌寿城望可登。"云母是云母族矿物的总称，工业用途极广，但彭祖选用云母作为食养原料，可谓别具一格，说明彭祖对食物的食性有一定的经验。《本草纲目》曰：云母有"治身皮死肌、中风寒热、除邪气、安五脏、益子精、明目，久服轻身延年。下气坚肌，续绝补中，永五劳七伤。虚损少气、止痢，久服悦泽不老，耐寒暑"等功效，并说"久服云母"，能"颜色日少，长生神仙"。可见云母对延年益寿有一定的作用。

除以上几种以外，还有"乌鸡炖薏仁""水晶饼"等食养菜品。这些食物对养生延年的疗效，同样也受到了后人的重视。彭祖的养生延年经验，后被历代名人所重视，并沿袭其法至今。如后来的易牙，他三访彭城学艺，应该是彭祖的传人，其继承和发展了彭祖的食疗菜肴，并创制了"易牙五味鸡"等食疗菜肴，流传至今。

由于彭祖是古代公认的最老的寿星，因此，后人的长寿著作广为流传，有的便托名彭祖所著。由此可见，彭祖与中国的食疗是有一定关系的，甚至可以认为，彭祖开创了中国食养和食疗的历史先河。彭祖的食养经验对后世影响很大。据《周礼》记载，官方医政制度上，专门设有"食医"，《左传》《老子》《庄子》等众多古籍中也针对养生提出了很多的新观点，《黄帝内经》成书于战国至秦汉时期，是我国现存最早的一部医学经典巨著，它奠定了我国饮食养生的理论。唐代著名医学家孙思邈的《备急千金要方》，两晋隋唐时期陶弘景的《养生延命录》、葛洪的《抱扑子》，唐人孟诜所撰的《食疗本草》，元忽思慧所撰的《饮膳正要》等后世养生名著都是对彭祖食物养生的重要补充。

药物是祛病治疾的，见效快，重在治病。使用药物治疗疾病，要适可而止，使用药物不可过分，以免身体受损，应当用饮食方法调理使之痊愈。"寓医于食、良药可口、药借食力、食助药威"诠释了当代药食同用的精妙所在。古代药膳就是在彭祖药食养生的基础上形成的，药膳就是在中医理论指导下，药物（中药）与食物合理配伍，通过烹调加工巧妙配制而成的食品，具有保健强身、防病治病的作用，而且变苦口良药为美味佳肴，强调色、香、味、形，注重营养价值，满足人们"厌于药，喜于食"的天性。

彭祖的养生之道，世人研究较多，分别从不同角度阐述了彭祖的养生思想和方法。其饮食养生的观点，许多专家学者也进行过探讨，并且付诸实践。但由于彭祖距今有四千多年的历史，其遗留后世的饮食养生经验虽经代代相传，并且给予了发扬光大，但难免有一些糟粕的痕迹。因此，研究彭祖的饮食长寿思想和方法，要用现代科学的观点、唯物辩证法的观点来探讨其科学性和有效性。特别是在研究彭祖饮食养生的具体实践中，要遵循古法，体现彭祖的饮食之道，还原彭祖饮食养生的哲理，不能用现代营养学的观点来阐述其实践活动。取其精华，去其糟粕，为研究现代饮食养生提供借鉴。

彭祖祠（徐州市统一北街）

徐州两汉饮食文化概述

一、两汉饮食文化的形成和发展

两汉时期跨越四百余年,是中国历史上大一统的发展时期。徐州作为烹饪之都,饮食文化底蕴深厚,作为两汉文化的发源地,徐州素有"彭祖故国、刘邦故里、项羽故都"之称,它对中华民族的文化发展,以至对世界文化的发展都产生了重大而深远的影响。一个"汉"字,彰显了大汉民族的灵魂,汉字、汉人、汉族……无不留下大汉民族的烙印。"秦唐文化看西安,明清文化看北京,两汉文化看徐州。"徐州两汉饮食文化是徐州两汉文化中的组成部分,是中国饮食文化史的重要阶段,研究和探讨徐州的两汉饮食文化的内涵,挖掘和整理两汉饮食文化的内容,对弘扬徐州两汉文化,具有极其重要的意义。

两汉饮食文化是指在两汉时期社会生活中有关的一切生活方式和为满足这种生活方式进行的一切活动和创造,以及基于这些方式形成的心理和行为。其具体内容包括三个层次:一是物态文化,指与两汉时期饮食活动有关的遗迹、遗存;二是制度行为文化,指两汉时期的饮食制度,以及相关的风俗习惯、行为礼仪、谚语故事等;三是精神心理文化,指人们在长期的饮食实践和意识活动中形成的价值观念、思维方式、审美情趣、心理性格等。

徐州两汉饮食文化是以两汉时期的饮食内容为载体产生和发展起来的文化现象,是徐州饮食文化的重要组成部分,也是实施精神文明赖以产生的前提和基础。它是以两汉文化为背景,在漫长的历史时期中,在自然环境、人文环境、社会生活等多种因素的影响下形成和发展的。它与徐州的历史、区域、经济、民俗、物产、烹饪技法等密切联系。

(一)彭祖烹饪术,是两汉饮食文化的基础

在烹饪方面,彭祖为徐州的后人们留下了许多经典菜品和制作经验,包括其传人创作遗留

下来的一些精品,至今仍在流传,长盛不衰。其最大特点是能够起到养生作用,如彭祖用"雉羹"治好了尧帝的厌食症;"羊方藏鱼"开创了"鱼""羊"为"鲜"之先例;食疗菜"糜角鸡""云母羹"具有一定的食疗作用,可谓别具一格,这些都说明彭祖对食物的食性有一定的研究。特别是彭祖创制并留传下来的烹饪行业的"爨阵八法",开创了中国烹饪的厨房布局。彭祖遗留下来的饮食文化,作为一种风格,已经融汇到地方饮食文化的风格之中。其主要贡献在于把人类饮食由熟食推向味食,由粗食推向精食,将饮食与养生相结合,开创了药膳、食疗等饮食的新天地,从而形成了独特的彭祖饮食文化。这为后世饮食文化的发展奠定了基础。

(二)生产力的发展,为两汉饮食文化形成奠定了物质基础

社会生产力的进步是汉代社会经济(包括商品经济)快速发展的前提条件。

自春秋战国以来,以铁器和牛耕技术为主要代表的先进生产工具、技术的诞生和推广运用,大大提高了社会劳动生产率,促进了社会的全面变革。由于生产力和生产技术的进步,社会分工的发展,经济结构和经济规模发生了较大的变化。

西汉立国至汉武帝这70年间,奉行休养生息政策,国力强盛,社会稳定,社会生产力有了很大的发展,中国成为当时世界上文明发达的大国。"休养生息"的政策,为汉代商品经济的发展提供了有力的保障,社会需求的扩大,推动了汉代经济的发展。经济的发展,又扩大了社会的需求,特别是人类饮食的需求变得丰富多彩。大汉统一格局,为汉代经济发展提供了良好的社会环境,促进了两汉饮食文化的形成。

(三)中西文化经济交流,为两汉饮食文化增添了新内容

1.中外贸易交流开拓了食物来源

据长沙马王堆西汉墓出土的实物和竹简记载,当时的粮食有稻、小米、麦、麻、豆;菜果类有瓜、葫芦、甘蔗、藕、芋、蕹菜、芥菜、冬葵、苋菜、菠菜、白菜、韭菜、芜菁、枣、梨、梅、杨梅、李、柿、橘柚、椰子、橄榄、木瓜;肉食有牛、马、羊、狗、猪、鹿、兔、鸡、雉、雁、鸭、鹅、鹤、斑鸠、喜鹊、鹌鹑、雀、蛋、鲫、鲂、鲤等。除此,引进了中亚、西亚等地的原料,如芝麻、核桃、蚕豆、胡萝卜、石榴、大蒜、黄瓜等,使烹饪原料更加丰富多彩,有力地促进了菜肴品种的丰富多样。另外,西汉的淮南王刘安发明了豆腐和其他豆腐制品,极大地丰富了菜点品种。

2.域外烹饪技术进入中原和海产品进入宴席

中外贸易交流开拓了食物来源,同时也把域外的烹饪技术或烹饪经验带入中原。在当时的长安有许多胡姬酒舍,经营胡饼、胡酒、胡羹等。域外名食,如婆罗门轻高面、胡麻饼、哔锣、搭纳、博饨、鹘突等面点及烹羊肉、浑羊殁等名菜也享誉华夏。另外,两汉到南北朝时期曾出现过几次动乱,使中国居民发生多次移民浪潮,如西晋末年的永嘉丧乱持续不断,南北朝时的塞北人南迁中原、中原人南迁江南、皖南、苏南,从不同程度上把烹饪技术带到这个地区或摄取了当地的烹饪技术,使其烹饪技术得到交流、补充和完善。同时,由于海上丝绸之路的开通,海产品中的鱼、鳖、龟、虾和蟹等原料进入宴席,并成为宴席的重要组成部分。

(四)饮食市场的繁荣,促进了两汉饮食文化发展

两汉时期由于食物资源的进一步开拓和域外烹饪技术进入中原,使中原地带饮食行业更加兴旺发达,市场呈现出一派欣欣向荣的繁荣景象。如当时的两京三都,市场繁荣,饮食行业兴旺发达,所谓"通大都邑,酤一岁千酿,醯酱千工瓦,酱千儋、屠牛、羊、彘千皮""熟食遍列,肴旅成市",真实地反映了汉代饮食市场的概况。两汉时期在中国烹饪史上称为民族风格奠基期和深化期。

(五)"东食西迁"和"北食南迁",扩大了徐州饮食文化的范围

《西京杂记》记录了"东食西迁"的缘由:"太上皇徙长安,居深宫,凄怆不乐。高祖窃因左右问其故,以平生所好,皆屠贩少年,沽酒卖饼,斗鸡蹴鞠,以此为欢,今皆无此,故以不乐。高祖乃作新丰,移诸故人实之,太上皇乃悦。故新丰多无赖,无衣冠子弟故也。高祖少时,常祭枌榆之社。及移新丰,亦还立焉。高帝既作新丰,并移旧社,衢巷栋宇,物色惟旧。士女老幼,相携路首,各知其室。放犬羊鸡鸭于通涂,亦竞识其家。其匠人胡宽所营也。移者皆悦其似而德之,故竞加赏赠,月余,致累百金。"这段记载,详细记录了徐州丰县的生活民俗迁入长安的缘由和内容,同时也说明了徐州丰县的饮食文化对汉代长安的影响。

《后汉书·楚王刘英列传》载:"帝以亲亲不忍,乃废英,徙丹阳泾县,赐汤沐邑五百户。遣大鸿胪持节护送,使伎人奴婢妓士鼓吹悉从,得乘辎軿,持兵弩,行道射猎,极意自娱。男女为侯主者,食邑如故。"永平十三年,有个叫燕广的男子上告说刘英与渔阳王子、颜忠等人作圆书,有叛乱的阴谋,此事被朝廷责令加以查验,有司上奏说刘英招揽聚集奸猾之人,造图谶,擅自设置官职,设立诸侯王公将军二千石,大逆不道,请求处罚他。明帝因爱护亲族而不忍心,便废掉刘英的爵位,把他迁徙到丹阳的泾县,赐给他汤沐邑五百户。派大鸿胪持节护送,派歌舞伎艺人奴婢吹奏表演者全部跟随,可以乘坐有屏幕的车子,手持兵器弓弩,边走边打猎,尽情娱乐。凡是侯主之人,食邑完全与从前一样。楚太后不必上缴印玺玉带,留住在楚宫中。这就将徐州的饮食风俗带到了江南一带。这段历史称为"北食南迁"。

(六)铁器的普及和发展,为两汉烹饪技艺的发展提供了发展空间

两汉时期冶铁技术的成熟极大地促进了铁器的使用和推广。自汉代以来,不仅有生铁铸的

鼎、釜、甑、炉等器具，还出现了铁煅的厨刀、轻薄的供小炒用的小釜、大口宽腹的小鏊、类似隔舱锅的五熟釜和夹层蓄热的诸葛行锅，等等。

铁质烹饪工具在西汉得到普及，并不断改良革新，成为汉代烹饪的主要工具，尤以铁锅和刀具的作用最为突出，为烹饪技艺的发展提供了保证。铁质刀具的广泛运用使刀工技术得到提高和突破，厨刀从别的各种刀类中分化出来，专门按庖厨的需要而制造，也为原料的加工工艺提供了基础条件。炒制技术随着铁器的历史发展而不断地被完善和提高。为了满足炒制快速翻炒的特点，加热器具由原先的小口鼓腹的铁釜演变为敞口斜腹的铁锅，可以认为铁锅的出现及炒的发明是中国烹饪技术体系形成后里程碑式的成就。

（七）饮食制度和礼仪，丰富了两汉饮食文化的内容

汉朝随着中国的统一，汉王室在饮食方面比先秦时期更进一步。皇宫具有最为完备的食物管理机构。"太官""汤官"和"导官"，分别"主膳食""主饼饵"和"主择米"。太官令下设有七丞，包括负责各地进献食物的太官献丞、管理日常饮食的大官丞和大官中丞等。太官和汤官各拥有奴婢3000人，为皇帝和后宫膳食开支一年达二万万钱。

汉朝礼制规定：天子"饮食之肴，必有八珍之味"。他们"甘肥饮美，殚天下之味"。时节的变化对汉代普通人的生活状况有着不小的影响。如汉末人徐干说"在炎气酷烈"的夏季，即使是贵族也感到"身若点漆，水若流泉，粉扇靡效，宴戏鲜欢"，然而季节对饮食生活的限制在皇帝和其后妃那里却被降至当时的最低程度。在冬天，皇帝可以享用春季才生成的葱、韭黄等蔬菜，而这些蔬菜是耗费大量钱财，太官"覆以屋庑，昼夜蕴火，待温而生"，在炎热的夏季，皇帝与后妃则是"坚冰常奠，寒馔代叙"。

礼产生于饮食，同时又严格约束饮食活动。不仅讲求饮食规格，而且连菜肴的摆设也有规则。《礼记·曲礼》载："凡进食之礼，左肴右胾，食居人之左，羹居人之右。脍炙处外，醢酱处内，葱渫处末，酒浆处右。以脯修置者，左朐右末。"就是说，凡是陈设便餐，带骨的菜肴放在左边，切的纯肉放在右边。干的食品菜肴靠着人的左手放，羹汤放在靠右手方。细切的和烧烤的肉类放远些，醋和酱类放在近处。蒸葱等拌料放在旁边，酒浆等饮料和羹汤放在同一方向。如果要分陈干肉、牛脯等物，则弯曲的在左，挺直的在右。这套规则在《礼记·少仪》中也有详细记载。上菜时，要用右手握持，而托捧于左手上；上鱼肴时，如果是烧鱼，以鱼尾向着宾客；冬天鱼肚向着宾客的右方，夏天鱼脊向着宾客的右方。

在用饭过程中，也有一套繁文缛礼。《礼记·曲礼》载："共食不饱，共饭不择手，毋抟饭，毋放饭，毋流歠，毋咤食，毋啮骨。毋反鱼肉，毋投与狗骨。毋固获，毋扬饭，饭黍毋以箸，毋捉羹，毋刺齿。客絮羹，主人辞不能烹。客歠醢，主人辞以窭。濡肉齿决，干肉不齿决。毋嘬炙。卒食，客自前跪，撤饭齐以授相者，主人兴辞于客，然后客坐。"大意是：大家在一起吃饭的时候，不要只顾自己吃饱。如果是和别人一起吃饭，就要检查一下手的清洁卫生。不要用手搓饭团，不要把多余的饭再放进锅中，不要喝得满嘴淋漓，不要吃得喷喷作声，不要把食过的鱼肉再放回盘里，啃骨头不要把骨头扔给狗。不要独自占有食物，也不要簸扬着热饭，吃黍蒸的饭用手而不用箸,不可以大口囫囵喝汤,也不要当着主人的面调和菜汤。不要当众剔牙齿,也不要喝瞻渍的肉酱。如果有客人在调和菜汤,主人就要道歉,说是烹调得不好;如果客人喝到酱类的食品,主人也要道歉,说是备办的食物不够。湿软的肉可以用牙齿咬断,肉就得用手分食。吃炙肉时要撮作一把来嚼。吃饭完毕,客人应起身向前收拾桌上盛行瞻渍物的碟子交给旁边伺候的主人,主人跟着起身,请客人不要劳动,然后,客人再坐下。

(八)饮食文献的记载,延续了两汉饮食文化的发展

两汉时期,随着农业、手工业和商业的发展,食物原料丰富,烹饪技艺发展,民族交流加深,出现了大量的饮食典籍。这些典籍,有的出自汉代,但在汉代,专门的饮食典籍尚未见到,多附属在其他的著作中。魏晋南北朝时期,出现了专门的饮食典籍,虽然有的现在已经遗失,有的只是附属在后世典籍的引用之中。在这些后世的典籍中,为我们提供了两汉时期饮食方面的基本情况。无论何种情况,都充分说明了汉代饮食业的各种状况。

《急就篇》,西汉史游作,中国古代教学童识字、增长知识、开阔眼界的字书。"急就"是很快可以学成的意思。其中第七、八、九、十章是专门提及饮食方面的内容。"酒行觞宿昔醒,厨宰切割给使令。薪炭雀苇炊孰生,膹脍炙胾各有形。酸咸酢淡辨浊清,肌□脯腊鱼臭腥。稻黍秫稷粟麻秔,饼饵麦饭甘豆羹。葵韭葱薤蓼苏姜,芜荑盐豉醯酢酱。芸蒜荠芥茱萸香,老菁蘘荷冬日藏。梨柿柰桃待露霜,枣杏瓜棣馓饴饧。园菜果蓏助米粮,甘麮殊美奏诸君。六畜蕃息豚豕猪,豭豶狡犬野鸡雏。糁□特犉羔犊驹,雄雌牝牡相随趋。糟糠汗滓桑萐刍,凤爵鸿鹄雁鹜雏。鹰鹞鸹鸨翳雕尾。鸠鸽鹑鹖中网死。鸢鹊鸥枭惊相视,豹狐距虚豺犀兕。狸兔飞鼯狼麋麂,麇尘麏麚皮给履。"这些语句中有关于农作物的,有关于动物的、粮食的、饭食的、蔬菜的、调味的、食物加工的,等等。这些文字虽然数量不多,但却提供了饮食方面许多的重要资源。

《说文解字》,东汉许慎著,是我国最古老而且系统的一部字书,含有丰富的汉代饮食文化的信息。全书共540部,其中在食部、米部、羊部、鱼部、肉部、火部、酉部、卤部等相关部首的字群里,都能看出食物原料、食品名称、烹饪加工等在汉代及以前时代的饮食文化内涵和时代特征。如粮食类,包括禾类、粟类、稷类、稻类、豆类等近40余种;蔬菜类,主要集中在草部,包括水生、菌藻类近70余种;瓜果类30多种;动物类,包括牲畜、家禽、野禽、水产等近50余种,其中还有10多种用肉做成的食品;饮品类有近20余种;调味品有20多种,包括酱品、香料等;粥羹有10多种;主食有近10种;烹饪技法有近30种。这些内容尽管是对文字的收录和解释,但对后世饮食的发展影响巨大,也奠定了中国文字学的基础。是研究汉代饮食文化不可缺少的古代典籍。

《释名》,东汉末年刘熙著,全书共八卷,二十七篇。其中第四卷《释饮食》,是专门解释汉代饮食方面的篇章,对研究汉代饮食具有十分重要的价值。全卷共计78条,在食物的形状、颜色、味道、功能、制作、储存等方面进行了分类和诠释,其中不乏与外国和少数民族的饮食文化交流。开始10条是关于饮食动作的描述,如"饮,奄也,以口奄而引咽之也。……";其他的有关于米面制作的描述,如"糍,渍也,丞燥屑使相润渍饼之也。……";有关于调味品制作和名称的描述，如"醢，海也，冥也，封涂使密冥乃成也。醢多汁者曰醯；醯，渖也。宋鲁人皆谓汁为渖。醢有骨者曰臡，如吮反臡胒也，骨肉相搏胒无汁也。……"；有肉制品的制作和名称的描述，如"脍细切猪羊马肉使加脍也。……"；有饮料制作和名称的描述，如"酒，酉也。酿之米麴酉释之，久而味美也。亦言踧也，能否皆强相踧待饮之也。又入口咽之，皆踧其面也。……"；有关于蔬菜水果的加工和名称以及保鲜方法的描述，如"桃诸，藏桃也。诸，储也。藏以为储，待给冬月用之也。……"；有关于水产品的加工和名称以及保鲜方法的描述，如"桃诸，藏桃也。诸，储也。藏以为储，待给冬月用之也。……"；还有一些少数民族和外国食品的名称。从这些记载可以看出，在汉代，食品品种繁多、加工方法各异、保鲜技术得到大幅度提高，对外交流活跃。

《西京杂记》是一部记载西汉时期社会生活中逸事传闻的笔记体小说，内容包罗万象。对饮食记载的内容虽然不多，但对后世的饮食研究有一定的价值。历史上著名的"五侯鲭"即来自于此。《西京杂记》卷二："五侯不相能，宾客不得来往。娄护、丰辩，传食五侯间，各得其欢心，竞致奇膳，护乃合以为鲭，世称五侯鲭，以为奇味焉。""五侯鲭"是指汉代娄护合王氏五侯家珍膳而烹饪的杂烩。裴启《裴子语林》也有类似记载："娄护，字君卿，历游五侯之门。每旦，五侯家各遗饷之。君卿口厌滋味，乃试合五侯所饷之鲭而食甚美。世所谓五侯鲭，君卿所致。"宋代苏轼《次韵孔毅甫集句见赠》之二诗句中"今君坐致五侯鲭，尽是猩唇与熊白。"也有"五侯鲭"；清代赵翼《杨桐山招饮》诗也说："也曾吃过五侯鲭，等闲炰炙不足数。"五侯，汉成帝母舅王谭、王根、王立、王商、王逢时同日封侯，号五侯。鲭，肉和鱼的杂烩。徐州市的"烧杂拌"、全国各地的"全家福""杂碎"即从"五侯鲭"演变而来。如前面所述，《西京杂记》还记录了"东食西迁"的缘由："太上皇徙长安，居深宫，凄怆不乐。移者皆悦其似而德之，故竞加赏赠，月余，致累百金。"这段记载，详细记录了徐州丰县的生活民俗迁入长安的缘由和内容。同时也说明了，徐州丰县的饮食文化对汉代长安的影响。

《淮南子》是西汉皇族淮南王刘安及其门客集体编写的一部汉族哲学著作，道家作品。此书通过饮食阐述一定的哲学思想，蕴含着丰富的饮食思想，具有一定的哲理。如"食者民之本也，民者国之本也，国者君之本也。"主要是强调食为民之本；"味有五变，甘主其味""五味乱口，使人伤败"则强调重视原味，反对过分追求美味等；"汾水濛浊而宜麻，沸水通和而宜麦，河水中浊而宜菽，雒水轻利而宜禾，渭水多力而宜黍，汉水重安而宜竹，江水肥仁而宜稻。平土之人慧而宜五谷。"强调因人因地而宜，秉承人性天性等，相关的饮食内容记载不少。

《盐铁论》由西汉桓宽编著。此书主要是根据著名的"盐铁会议"记录而整理撰写的重要史书，主要论述当时汉武帝时期的政治、经济、军事、外交、文化等的一场大辩论。在这部书中，有关饮食方面主要存在于《盐铁论》的《散不足》篇目中，在本篇中，贤良从衣食住行到婚丧嫁娶，从庶民百姓到官府豪家，分为八个纲领，并列举了三十二项事实，虽然是论述汉代饮食与先秦饮食的区别，但主要是说明由于豪华奢侈产生了很多方面的社会"弊病"，贤良借题发挥，以论奢侈、节俭为名，目的是欲行复古之实。但也反映出汉代生活的发展。对现代社会仍有借鉴意义。选《盐铁论》部分段落略述如下：

"古者，谷物菜果，不时不食，鸟兽鱼鳖，不中杀不食。故緵罔不入于泽，杂毛不取。今富者逐驱歼罔置，掩捕麑鷇，耽湎沈酒，铺百川。鲜羔麑鷇，几胎肩，皮黄口。春鹅秋鸽，冬葵温韭，浚茈蓼苏，蕈耳菜，毛果虫貉。"

说明汉时食物原料丰富多彩，讲究取舍和时令季节。羊羔，小猪，小鸡，春天的小鹅，秋季的雏鸡，冬天的葵菜和温室培育的韭菜、香菜、子姜、辛菜、紫苏、木耳、虫类、兽类，没有不吃的。

"古者，污尊抔饮，盖无爵觞樽俎。及其后，庶人器用，即竹柳陶匏而已。唯瑚琏觞豆而后雕文彤漆。今富者银口黄耳，金罍玉钟。中者野王纻器，金错蜀杯。夫一文杯得铜杯十，贾贱而用不殊。箕子之讥，始在天子，今在匹夫。"

说明汉代饮食器具种类多样，尊贵高档。富人用着银口黄耳的杯盘、黄金做的酒壶和玉雕刻的酒杯。中等人用的是野王出产的苎麻制造的漆器，蜀郡出产的镶金酒杯。

"古者，燔黍食稗，而捭豚以相飨。其后，乡人饮酒，老者重豆。少者立食，一酱一肉，旅饮而已。及其后，宾婚相召，则豆羹白饭，綦脍熟肉。今民间酒食，殽旅重叠，燔炙满案，臑鳖脍鲤，麑卵鹑鷃橙枸，鲐鳢醢醯，众物杂味。"

说明汉代宴席品种丰盛多品，菜品讲究，连民间招待客人，都是鱼肉重叠，烤肉满桌，还有鱼鳖、鹿胎、鹌鹑、香橙、蒟酱，以及鲐、鳢、肉酱和醋，物丰味美。

"古者，庶人春夏耕耘，秋冬收藏，昏晨力作，夜以继日。"《诗》云："昼尔于茅，宵尔索绹，亟其乘屋，其始播百谷。非膢腊不休息，非祭祀无酒肉。今宾昏酒食，接连相因，析酲什半，弃事相随，虑无乏日。"

说明汉代宴饮集会多多，来客和结婚都要办酒席，互相邀请，没有间断，常常是十个人醉倒五个，有的人放弃了工作而跟着别人去吃喝，不考虑自己缺吃少穿的日子。

"古者，庶人粝食藜藿，非乡饮酒、膢腊祭祀无酒肉。故诸侯无故不杀牛羊，大夫士无故不杀犬豕。今闾巷县佰，阡伯屠沽，无故烹杀，相聚野外，负粟而往，挈肉而归。夫一豕之肉，得中年之收，十五斗粟，当丁男半月之食。"

说明汉代肉食现象大增，已经很普遍。街道上有屠人，农村里有屠户，随意宰杀牲口，在野外聚在一起吃喝，要买肉就背着粮食去，提着肉就回来了。

"古者，庶人鱼菽之祭，春秋修其祖祠。士一庙，大夫三，以时有事于五祀，盖无出门之祭。今富者祈名岳，望山川，椎牛击鼓，戏倡儛像，中者南居当路，水上云台，屠羊杀狗，鼓瑟吹笙。贫者鸡豕五芳，卫保散腊，倾盖社场。"

说明汉代祭祀物品发生了很大的变化。富人祭祀，击鼓杀牛；中等人祭祀，屠羊杀狗；贫穷的人用鸡猪五味，散发祭肉。

"古者，不粥饪，不市食。及其后，则有屠沽，沽酒市脯鱼盐而已。今熟食遍列，殽施成市，作业堕怠，食必趣时，杨豚韭卵，狗□马朘，煎鱼切肝，羊淹鸡寒，桐马酪酒，蹇捕胃脯，胹羔豆赐，觳膹雁羹，臭鲍甘瓠，熟梁貊炙。"

说明汉代饮食市场品种丰富，生意繁荣。街上店铺里熟食摆满了柜台，菜肴陈列形成了一个市场，吃东西赶时令，尝新鲜。烤猪肉，韭菜炒鸡蛋，切得很细的狗肉、马肉，油炸的鱼，切好的肝，腌羊肉，冷酱鸡，马奶酒，驴肉干，美味胃脯，燉小鸟，雁肉汤，腌鲍鱼，甜瓠瓜，还有精熟的米饭和烧猪。

"古者，土鼓由枹，击木拊石，以尽其欢。及其后，卿大夫有管磬，士有琴瑟。往者，民间酒会，各以党俗，弹筝鼓缶而已。无要妙之音，变羽之转，今富者仲鼓五乐，歌儿数曹。中者鸣筝调瑟，郑儛赵讴。"

说明汉代宴饮讲究歌舞。由过去民间喝酒欢聚，不过是弹筝和敲瓦罐，转变为有钱人家遇到喜庆的事钟鼓齐鸣，琴瑟并弹，唱歌的儿童一队队排列。中等人家也是吹竽弹瑟，跳舞唱歌。

《四民月令》是东汉大尚书崔寔模仿古时月令所著的农业著作。东汉后期叙述一年例行农事活动的专书，描述两汉时期社会地主阶层的农业运作，书中提及的经济运作，亦为中国经济史研究提供第一手资料。此书尽管以农业为主，但也记载了一年四季粮食蔬菜的种植与收藏、食品的加工酿造以及饮食禁忌等内容，是一部重要的饮食著作。原书已失存，仅见于《齐民要术》《玉烛宝典》的引录以及之后类书的转引中，主要叙述大地主的庄园从正月一直到十二月中一般农作物的种植时令。但对技术性记述较少。

《齐民要术》由北魏贾思勰撰。此书记载的是先秦至两汉时期农业栽培、食品加工等内容。是我国现存最古老、最完整的一部农书。作者在总结前人经验的基础上，结合自己从富有经验的老农当中获得的生产知识以及对农业生产的亲身实践与体验，认真分析、系统整理、概括总结，全书共10卷，92篇，其中涉及饮食内容的25篇，是我国古代的大百科全书。卷一主要描写耕田、收种、种谷；卷二主要介绍谷类、豆、麦、麻、稻、瓜、瓠、芋等；卷三主要介绍种葵（蔬菜）、蔓菁等；卷四主要介绍园篱、栽树（园艺）、枣、桃、李等果树栽培；卷五主要介绍栽桑养蚕，榆、白杨、竹以及染料作物；卷六主要介绍畜、禽及养鱼；卷七主要介绍货殖、涂瓮（酿造）、酿酒；卷八、九主要介绍酿造酱、醋、乳酪、储存、煮胶；卷十主要介绍热带、亚热带植物100余种，野生可食植物60余种。所记内容丰富、品种齐全、花样繁多、方法多样，其中烹饪技法多达三十余种，菜肴数量一百多种，主食饼法几十种，而且开辟了菜谱编写的新体例，对后世影响极大。其中许多技术，以前的农书或文献不曾见过。篇题援引历史文献，备有注文，述说异名、别名、品种、地方名产、物种来源及其性状特征；该书亦有作者亲身验证的经验，如书中指济州以西（今鲁西）的长辕犁不及齐人的蔚犁"柔便"；蚕茧用盐杀蛹法比暴晒为好。

汉代枚乘的《七发》中有专门记载西汉楚王宫的饮食："犓牛之腴，菜以笋蒲。肥狗之和，冒以山肤。楚苗之食，安胡之饭，抟之不解，一啜而散。于是使伊尹煎熬，易牙调和。熊蹯之臑，勺药之酱。薄耆之炙，鲜鲤之鱠。秋黄之苏，白露之茹。兰英之酒，酌以涤口。山梁之餐，豢豹之胎。小饭大歠，如汤沃雪。此亦天下之至美也，太子能强起尝之乎？"

受枚乘的影响，曹植的《七启》也记有："芳菰精粺，霜蓄露葵。玄熊素肤，肥豢脓肌。蝉翼之割，剖纤析微。累如叠縠，离若散雪。轻随风飞，刃不转切。山鸡斥鷃，珠翠之珍。寒芳苓之巢龟，脍西海之飞鳞。雁江东之潜鼉，腾汉南之鸣鹑。糅以芳酸，甘和既醇。玄冥适咸，蓐收调辛。紫兰丹椒，施和必节。滋味既殊，遗芳射越。乃有春清缥酒，康狄所营。应化则变，感气而成。弹徵则苦发，叩宫则甘生。于是盛以翠樽，酌以雕觞。浮蚁鼎沸，酷烈馨香。可以和神，可以娱肠。此肴馔之妙也，子能从我而食之乎？"

张景阳的《七命》等也有专门写饮食的段落。如"大梁之黍，琼山之禾，唐稷播其根，农帝尝其华。尔乃六禽殊珍，四膳异肴。穷海之错，极陆之毛。伊公□鼎，庖子挥刀。味重九沸，和兼勺药。晨凫露鹄，霜鹂黄雀。圜案星乱，方丈华错。封熊之蹯，翰音之跖。燕髀猩唇，髦残象白。灵渊之龟，莱黄之鲐。丹穴之鷃，玄豹之胎。燀以秋橙，酤以春梅。接以商王之箸，承以帝辛之杯。范公之鳞，出自九溪。頳尾丹鳃，紫翼青鬐。尔乃命支离，飞霜锷。红肌绮散，素肤雪落。娄子之豪不能厕其细，秋蝉之翼不足拟其薄。繁肴既阕，亦有寒羞。商山之果，汉皋之楱。析龙眼之房，剖椰子之壳。芳旨万选，承意代奏。乃有荆南乌程，豫北竹叶。浮蚁星沸，飞华萍接。玄石尝其味，仪氏进其法。倾罍一朝，可以流湎千日。单醪投川，可使三军告捷。斯人神之所欲羡，观听之所炜晔也。子岂能强起而御之乎？"

汉王褒作《僮约》是一篇关于奴隶义务契约的赋，字数不多，但其中有不少饮食方面的记载。"织履作粗，黏雀张乌。结网捕鱼，缴雁弹凫。登山射鹿，入水捕龟。后园纵养，雁鹜百馀。""驱逐鸥鸟，持梢牧猪。种姜养芋，长育豚驹。粪除堂庑，饻食马牛。鼓四起坐，夜半益刍。二月春分，被堤杜疆，落桑皮棕。种瓜作瓠，别茄披葱。焚槎发畤，垄集破封。日中早慧火，鸡鸣起春。调治马户，兼落三重。舍中有客，提壶行酤，汲水作哺。涤杯整案，园中拔蒜，斫苏切脯。筑肉臛芋，脍鱼炰鳖，烹茶尽具，已而盖藏。""牵犬贩鹅，武阳买茶"是关于饮茶的最早记载。

除上述典籍外，还有东汉末年曹操的《四时食制》。此书已散失，现仅有十四条辑存于世，现收集于《曹操集》中（记载的均为鱼类）。它是我国历史上第一部独立、专门的饮食学著作，在古代饮食典籍中占有重要地位。北魏崔浩编撰的《食经》，已遗失，此书也大量记载了汉代的饮食内容。多见于《齐民要术》、《北堂书钞》、《太平御鉴》及王祯《农书》等书中收录有未署作者姓名的《食经》，内容有四十多条，涉及食物储藏及肴馔制作，如"藏梅法""藏干栗法""藏柿法""作白醪酒法""七月七日作法酒方""作麦酱法""作大豆千岁苦酒法""作豉法""作芥酱法""作蒲法""作芋子酸法""羹法""蒸熊法""作饼酵法""作百饭法""作煸法"等等，内容相当丰富。

西晋束皙的《饼赋》是专门描写两汉麦面饼的起源与品种，还提到了十多种面点的名称、制饼的过程和技法。"晋人将水煮、笼蒸、火烤、油炸的面食总称为饼。""牢丸（若今团子、包子）"、"豚耳、狗舌之属（若今油炸'猫耳朵'、油酥'牛舌饼'一类）"、"薄壮""起溲""汤饼（若今汤面、疙瘩汤、片儿汤一类）"皆属饼类。"皆用之有时，并春宜用曼头，夏宜用薄壮，秋宜用起溲，冬宜用汤饼，而四时适用者唯牢丸"。为研究我国面食起源提供了资料。这一时期，还有班固的《两都赋》，张衡的《西京赋》《东京赋》《南都赋》，左思的《蜀都赋》《吴都赋》《魏都赋》等赋作类中也提及有关的两汉饮食文化内容。

西汉司马相如的《上林赋》《子虚赋》也提及了许多食品，对研究汉代饮食都有一定的参考价值。

西汉扬雄的《方言》也集录了不少有关饮食的词汇。

东汉张机的《金匮要略》是一部食疗理论的典籍,记述了大量的饮食疗法、饮食禁忌、应对处方等,是研究汉代食疗的重要参考文献。

据《隋书·艺文志》所录,西汉至隋的烹饪专著共28种,如《黄帝食禁经》《老子食禁经》《淮南王食经》《饮食次第法》等,这些烹饪专著大多已亡佚,剩下不多的几部内容也不完全。从现存的内容看,对当时特定范围内的烹饪原料、工艺、食品等状况,做了比较系统的记录,为研究当时烹饪发展的情况提供了第一手资料。其他的如张揖的《广雅》、张华的《博物志》、干宝的《搜神记》、王嘉的《拾遗记》、刘敬叔的《异苑》、崔豹的《古今注》、刘义庆的《世说新语》、常璩的《华阳国志》、梁宗懔的《荆楚岁时记》、崔浩的《食经》、葛洪的《抱朴子》等典籍也有不少两汉饮食文化的记载。这些古典集书为研究中国两汉饮食文化提供了历史依据。也为两汉饮食文化的发展奠定了基础。

二、两汉饮食文化的内容

1.物产原料

汉代,生产力得到了很大的发展,农、林、牧、副、渔得到了全面发展,这为汉代的饮食提供了丰富的物质基础,饮食资源得到了充分的开发。从徐州出土的汉墓中的食物、汉画像石上饮食原料图案以及史料记载来看,主要有:稻米、小麦、谷子、高粱、稷、粟、豆等农作物;猪、牛、羊、狗、兔等畜类;鸡、鸭、鹅等禽类;鱼、鳖、鳝等水产;菠菜、葵、蔓菁、韭菜、茄子、萝卜、白菜等蔬菜;桃、杏、柿、梅、枣等水果,说明汉代食物原料来源丰富。

(1)粮食

这一时期,确定了粟、麦、稻、豆等粮食作物为主食,以蔬菜和一定的肉类为副食的饮食结构,这就是后来中华民族最基本的饮食模式,具有典型的东方农业文明特色的饮食。

自先秦时期开始,"五谷"作为粮食,就成为中国人的主要食物来源。《周礼》记载:"以五味、五谷、五药养其病。"汉代郑玄注云"五谷,麻黍稷麦豆也";汉代赵岐注曰:"五谷,稻黍稷麦菽";汉代刘向注云"稻稷麦豆麻。"这些记载说明,五谷应该包括多种粮食作物。春秋时期范蠡《范子计然》记有"五谷者,万民之命,国之重宝也。……东方多黍,南方多稷,西方多麻,北方多菽,中央多禾,五土之所宜也,各有高下。"说明不同地域的人对五谷的解释也各不相同。粮食在古时除记有"五谷"之外,还有"六谷"、"九谷"、"百谷"之说。

两汉时期,农业发达。秦朝北方的主要作物为粟,秦人并不重视麦、菽,而到了汉朝,黄河中下游地域则以种植小麦为主,其次以粟、菽等,南方则以稻为主,这一点可以从全国各地汉墓出土的葬品以及汉墓简牍中得以发现。

(2)畜、禽

从先秦时期,我国古代就有"六畜"的说法,《三字经》记载"马牛羊,鸡犬豕。此六畜,人所饲",这里所说"六畜",是指古代中国人驯养的六种家畜。六畜中,牛能耕田劳作,马能负重致远,羊能供备祭器,鸡能司晨报晓,犬能守夜防患,猪能宴飨宾客。其中,与农业耕作和人们食物来源关系最密切的家畜当数牛、羊和猪。《周礼·天官·庖人》:"掌共六畜、六兽、六禽,辨其名物。"郑玄注曰:"六畜,六牲也。始养之曰畜,将用之曰牲。"后来牲畜或畜牲联用,泛指家畜。六畜中的马、牛、羊被列为上三品,鸡、犬、猪沦为下三品。人类与家养动物实质上是一种共生关系,人类在帮助动物生存的同时充分利用动物改善自己的生存。

商周时代,牛、羊、马以及禽类的鸡、鸭、鹅常用于祭祀活动。古有"三牲通天,三禽达地"的说法,就是将猪头、牛头、羊头同时供奉,可以把信息传达到上苍,三禽则是献祭给居住于地上的神灵。禽畜可使真穴余气所结,所以陪葬坑中必葬禽畜顺星宫理地脉。《礼记·王制》云"大夫无故不杀羊"。因此,动物肉的食用并不普遍,特别是贫民百姓,更是难得。到了汉代,由于动物饲养的普及和普遍食用,日常生活中对动物肉的食用已相当普遍。《盐铁论·散不足》记载:"古者……非乡饮酒、䐹腊祭祀无酒肉。故诸侯无辜不杀牛羊,大夫、士无故不杀犬豕。"而到了汉代则"今闾巷县佰,阡陌屠沽,无故烹杀,相聚野外。负粟而往,挈肉而归""今民间酒食,肴旅重叠,燔炙满案,臑鳖脍鲤,麑卵鹑鷃橙枸,鲐鳢醢醷,众物杂味";节庆之日,富者"椎牛击鼓",中者"屠羊杀狗",贫者也有"鸡豕五芳"。可见动物肉食用的普遍性。对汉代动物的饲养,《汉书·货殖列传》就记有"泽中千足彘""此其人皆与千户侯等"许多人家拥有"千足羊",不少人家有"牛蹄角千",富比"千户侯"。可见,动物饲养的普遍。

(3)水产

水产中以鱼为主要部分,两汉时期,鱼在人们的日常生活中占重要地位。《汉书·地理志》记有:"江南地广……民食鱼稻,以渔猎山伐为业。"《汉书·货殖列传》也记有:"山东多鱼、盐。"楚霸王项羽都彭城,虞姬制作的"龙凤宴"就是以水族和羽族为主要原料,说明汉代水产十分丰富。而且捕鱼工具和技法也得到创新,在出土的汉画像石中就有罩鱼的场面,渔具有罾、罟、罪、罶、罩等。《风俗通义》解释为:"罾者,树四木而张网于水,车挽之上下。"另外钓鱼和插鱼也是经常采用的捕鱼技法。东汉杨孚的《异物志》还有鸬鹚深水捕鱼的记载,徐州周围邳州及微山一带出土的汉画像石中也有鸬鹚捕鱼的场面。

汉代,人工养鱼已经大规模形成。汉赵岐的《三辅故事》就记有,长安昆明池所养鱼,除祭祀外,还拿到市场出售,以致鱼价大跌。贾思勰《齐民要术》中对汉代养鱼专门进行了总结,专立养鱼条目。《异物志》还记载沿海的海产鱼类多达近百种。可见鱼类在汉代食用已经相当普遍。

(4)蔬菜

中国古代蔬菜栽培不多,西周时期,当时食用的蔬菜仅有二十多种,有文献记载的人工栽培蔬菜也只有韭、芸、瓜、瓠、葑等几种。到了汉代,随着领域的扩张和栽培技术的提高,加上对外交流,外来部分蔬菜品种传入内地,其品种已多达二十多种。《史记·货殖列传》就有"千畦姜韭"等记载,《齐民要术》中对有些蔬菜从耕地、下种、浇水、施肥、生长过程的各个阶段的管理、收获及加工都有十分详细的叙述,《汉书·召信臣传》还记载长安的皇家菜园中建有大房屋,昼夜生火,以"种冬生葱韭菜茹"。这说明至少在汉代就有温室大棚种植蔬菜类。

(5)果品

从《诗经》等古籍资料来看,我国的果树栽培至少有四千年的历史,特别是全国统一以后岭南地区的荔枝、龙眼、香蕉、柑橘、柚子、甘蔗、椰子等已流传全国。《后汉书·和帝纪》记载:"旧南海献龙眼、荔枝,十里一置(驿站),五里一侯,奔腾阻险,死者继路。"西域天山的西瓜、葡萄、石榴等也集中内地。汉武帝时,张骞出使西域,带回来大量的蔬菜和果品品种。《史记·货殖列传》记载:"安邑千树枣;秦,千树栗,蜀,汉,江陵千树橘……此其人皆与千户侯等。"可见当时汉代已经形成一批专业化的果品种植。

(6)调味品

自从有了盐,开辟了调味的先河。调味品在五味的基础上不断开发新品种,如盐有井盐、海盐,提炼精制的精盐;酱有豆酱、麦酱、虾酱、榆子酱、鱼酱;酒有糯米酒、粟米酒、葡萄酒;醋有粮食醋、果醋。还有用豆制作的酱油、豆豉等;胡椒、胡荽、胡蒜、姜和麻油等调味品。

2.食物种类

汉代,南方的主要食物是米,主要用于"蒸饭"。《世说新语》中记载了东汉时期上层社会以箅蒸饭的故事。其手法和现在的蒸饭几乎雷同。就是将米煮至八成熟捞出,置放箅上,大火蒸熟。

"糒""糗""饐"等是当时的"干饭"。汉末刘熙《释名·释饮食》中记载:"糒,干饭,饭而曝干之也";《说文解字》注释为"糒,干饭也""糗,熬米麦也""熬,干煎也""饐,干食也";《史记·李将军列传》记有"大将军使长史持糒醪遗广",说明"干饭"是汉代常见的一种能久存、便携带、耐饥饿的食物;《孟子·尽心》记有"舜之饭糗如蕈也";杜甫的《彭衙行》有"野果充糗粮,卑枝成屋橼"的诗句。

"饼"是两汉时期黄河流域重要的食物。北方盛产小麦,饼就是以小麦粉为主要原料加工而成的。汉末刘熙《释名·释饮食》载:"饼,并也,溲面使合并也。胡饼,作之大漫沍也,亦言以胡麻著上也。蒸饼、汤饼、蝎饼、髓饼、金饼、索饼之属,皆随形而名之也。"最著名的是西晋束皙作的《饼赋》:"礼仲春之月,天子食麦,而朝事之笾煮麦为麷,内则诸馔不说饼。然则虽云食麦,而未有饼,饼之作也。其来近矣。若夫安乾、粔籹之伦,豚耳狗舌之属。剑带案盛,倍飿髓烛。或名生于里巷,或法出乎殊俗。三春之初,阴阳交际。寒气既消,温不至热。于时享宴,则曼头宜设。吴回司方,纯阳布畅。服絺饮水,随阴而凉。此时为饼,莫若薄壮。商风既厉,大火西移。鸟兽氄毛,树木疏枝。肴馔尚温,则起溲可施。玄冬猛寒,清晨之会。涕冻鼻中,霜成口外。充虚解战,汤饼为最。然皆用之有时,所适者便。苟错其次,则不能斯善。其可以通冬达夏,终岁常施。四时从用,无所不宜。唯牢丸乎? 尔乃重罗之麸,尘飞雪白。胶黏筋韧,滑液柔泽。肉则羊膀豕胁,脂肤相半。脔若绳首,珠连砾散。姜株葱本,蓬缕切判。辛桂刽末,椒兰是畔。和盐漉豉,搅合膠乱。于是火盛汤涌,猛气蒸作。攘衣振掌,握搦拊搏。面弥离于指端，手萦回而交错。纷纷骇骇，星分雹落。笼无迸肉，饼无流面。姝嫭咧敕，薄而不绽。襜襜和和，襄色外见。弱如春绵，白如秋练。气勃郁以扬布，香飞散而徧行。行人垂涎于下风，童仆空嚼而斜盼。擎器者舐唇，立侍者乾咽。尔乃濯以玄醢，钞以象箸。伸要虎丈，叩膝偏据。盘案财投而辄尽，庖人参潭而促遽。手未及换，增礼复至。唇齿既调，口习咽利。三笼之后，转更有次。"

赋中列举了大量饼的名称及其制法，形状和形象。

东汉时期，淮南王刘安发明豆腐，使豆类的营养更易吸收，物美价廉，可做出许多种菜肴。1960年河南密县发现的汉墓中的大画像石上就有豆腐作坊的石刻。东汉还发明了植物油。在此以前都用动物油，叫脂膏。带角的动物油叫脂，无角的如犬，叫膏。脂较硬，膏较稀软，植物油有杏仁油，柰实油，麻油，但很稀少。

徐州日常所食煎饼这一时期已经出现，东晋王嘉《拾遗记》："江东俗称，正月二十日为天穿日，以红丝缕系煎饼置屋顶，谓之补天漏。相传女娲以是日补天地也。"南梁宗懔《荆楚岁时记》："北人此日食煎饼，于庭中作之，支熏火，未知所出。"文中的"此日"指正月初七这一天。

3. 烹饪技艺

汉代，徐州在烹饪技术上已有较大发展，《汉书》记有："汉颖川尹遑为徐州刺史，以小铜釜，一日十炊。"于此不难看出，当时已由粗笨的陶釜、青铜鼎，改为轻薄小巧的铜釜，有了轻巧的炊事。这是炊事的一大进步。用小锅旺火，是速成菜的脆、嫩、鲜的起源。

汉代以后，铁器逐渐取代铜器，植物油开始登灶入馔，已掌握了炖、煮、炒、煎、酱、腌、炙等烹调方法，对食品原料也十分讲究，烹饪操作的技术分工已趋成熟，这可以从山东出土的《庖厨图》、"厨夫俑"中得到证明。《庖厨图》描绘了一套前后连贯的烹饪制作过程的宏大场面，图中刻绘的人物个个忙碌，各司其职，从上到下有六个层次，概括了从原料准备到加工处理等各个环节，分工层次明确，是汉代烹饪文化的有力表现。"厨夫俑"则是关于厨师形象的造型，从衣着装束看，几乎与如今的厨师不相上下，这说明当时厨师已形成为一种职业。汉代张骞通西域后，大量引进了葡萄、西瓜、芝麻、菠菜、芹菜、大蒜、茴香等域外食物。还传入一些烹调方法，如炸油饼。胡饼即芝麻烧饼也叫炉烧。使传统饮食在数量、质量、结构等方面都发生了变化。

2100年前，先秦时发明了石磨，到了汉朝才在民间开始普及。西汉以前磨齿为凹坑形，东汉时出现了辐射状，至西晋以后，磨齿大都呈八区斜纹形。石磨从发明到成熟经历了五百多年。

据史书记载，我国汉代取火已用"阳燧"，而且有了"曲突"的多眼炉灶和铁釜、铁鼎、铁锅。由于铁锅具有质地薄、传热快、轻便灵活的特点，使烹饪技法在原有的基础上得到了快速发展。这一时期的烹调方法由于工具的改进，水平大大提高，技法越来越多。如南北朝时《齐民要术》所收的炙达20多种，用多种烹饪方法制作一种原料，已在南北朝成为普遍现象。另外新出现的烹饪方法很多，如汉代的杂烩、濯（烫涮）；南北朝时的煮、眝、暗、羹臛、菹绿、奥、糟、苞、酿、酱和类似今天制作罐头的蜜渍等方法。特别是炒法的出现，这种旺火快速成菜的烹调方法，促使了中国烹饪的又一次飞跃，使菜肴的质感朝着多样化的方向发展，更能满足广大消费者的需求。油炒的烹饪方法在两汉以后日益盛行，并成为中国烹饪又一大特色。

汉代菜肴的刀工也比较讲究，出现了多种刀具和刀法，例如平刀法、直刀法等。原料通过处理出现了多种形状。菜肴原料的搭配上开始重视颜色、质感、口味、形状以及荤素等方面的结合。在烹调技法上，新的烹调方法脱颖而出，铁质炊具的出现使原有的羹、脯、炙等烹饪方法制作菜肴的花式品种有了大的增加，新的烹调方法如烩、炒、渍等也广泛地用在汉代的烹调中。在火候上，已经注意调节火力强弱，如以"微火""缓火""逼火""急火"用于烹制不同烹饪要求的原料，还注意掌握用火的时间。涌现了有代表性的一批名菜。

汉代烹饪技术的分工及快速发展，给饮食文化的快速发展提供了保证。铁质炊具的发展和应用，对以后的烹调带来了深远的影响，也给烹调水平和烹调方法的发展提供了条件。随着菜肴和点心品种的增多，汉代饮食的方法和形式也发生了改变，在宴席上已出现了分餐和分席制。烹饪技术的发展带动了饮食文化的进步，汉代先进的烹饪技术给后人留下了宝贵的财富。这一时代人们结束了单一的煮烤食物的历史，迈向了多种方法烹饪食物的时代，炸、炒、煎等方法也已在有关书籍中有了一定的记载，烹饪器具和盛器也有了改善。汉代结束了陶烹和铜烹的历史。

从众多的著作中可以发现，在汉代已经明显出现了红案和白案的分工。使得烹调技术和面点制作技术发展提高得比较快。面点在人们的饮食中占有了一定的地位。分工明确后，厨师可以把自己有限的精力用在某一方面的研究上，例如用同一烹调工具创造和发现新的烹调方法。用刀具研究出不同刀法和原料成型，探索面团的特点种类、成型手法等，使我国烹饪技术在这一时期都有了较大的提高。

4.饮食器具

从有关资料、出土文物及汉画像石的图案来看，汉代的饮食器具很多，包括酒具、厨具、水具、其他用具等。酒具有温酒具、喝酒具、盛酒具、舀酒具等；既有金、石、玉、瓷、犀角与奇木等材质上的区别，又有樽、壶、杯、盏、觞与斗等器型上的分类。酒具的优劣，可以体现饮酒人不同的身份；酒具的演变，可以观照时代的变迁。

汉代是中国陶瓷历史上的一个重要转折点。所制器物的表面被广泛施釉，其他容器如瓮、罐、盆、樽、盘、碗等，在整个汉代都大量存在，它们的形态随着年代的推移而演变。

厨具种类繁多，有蒸煮、烧烤、煎炸等，包括灶（灰土灶、青铜灶）、烤炉、挂肉的钩架、俎、案、耳刀、甑、鼎、铁釜、铜鐎斗、盂、青铜鉴等。

铜鐎斗：它是一种古代的温器，一般多用于温羹，大多附长柄的盒形器，下附三足，也有带流，柄端常作兽头形。在古代军中，此器皿白天可供烧饭，夜间则可用其敲击巡逻。据《集解》孟康曰：以铜做鐎器，受一斗昼炊饭食，夜击持行，名曰刁斗。

盂：盂是一种大型盛饭器，兼可盛水或盛冰，器型比较大。因其需铜量大、制作成本高，故出土数量较少。这种青铜器流行于西周，至汉逐渐演变成为盛饮食或其他液体的圆口小器皿。当然盂还有另外一种功能，即射覆，《汉书》中就有"上尝使诸数家射覆，置守宫盂下，射之皆不中"的故事。

青铜鉴:鉴,盛行于春秋战国。从《说文》《庄子·德充符》《庄子·则阳篇》等文献对鉴的记载可以看出,鉴有四用:盛水、盛冰、照容和沐浴。

徐州两汉时期的青铜用具还有很多种类,如釜、蒜头壶、盒等。这些器具一方面展现了徐州的两汉饮食文化,另一方面体现出汉代徐州地区劳动人民精湛的青铜铸造工艺以及他们的聪明才智和艺术品位。

两汉时期的餐具有了较大的发展,如漆器至汉代工艺臻于完善,髹漆、金银饰漆制餐具十分精美,其种类的丰富、数量的众多均属空前。陶器、青铜器仍然是餐具中的主体,除此之外,出现了所谓"金曼玉钟"的华贵餐具和水晶、玛瑙、珊瑚、错金错银、嵌玉嵌翠的高级餐具。

两汉时期冶铁技术促进了铁器的使用和推广,铁质烹饪工具在西汉得到普及,并不断改良革新。不仅有生铁铸的鼎、釜、甑、炉等器具,还出现了铁煅的厨刀、轻薄的供小炒用的小釜、大口宽腹的小鏊、类似隔舱锅的五熟釜和夹层蓄热的诸葛行锅等。铁釜的广泛使用,为炊事提供了方便,在河南省南阳瓦房庄发现的一件大铁锅,直径达 2 米左右,可能是煮盐用的。厨刀从别的各种刀类中分化出来,专门按庖厨的需要而制造。

5.两汉名菜

两汉时期的美食较多,如名传千古的美食五侯鲭(鲭,是指鱼和肉合烹而成的食物,被认为是当世奇味。后来遂以五侯鲭指美味佳肴)、胃脯、貊炙、猴羹、蛇羹等。《荆楚岁时记》收录荆楚地区民间食品不下数十种,著名的菜肴有八和齑、蒲鲊、五味脯、胡麻羹、鸭臐、蒸熊、焦鸦、蜜纯煎鱼、勒鸭消、腩炙、奥肉、苞肉等。在汉代,西起河西走廊的北方城市中炙羊肉盛行,烤羊肉串很多,此风一直久传不衰。在东晋南北朝时,菜点的地方风味特色也显著起来;在上层社会的宴席中,北方人往往以"羊酪樱桃"和饮羊乳为最佳美味而夸耀,南方人则以"鲈鱼莼羹"和饮食为最高尚的饮食相标榜,甚至带有政治上的派性色彩。

(1)裹炸豚吭

豚吭即槽头肉,加热入味,经裹炸而成,故此得名。被称糊猪肉、裹炸项圈肉。

猪,别名又称彘、豚等。《礼记·内侧》中说:"豚曰循肥。"取料选肥猪为宜。"彘"字在徐州地区是指骟过的公猪。北魏《齐民要求》中说"彘"是一岁小猪。徐州地区是指骟。厨行原料歌云:"东猪西羊青山鸡"。徐州东部铜山、邳县、新沂等县世代广泛养猪。

此菜以猪的特殊部位精制而成,脆而不腻,风味独具。30 年代前徐州"兴盛园"以此菜著称,享有名誉。

(2)整炸肝脊卷

此菜因主料用户猪的肝和脊(网油)卷蒸后炸制而成,故此得名。俗称整炸小烧。

炸肝脊卷与周代八珍中的"肝脊"有相似之处。此菜系彭城传统名菜,继承前人之法。50 年前徐州各大饭店均有供应,深受广大食者喜爱。今人在制作商承袭古法,并有改进和提高,更受食者赞誉。

(3)沛公狗肉

"彭城名馔甲天下,嚎啖狗肉歌大风"。沛公狗肉(又称鼋汁狗肉)由来已久。相传秦末刘邦(沛公)与樊绘合谋下了一只老鼋,与狗肉同炖,鲜味倍增,后被称为"犬鼋会""鼋汁狗肉"等。沛公狗肉因人而贵。

淮南诗人为"沛公狗肉"题诗云:"沛公狗肉远名扬,多味烹来蠹一香。最后辛劳归去后,玉盘琼盏醉心尝。"云西村人诗云:"刘项鏖兵亦已陈,空留莽砀锁烟云。鼋汁狗肉谁烹得,野老尤传樊将军。"

据《礼记·内则》记载,周代"八珍"中的"肝膋"即取料于狗。狗肉是一种美食,又称香肉、地羊。其药用功效为历代医家所称赞。"沛公狗肉"也因此流传两千多年而不衰。

(4)七宝全

"全狗宴"是徐州汉代筵席中的一大分支,其中五道大件中第一道大件即"七宝全"。所谓"全狗宴",是以狗体各部分取料烹调而成,但全席不得带狗字,"全"以象征性的别名冠之,且寓意深刻美好,使人愉悦,整套宴席的组合与每道菜配制及定名,都有详细说明。并有淮南居士题诗云:"泗上君臣多煮狗,大风一唱宴宾僚。汉宫春色知何处,千载遗风珍此肴。"

狗肉成席,历史悠久。据《礼记·王》篇制记载:"有养老之礼,一年举七次,每次都有宴享,皆坐而饮酒,以至于醉,其牲用狗。"这一记事出自虞,可见我国宴席早在虞舜时即有筵席宴会了。这种养老宴,可以说是最古老的狗肉席,狗肉制作是徐州市独有的名菜品种,居全国之冠。王诗徐为"全狗宴"题诗云:"谁言狗肉难登桌,汉帝还乡着意多。不是席间饶此味,何来慷慨大风歌。"

七宝全便是选用狗之头部七窍俱全而得名。用鲜狗头一只,用香料、砂锅炖制而成;坐地锦是全狗宴中的第二道大件。此菜选料用狗臀尖(屁股)而得名。并含有宗教神话色彩。屁股何其不雅,"然点石成金,坐地生锦。"其神通广大,功业何其辉煌。以臀尖肉命名为"坐地锦"倒也雅趣非常。

五关通是全狗宴中的第三道大件,取料于狗之脖部。中医学认为,狗之脖部,内通五脏。故得名。

双门会是全狗宴中的第四道大菜,选用狗脊下左右两肋各一片,因双肋如门,故此得名。

四柱顶天是全狗宴中的第五道大件。四柱顶天原意来自民间故事。古人认为,天圆地方,天是由四根大柱支撑的。此菜因取用狗四肢之小腿腱子肉各一块(四块),取用此名,既诙谐有趣,又意味深长。

(5)犬鼋烩

据古籍中载:元朝大德五年,著名书法家鲜于枢从杭州反京就任太常典簿,途经徐州。这次奉命北上,逆旅长夜,久不能寐,忽闻其香扑鼻,原来离此不远的是樊信犬肉店,遂前往品尝痛饮。樊信听说顾客是位大书法家,特为他做了道精美的名菜"犬鼋烩"。鲜于枢吃后连声赞美。樊信趁其酒兴正浓,上前求写匾额,鲜于枢随即挥毫写下了"夜来香"三个大字,从此,"夜来香"犬肉店声誉日隆,门庭若市。

实际上此菜源于刘邦、樊哙合谋杀鼋与犬肉同炖的传说。祥甫老人题诗云:"犬鼋共庖味鲜醇、佳美首推媲鹤豚。带甲虽然异凤羽,一经龙品入龙门。"

(6)凤凰卧巢

凤凰卧巢,是徐州传统官邸风味菜,多用于老年妇女做寿。相传为汉代某楚王宫的(徐州在汉代为楚王驻地)官厨所创,流传至今,是40年代前徐州高级宴席上不可缺少的珍馐美味。近年来有复盛之势,属地方传统名菜之一。

(7)鸳鸯鸡

"鸳鸯鸡"在徐州地区流传很久,是喜庆宴会中不可缺少的美馔。

"鸳鸯鸡"得名于美丽的传说:相传秦末有位美人虞姬(沭阳人)因避秦乱来到古吴,姿容绝代博学多才,立志非英雄不嫁。一日谒孔庙,见项羽重瞳迥耀,仪表非凡,单臂举鼎,心窃慕之。遂禀其父邀项羽做客,虞姬亲做一菜,名为"鸳鸯鸡"。其父会意,当面许亲,又资助项羽起兵反秦,秦亡后,项羽自命西楚霸王,建都彭城,这"鸳鸯鸡"也就在彭城流传下来。

(8)牝鸡抱蛋

此菜因用母(牝)鸡,胸腔装入鸡蛋,形似鸡抱蛋,故此得名。

牝鸡抱蛋,是徐州市沛县古典名菜。秦末刘邦在沛县做亭长时与吕雉成婚。吕雉生性居傲、工于心计。相传她过生日,曾亲手制作这道菜,"牝鸡抱蛋"含有女尊男卑之意,也表现吕雉未来的野心。至今仍是徐州一带官贵夫人寿宴必备之菜。鸡功之最,为人所知,蛋有新生之气,两者相合,确有独运之处。

(9)霸王别姬

据《徐州文史》载:此菜原名"龙凤烩"(菜名)。项羽称霸王都彭城(徐州)举行开国庆典时,为盛典备有"龙凤烩"。相传是虞姬娘娘亲自设计的。"龙凤烩"即"龙凤宴"中的主要大件。其料用"乌龟"(龟属水族动物,龙系水族之长)与雉(雉属羽族,凤系羽族之长),故引申为龙凤相会得名。现以鳖、鸡取代龟、雉。

徐州人民为纪念这位推翻暴秦、"拔山盖世"的英雄项羽,并怀念那位心系国运、大义凛然的家人,经裴继洪师傅于1983年把"龙凤烩"易名为"霸王别姬"(工商联顾问张绍堂先生等人提出菜之名应含有吉祥之感,"别"字有不吉之意,故此仍恢复原名"龙凤烩",亦保留"霸王别姬"之称)。

这道菜经世代相传至今,乃徐州名馔。近年风靡一时,成为喜庆宴会上不可缺少的大菜。

(10)瓤花篮苹果

此菜是"龙凤宴"中的一道(大件)甜菜。民国十九年(1930年),"朝阳楼"为张仁三举人承办会亲宴席"龙凤宴"。其中有这一道甜菜。韩志正举人品尝此菜后即赋诗一首:"孟秋将至有寒意,苹果怀仁只只香。酸甜苦中余味咸,诸君品罢词词献。"因其色形并茂,被后人沿袭至今。徐州两汉名菜,经挖掘整理,品种较多,在此不再一一赘述。

6.两汉名宴

两汉名宴是在传统的两汉饮食基础上，经有关专家学者、餐饮企业和厨师共同挖掘整理的，为进一步发扬光大这一传统饮食文化，略举几例，以飨读者。

高 祖 宴

高祖宴渊源于西汉肇基帝王刘邦，为丰县父老邀驾刘邦所设之宴，以野鲜为主，五味兼蓄，药食同源；龙凤呈祥；原汁本味，滋浓味醇；香酥不腻，醇郁味美；甜淡适宜；色艳形美，味具两格；营养丰富，回味无穷；后百世流传，经历历代名厨创新，颇具传统特色和地方风味。此宴由徐州市餐饮经营顾问团顾问、国家特二级烹调师李昌雨先生积多年文史、民俗与饮食研究成果，结合当代多项烹饪技法，于1993年独运匠心，精制而成。此宴推出后，备受国内文化界、餐饮界专家重视。1993年，此宴被中央电视台与丰县刘邦研究会联合摄制的六集电视系列片"话说刘邦"所录制，并被编入丰县县志与录入《刘邦研究》(第二期)，丰县、徐州及国内多家报刊均予以高度评价。1998年11月，在徐州首届"彭城杯"烹饪技艺大赛中，此宴一举夺魁。其中高祖宴中的名菜"犬鼋烩""鱼汁羊肉"，凉菜"中阳夕照""凤鸣塔新资"等获得团体比赛金杯奖第一名。李昌雨先生的助手、弟子王宽学荣获个人全能第一名。之后，"犬鼋烩""鱼汁羊肉"又被江苏省烹饪协会评定为江苏省名菜。"什锦凤鸣宝塔""丰县三宝""凤城鱼丸""汉乡大排"等被评为徐州市名菜。

◇部分经典菜肴简介

高祖宴共分六大部分，分别为：①以"龙凤呈祥"为主体的雕刻看盘；②八道冷盘；③八道热盘；④六大烧菜；⑤精制丰县羊肉汤；⑥传统名点与时鲜水果各两道。

高祖宴中脍炙人口的名馔颇多，现择其经典菜肴简介如下：

1.龙凤呈祥

为高祖宴中的主要大件。龙，象征汉高祖刘邦，据《史记·高祖本纪》《太平寰宇记》所载，刘邦母在丰邑龙雾桥馈食，遇龙受孕，因生刘邦；刘邦在王媪、武贠酒店中醉卧，其上有龙。凤，象征刘邦原配吕后，据传，吕后生于单父县，凤落门前并鸣。为祝贺刘邦祥瑞，在丰县父老邀驾刘邦时，以水族长寿动物龟代替水族之长，以羽族动物雉代替羽族之长凤，精心烹制此菜，寓以长寿龙凤相会、天下太平吉祥之意。

这道菜形整酥烂，鲜香味厚，营养丰富；相传至今，近年尤为风靡。

为汉高祖刘邦青壮年时所爱吃名馔之一，丰县流传着这样一首打油诗："丰生丰长汉高祖，鱼汁羊肉饱口福。东征西站探故乡，乐吃鱼汁羊肉方。"后此菜与"鼋汁狗肉"齐名。

这道菜源于彭祖的"羊方藏鱼"。"羊方藏鱼"因将鱼置于割开的大块羊肉中文火同炖而得名。据传彭祖的小儿子夕丁喜捕鱼,彭祖恐溺水,知必怒责。一天,夕丁捕鱼归家,正巧彭祖不在,而其母正炖羊肉,夕丁让其母将羊肉剖开,将鱼藏入。鱼熟,其母取出,给夕丁食之。彭祖回来吃羊肉,觉有鲜味,惊奇。弄清原因后,彭祖如法炮制果然羊肉味鲜非凡。据传,汉字中的"鲜"字即源于此。

3. 十面埋伏

以10只鸡腿寓意楚汉相争中的十面埋伏,经处理后油炸而成,后演变成"炸十块""十大锤"等。

这道菜外脆里香,嚼而有味,经久不去。

4. 裹炸长春卷

此菜主料用香椿,借长寿不老之意,又因炸制而成,故此得名。

炸长春卷出自皇藏峪,属释家菜,经厨师改为释菜荤作尤传至今。

民国六年(1917年)康有为来徐州,闻皇藏峪(在徐州市西南约30公里)林海奇峰。风景优美怡人,专程去皇藏峪一游,这时正值芒种时节,庙里主持僧讲,刘邦来这里避难藏在小洞里,故名"皇藏峪",当讲到刘邦来这里吃香椿菜时,康有为叹然曰:"我来得不是时候。"主持僧只好用谷雨前腌渍的香椿芽做了四款当年流传下来的菜肴招待他,"煎豆椿饼""烩蛋椿丸子""炸长春卷""旋纹香芽拖"。康有为品之,自谓回味无穷,兴趣盎然,不觉诗兴大发,提笔疾书诗一首:"香椿梗肥生无花,叶娇枝嫩有叉芽。长春不老汉王愿,食之竟月香齿牙。"诗情菜意跃然纸上,至今传为美谈。

在徐州,香椿芽、韭芽、芹菜芽号称春菜三芽。香椿季节性很强,谷雨前,香味浓厚鲜嫩。徐州椿芽色紫,芽肥,梗嫩,醇香久有名气。

5. 煎椿芽托盘

此菜主料用香椿芽,煎制成盘状,故此得名。

这道系村野风味菜,历史悠久。相传出自西汉开国皇帝刘邦的故事。楚汉相争,一次刘邦败绩,被项羽追赶躲在一个小山洞(今徐州西南约30公里的皇藏峪中的黄藏洞)避难。当时山上有户人家想招待他,一时无菜,适逢这天是谷雨,是香椿芽正盛的时候,遂掰来做了两个菜:"煎椿芽托盘"和"生油拌香椿"。刘邦食后,感到醇香无比,美不可言,遂问香椿为何这样好吃?主人说"雨(谷雨)前香椿芽嫩如丝,雨(谷雨)后香椿芽生木质"。王爷来得正适时。次日刘邦走出门外,见不远处有香椿数株,便顺口说出,"但愿香椿长春。"后来这几株香椿树的芽果然比其他树芽晚老一个季节。为此有人题诗云:"椿芽时已过,枝嫩叉芽生。汉王长春愿,食之齿颊香"。徐州香椿就此名扬四方。不仅这一故事流传至今,而且托盘之美,令人津津乐道。

6.荷叶蒸鱼

此为刘邦青壮年时喜爱之菜。

丰县坑塘中年产的鱼,肥嫩鲜美,佐以荷叶作为辅助材料,味道极佳。荷叶性味苦、平、无毒,有凉血、散瘀、生津清热的功能,具清香之气。用荷叶裹上鱼清蒸,荷叶的清香进入鱼肉内,除鱼肉腥味,提高清香。该菜原滋清香,鲜嫩味淡。

7.卢府肘子

刘邦青少年时,常到卢绾家中品尝卢绾家烧的肘子,故名"卢府肘子"。这道菜以猪的肘子(蹄膀)做主要原料,该部位筋腱多,胶质厚,营养丰富,具有不腻、醇厚、甘香的特点。且肘子中的胶质,富含防癌物质,为药食两兼之物。

8.城池鹤影

相传当年秦始皇为镇压丰城之帝王龙气(刘邦),派军士在故丰城河边(今凤鸣公园)建造——"厌气台",取土之坑后来变成了城池。今天的凤鸣公园内,湖水碧波荡漾,顽猴嬉戏于山石之间,绿水之边传来阵阵鹤鸣……此菜反映了历史之沧桑巨变,映衬出中国社会的伟大进步与凤城人民幸福、祥和的美好生活景象。

汉 王 宴

此宴以汉高祖刘邦平生最爱吃的狗肉为主题,以楚汉相争中若干重大历史典故菜肴为辅,又融入当代多项烹饪技艺,由国家特二级烹调师张广柱先生潜心研究3年而成。此宴曾由中央电视台摄录播出。菜单如下:

凉菜(10道):田园黄耳、五香狗蹄、卤狗肚、犬香菠菜脯、泗水狗肝、吕后养生鸡、太公豆干、犬汤素烧鹅、汉宫泡菜、沛公狗肉。

热菜(23道):大汉乳狗、手抓地羊、小笼狗肉、沛公烤犬腿、黄焖栗子皮狗、黄耳卧雪、银花犬舌、翠饺犬尾、黄耳三鲜、干煸狗肠、西楚白菜、汉凤烤四孔鲤鱼、四面楚歌、虞姬还乡、汉邦酥菜、香汤黄芽菜、淮南王豆腐、扒犬鼻、蜜汁龙凤球、盘龙狗肉、软炸犬腰、芝麻狗肝、楚河汉界。

汤羹(2道):汉家第一羹、滋补犬鞭汤。

点心(2道):狗肉水饺、狗肉塌烙馍。

水果(1道):时鲜水果。

主食:狗肉酥饼。

汉王宴领衔菜:

大汉乳狗:荣获1999年全国第四届烹饪大赛银奖与江苏省名菜。

沛公狗肉:荣获1999年全国第四届烹饪大赛银奖与江苏省名菜。

小笼狗肉:荣获1999年徐州市名菜。

沛公烤犬腿:荣获1999年徐州市名菜。

凤 城 宴

"凤城宴"属西汉风味,由来已久。丰县为汉高祖刘邦出生之地,因刘邦生时有凤鸣于城墙之上,故丰县又被称为"凤城"。此宴有国家特二级名厨、丰县运华酒楼总经理丁运花先生于1998年精心研制而成,其设计新颖独到,技法丰富多样,既源于历史,又有奇妙创新。此宴曾多次招待中外宾客,获得一致好评。菜单如下:

冷菜:(1拼8围)

凤鸣塔大拼盘

两荤两素盘做成四个字"凤城奉献",两荤两素做成花鸟鱼碟。

热菜(4个):脆皮龙筋、吕雉山药、马工白菜、蒸炒牛蒡。

大菜(6个):凤栖中阳、仗剑斩蛇、凤城堡、大泽情趣、一帆风顺、汉宝羊肉。

点心(4个):杂粮窝头、白糖芋头、香酥饼、杏仁佛手。

汤:凤城羊肉汤。

水果:白酥梨、富士苹果。

主食:反手烧饼。

此外,徐州汉园宾馆立足两汉文化,深具汉韵之风,成立了汉园汉菜研制小组,尽可能地还原汉代饮食文化和宴饮礼仪,研制出了"清淡、味雅、养生"独具汉园特色的汉菜盛宴。目前已研制出"汉御宴、汉宫宴、汉风宴"等三款风格别具的汉菜宴席,每一味佳肴的食材选择和烹饪技术,都依照汉代技法进行制作。

徐海风味的形成与发展

过去,人们一提及江苏菜,往往以为只有淮扬、苏锡、南京三个风味,而忽略了徐海风味。更有甚者,把徐海风味列入鲁菜的范围。实质上它是江苏菜不可缺少的一部分。徐海地区西起徐州、东至海州(连云港)、北临山东,是江苏的北大门。徐海地区有着悠久的历史、灿烂的文化,在几千年的人类文明发展史上,徐海地区人民曾为中华民族的发展写下了壮丽的篇章,同时,也为中国烹饪贡献了自己的力量。徐海地方风味的存在不是孤立的,它的存在和发展,与其独特的自然环境、地理位置、天然气候、经济、文化等的发展有密切的关系。

一、烹饪祖师——彭祖与徐海烹饪

徐州古称彭城。彭城之名源于"大彭氏国"传说中的烹饪祖师彭祖,彭祖姓篯名铿,是颛顼的玄孙,生于帝尧时期,由于善于烹调受尧赏识而受封"大彭氏国"。《徐州文史资料》载:"彭祖因其道传世,故称之为祖。彭祖不仅是传说中徐州厨人的祖师,也是传说中中国烹饪的祖师。"屈原《楚辞·天问》中就有"彭铿斟雉帝何飨?受命永多,夫何久长"之传说。

现在,徐州博物馆内还存在彭祖井,徐州附近还有彭祖庙,徐州南郊的彭园大门塑立了彭祖像,以纪念这位建立彭城的祖先。现在徐州的"古彭第一羹"——饣它汤,名菜羊方藏鱼等,据说都是由彭祖传下来的。彭祖不仅以雉羹留传于世,而且在食疗养生方面也做了贡献。《列仙传》云:彭铿"好恬静,惟以养神治生惟事。并服糜角、水晶、云母粉。"中医学认为此三物具有滋补、开胃、美容等功效。彭祖以此三物配以食物,恐怕可算作我国早期的食疗菜了。传说,彭祖活了880岁,当然不可能。但至少说,活的时间比较长。彭祖的烹饪之术,代代相传,再经过历代的发展,对徐海地方风味的发展起了一定的作用。

二、徐海地区的自然地理环境,对徐海风味的作用

徐州地处苏、鲁、豫、皖四省接壤要冲,素有"五省通衢"之称,四周有山有水,土地肥沃,拥有优越的自然条件。京航大运河傍城而过,黄河故道横穿城市南北。海州(连云港)山清水秀,

气候温和，由于海洋气候的影响，年降雨量比较丰富，宜于各种动植物生长繁殖，海产品极为丰盛。对虾、鱿鱼、海参等海产品尤为突出。徐海之间有地宜粮、有山宜林、有滩宜果、有水宜鱼。既有运河、黄河、骆马湖、微山湖出产的鱼虾蚌蛤，又有云台山等出产的野味瓜果，再加上丰盛的海鲜物品，烹饪原料资源季季有别。每年冬末上市的苔菜是徐州的一大特长，韭黄更是享有盛名，海州湾的沙光鱼闻名全国，邳州苔干等远销港澳市场，充足的原料为徐海风味菜肴的制作打下了雄厚的物质基础。例如，徐海名菜"野味五套"就是利用当地的大雁、野鸭、斑鸠、鹌鹑及禾雀，将其宰杀、出骨、洗净后，将禾雀放入鹌鹑腹内，再装入斑鸠体内，焯水后再装入野鸭腹内，焯水后再装入大雁腹内，头朝前排齐，再焯水，加葱、姜、香菜、花椒等香料，焖至酥烂，配以冬笋、火腿、香菇、青菜心等制成的。同扬州的"三套鸭"有异曲同工之妙，但比"三套鸭"要复杂些。徐海自古以来出产狗、羊，徐州沛县的狗肉更是远近闻名，名菜有"沛县狗肉""白汁乳狗""坛子狗肉""彭城五香狗肉"等。另外徐州人还爱食羊肉，冬吃三九，夏吃三伏，几乎所有的饭店及小吃部都有羊肉菜肴。此外，鸡、鱼菜也很丰富，口味千变万化，形状上，整料、块、条、丝、丁、米及茸，各具特色。海产原料丰富多彩，海味菜更是独树一帜。

三、徐海地方风味的特点

据《黄帝内经》记载："地势使然，饮食之故。故东方之域，海滨傍水，其民食鱼而嗜咸。"东方包括中原东部徐海一带。徐海菜主要以咸鲜为主，兼蓄五味，既不同于南京、淮扬，更与苏锡有所区别，与鲁菜亦有不同之处。可谓"比南不甜，比北不咸"。例如，滑炒里脊丝，山东菜的配料是：里脊肉200克，蒜苗100克，精盐2.5克，及其他调料。淮扬菜中，里脊肉150克，笋丝50克，韭黄25克，精盐1克，另外加糖5克，及其他调料。徐海菜中，里脊肉200克，韭黄100克，用盐2克，不加糖。从用盐量来看，山东菜明显口味重些，扬州菜口味轻且带甜味，而徐海菜则是介于两者之间。在菜肴口味上，徐海风味注重原汤原味，一菜一味，咸鲜居首，兼施辛辣。制作菜肴注重本味，菜肴讲究色彩浓淡相宜，以适合时令季节，夏季宜清淡兼辛(辛主要是开胃引起食欲)；冬季宜浓重，主要以猪羊鸡和冬季的时令蔬菜来制作菜肴；春秋多用清炖、蒸法。在烹调方法上，徐海菜精于炸、熘、爆、炒；擅长蒸、烩、炖。在菜肴的特色上是华而实、丽而洁；淡而不薄，浓而不浊。

四、徐海地方风味与其他风味的区别和联系

徐海地方风味在其制作上精于炸、熘、炒、爆，善于蒸、烩，许多地方名菜在其烹制过程中有独特的地方。如拔丝，淮扬、南京、苏锡三大流派中很少用刀，而在徐海风味中，则少不了这种烹调方法。很多原料特别是水果，都能做拔丝菜。如拔丝苹果、拔丝楂糕、拔丝金枣(植物泥)、拔丝香蕉等。那连绵不断的糖丝，炸至金黄色的原料，香甜可口，给人以美的享受，同时也比喻生活、工作、事业等甜甜蜜蜜，连绵不断，深受人们的喜爱。拔丝楂糕是徐海风味的一道名菜。相传，乾隆皇帝南巡时，曾品尝过并赞美它的色相味美。古人赋诗曰："红如朱砂透如晶，

色似珊瑚质更莹。金桂飘香果酸酽，味回津液两颊生。"又如"糖醋黄河鲤鱼"这道菜，在徐海享有盛名，徐海的酒宴素有"无鲤不成席"之说。鲤鱼在徐海又称龙鱼，它象征着吉祥如意，一跃千里。在江苏其他风味中一般多用桂鱼制作糖醋鱼，像苏锡的"松鼠桂鱼"，淮扬的"醋熘桂鱼"，在刀工处理和调配料的使用刀法是牡丹花刀，徐海是八卦刀花。调料上，淮扬、南京、苏锡几乎均使用番茄酱，徐海则以糖醋为准，不用番茄酱。徐海所用的黄河鲤鱼味道较一般鲤鱼为好，肉鲜嫩，无腥味，也无泥土味，色泽红亮美观，制成的糖醋鱼，呈金黄色，吃时甜酸适口，鱼肉外酥里嫩。

徐海地方风味，在某些方面同山东菜有些接近，但也有所不同，即使同一道菜，从选料、烹调到配制都有所不同。由于新中国成立初期（1950－1953年）徐州曾属于山东省管辖之内，因此，有的人就认为徐海菜属于山东菜。从行政区域环境来看，由于徐州处于四省的交界处，有些菜肴在口感等特色上与山东、河南、安徽的接壤地区相似是不足为奇的。但徐海菜同其他三省比较起来，还是有自己的独特之处。仍以"糖醋黄河鲤鱼"为例：山东、徐海同选用750克的鲤鱼，但投料的多少却不一样。山东：黄醋100克，绵白糖200克，酱油10克。徐海：黄醋200克，绵白糖300克，酱油25克，而且徐海地区选用的鲤鱼是本地特有的四须鲤鱼。另外，徐海风味菜肴中有许多是山东菜谱上所查不到的，像"羊方藏鱼""冬瓜四灵""荷花铁雀""海米苔菜荚"等。

五、历代帝王将相、文人墨客的宣传和鼓动，有力地推动了徐海风味菜的发展

在历史上，有许多著名历史人物，除彭祖外，像易牙、刘邦、项羽、樊哙、白居易、韩愈、苏轼、郑望之、乾隆、康有为、李宗仁等均在徐州生活过或来徐巡查、任过职。他们在徐海地区留下了许多关于饮食方面的趣闻、逸事及传说，据《战国策》记载："齐桓公夜半不嗛，易牙乃煎、敖、燔、炙，和调五味而进之。"易牙出生于雍，名巫，又名雍巫，亦称狄牙，以擅长烹饪而得宠于齐桓公，相传他曾到彭城来学艺，继承和发扬了先祖的烹饪技艺。在彭城至今还流传着这样的一首诗："巫雍善味祖彭铿，三方求师古彭城。九会诸侯任司庖，八盘五簋宴王公。"北宋时期郑望之，精于烹饪，且有《膳夫录》传世。据《宋史》载"郑望之，字顺道，彭城人……"，他的《膳夫录》现存于陶宗仪所辑的丛书《说郛》和四库全书中。

清末，康有为应张勋之邀，秘密离京南下徐州，张勋的干亲杨鸿斌特请名噪京华的徐州籍烹调大师翟世清掌灶，酒宴上有一道菜"彭城鱼丸"深受宾主赞赏，康有为情郁于中，抒怀挥毫"元明庖膳无宋法，今人学古有清风。彭城李翟祖籑铿，异军突起吐彩虹"。赋诗犹感不足，又书对联一副："彭城鱼丸闻遐迩，声誉久驰越南北。"至今"彭城鱼丸"仍是徐州名菜之一。徐海不少名菜有它的传说与历史典故。如"沛县狗肉"这道名菜，传说汉高祖刘邦最喜欢樊哙做的狗肉，天天去吃，从不给钱。樊哙为躲开刘邦，到湖东的镇上去卖。刘邦闻迅赶去，遇河受阻，忽然河面游来一只老鼋，驮着刘邦过河找到樊哙，刘邦抓起狗肉就吃，狗肉被刘邦吃个精光，樊哙遂起杀鼋之心，宰杀后同狗肉一起煮熟来卖，不料味道格外鲜美，刘邦称帝后，狗肉也随之身价倍增。"沛县狗肉"这道菜从此声名大振。

许多文人学士在品尝了徐海菜以后,亦留下不少的诗句。清康熙年间,状元李蟠在徐州"悦来酒家"曾赋诗赞美"彭城鱼丸":"鲤鱼脱骨化银珠,多味龙骨腹中囵。"因此,"彭城鱼丸"又称"银珠鱼"。李蟠还对徐海名菜"羊方藏鱼"做了这样一副对联:"一箧鱼羊鲜馔解解老饕之搀,调理大羊美羹试试厨师之技。"乾隆年间,著名书法家刘墉途经徐州,在"易牙居"菜馆用餐,对名菜"冬瓜四灵"极为赞赏,题诗曰:"龙肝凤髓岂能品,麟滋龟味何处寻。途经彭城易乐居,一餐品过菜四灵。"对"易牙居"的其他名菜题诗赞道:"彭城魁元无双士,雍巫疗馔第一家。"由于历代帝王将相、文人墨客的宣传和鼓励,加以厨师们的聪明才智和辛勤劳动,大大地推动了徐海风味菜的发展。

总的来说,徐海风味作为江苏菜的一个部分,它的形成和发展是由徐海地区的悠久历史、自然环境及本地区人们的饮食习性决定的。徐海风味的存在,是历代厨师发挥聪明才智的结果。目前,徐海地区的烹饪工作者,正在为挖掘和发展古老的烹饪艺术而努力。

徐州酒文化特征

作为中华饮食文化及养生文化的鼻祖栖息地，"汉文化"的发源地、中国道教的发祥地，徐州拥有大量宝贵的历史文化遗产。其中徐州酒文化就是徐州地区及周边相邻地区特有的民俗文化的一部分。

酒与中国文化密切相关，它的发明者，共推仪狄、杜康。据《神农本草》记载，酒起源于远古与神农时代。《世本八种》（增订本）陈其荣谓："仪狄始作，酒醪，变五味，少康（一作杜康）作秫酒。"仪狄、杜康皆夏朝人。即夏代始有酒。周代大力倡导"酒礼"与"酒德"，把酒的主要用途限制的祭祀上。春秋战国时期，酿酒技术已有了明显的提高，酒的质量随之也有很大的提高。

徐州酒文化在汉代已具规模，延续几千年。以乐为本是汉人酒文化的精神内核，酒礼严格，《前汉书·食货志第四下》记有"百礼之会、非酒不行"，徐州酒文化习俗在这时期得到体现，敬酒时以礼相待，长者为先，这一习俗流传至今。西汉杨恽的《报孙会宗书》中也有"田家作苦，岁时伏腊，烹羊炰羔，斗酒自劳"的记载，也展示了当时下层民众生活的真实生活。画像石出现了许多古人宴饮的场面，包含各种礼节习俗，集中体现了古人的非凡创造力和深邃智慧。刘邦本身就好酒，布衣出身、赊酒吃肉；鸿门宴把酒笑谈；衣锦还乡，置酒款待乡亲友邻。至今徐州沛县酒风民俗依然透出刘邦把酒的豪迈。汉代已有成熟酒的酿造技术，并具有多种饮酒盛酒的器具，它包括青铜器、陶器、瓷器、玉器、金制器、银制器、漆制器等。盛酒器具如：尊、缶、壶、鉴等；温酒器具有尊、壶、觥、瓮、罍等；饮酒器具有爵、斗、角、觥、杯等。

唐代是中国酒文化的高度发达时期，"酒催诗兴"是唐朝文化最凝练最高度的体现，酒也就从物质层面上升到精神层面。酒文化融入了中国人的日常生活中。

宋代苏轼在徐州的作品共95篇，提到酒的就有35篇，不可谓不多也。明清时期，徐州酒文化习俗已经形成。现代，随着社会的发展，有些关于酒的习俗，也在适应社会的发展，其中糟粕不文明的表现日趋暮落。

徐州人交际，最注重请客吃饭。名为吃饭，其实主题是喝酒，俗语叫"无酒不成席"。徐州人好酒，高兴时喝酒，喜庆时喝酒，结婚、生子、乔迁、升学、就业、调动、重逢等都要摆酒，步步都离不开酒，没酒就没气氛，酒就像是催化剂，没有这个催化剂场面就热闹不起来。徐州人厚道、实在、待人真诚，酒桌规矩烦琐。宋有苏东坡把酒临风云龙湖畔的梦想故事，也有当代著名作家赵本夫"治酒"文章。

徐州人热情好客，在酒席上表现得淋漓尽致。先是共同三杯酒，然后相互介绍一下熟悉，再喝一杯，叫"四四如意"，过去开始有"一二三，三二一"之说，即第一杯一口气喝完，第二杯两口气喝完，第三杯分三口气，然后再倒过来按这种顺序喝三杯。开场酒过后，敬酒、劝酒、罚酒是酒桌上一般不可缺少的节奏。首先是"敬酒"，所谓"敬酒"就是要对酒桌上的长者或年龄大者或远方的客人表示尊重，双手举起酒杯，倒满酒，送到被敬酒人面前，自己不喝，敬酒一般要敬两杯酒。南来北往的客人都不习惯这一习俗，认为徐州人自己不喝，让别人喝，是不平等的，如果敬酒的人多了，被敬酒的人就受不了了。其实这一习俗源于汉代，要以礼相待，长者优先，过去由于经济不发达，特别是下层社会民众，平时无钱天天买酒喝，家中来了客人或逢年过节，就把酒优先给长者和客人喝，让长者和客人满意，体现了当地居民尊重长者和客人的礼仪习惯。被敬酒者一般表示一下，不一定喝完，但现在演变成一种灌酒的方式，违背了原有的含义。"敬酒"还有一层意思，就是主动找人家喝酒，二人一起喝，年轻者或年龄辈分较小者，碰杯时，酒杯的杯沿一定要低于对方，意思是我不能高过你，以示尊重，喝完后要将空酒杯口朝下，表示自己已经喝完，以示对客人的尊重，这叫先喝为敬。客人喝得越多，主人就越高兴，说明客人看得起自己，如果客人不喝酒，主人就会觉得有失面子。

其次就是"劝酒"。徐州人"劝酒"很有"功力"，比如"前三杯酒一定要干，后面可以随意""女士跟你喝酒，你好意思不干吗？""你不喝鱼头酒，我们怎么吃鱼？"等，一条鱼能劝一桌人都喝，什么"高看一眼""一片深情""唇齿相依""推心置腹""一帆风顺""娓娓动听"等，有的是劝酒的理由。"只要感情真，哪怕打吊针""屁股一抬，推倒重来""酒品如人品、会喝酒、会做人""站着喝，坐着咽，喝了也不算""只要感情铁，哪怕喝出血"等，说得客人云里雾里，不知不觉头重脚轻，语无伦次。为了使对方多饮酒，劝酒者会找出种种必须喝酒的理由，若被劝者无法找出反驳的理由，就得喝酒。

其三就是"罚酒"。罚酒的理由也是五花八门。首先是对酒席迟到者罚酒三杯。这种罚酒的方式在徐州的酒场上已经约定俗成了。来晚的人在表达歉意之后，一般都会主动饮三杯。其次是对于未喝完的人，用"心不诚"作为罚酒的理由，滴酒罚三杯。再者对于不守酒桌规矩的人，比如没经过主人允许私自用茶水或者饮料代替酒的人，一经发现也要罚酒。

无论是敬酒、劝酒还是罚酒，都是希望对方多喝酒，目的是加深彼此感情，活跃酒桌气氛。当敬酒、劝酒还是罚酒都不起作用的时候，就会有"酒官司"出现，唇枪舌剑，你来我往，醉翁之意不在酒，也可请人代酒。觥筹交错之间，拉近了人际关系，深化了朋友情谊，增加了相互了解。徐州的酒桌，由恭恭敬敬、拘谨谦让开始，到勾肩搭背、称兄道弟结束。

徐州的酒场，各种形式都有，一般来讲，婚宴、丧宴都比较快。若是同事朋友聚会，一旦喝到兴头上，往往几个小时结束不了；如果是来往应酬，则想尽办法喝倒对方，以显示徐州人的豪爽;若是同学、战友的聚会,越喝越有劲,感情表达越丰富;若是社会民众闲聚喝酒,不自量力地拼酒、高声喧哗、游戏、划拳、丑态百出是少不了的。随着国家政府八项规定的出台,公款喝酒接待几乎销声匿迹,即使需要喝酒,也是点到为止。随着喝酒出现人命事件的增多,一些上年纪的人,也开始注意喝酒的行为,强劝硬灌的不文明行为也日渐稀少。

丰沛一带的人喝酒,一定要"领酒",就是领酒的人自己先喝满满的一大杯,然后其他人按照领酒人的要求去喝,也可能是一大杯,也可能是半杯等不一。依此类推。每人领一个,一般没有一定酒量的人,在领酒时候就已醉倒。邳州、新沂、睢宁一带喝酒,用小碗小盅,用小盅慢慢喝,两个、四个、六个,喝到兴起就开始用碗了。

徐州人喝酒,很注意方式,对能喝酒量大的人,或表示二人感情很铁,往往会喝"肥"的,就是用大杯子喝酒,满满的一大杯,俗话叫"表蒙子"或"双眼皮",就是酒要突出杯沿。喝啤酒则用盆,至少一瓶,也可三瓶五瓶,一口气下肚。

有一个上海人到徐州几天,回去后,写了一篇关于徐州酒文化的文章,把徐州的酒文化描述得淋漓尽致。正是这优越的人文环境和悠久的历史,蕴藏着深厚文化底蕴的徐州酒文化得以传承至今。

在徐州喝酒,还有许多专有名词,如"凑局"(喝酒人手不够多,临时喊几个凑人数)、"赶场"(两场或两场以上酒场,提前退席,到另一场)、"坐坐"、"聚聚"、"送行"、"接风"、"整一场"、"治一场"、"尅一场"、"找个地方玩玩"(找个地方喝酒)、"领酒"(自己先喝,别人再喝,领酒者用大杯满酒)、"端酒"(别人喝,自己不喝)、"敬酒"(端酒,或主动找人喝酒)、"尅一杯"(喝一杯)、"整一杯"、"治一杯"、"玩一个"、"喝肥的"(大杯或大碗喝酒)、"一口闷"(一口喝掉)、"炸雷子"(领酒的意思)、"深水炸弹"(啤酒加鸡蛋或小杯白酒放大杯啤酒中)、"表蒙子"(酒倒得满满的,没过杯沿,像表蒙子)、"双眼皮"(酒倒得满满的,没过杯沿,像双眼皮)、"刮一个"(指喝啤酒,倒得满满的,用筷子沿杯沿将啤酒沫刮掉)、"门前盅"(最后一杯酒,喝完后吃饭、饭后抽烟、谈话,此顿饭即示结束)等。

徐州人喝酒,没有固定流行的品种,有时候一个品牌也就是流行1～2年时间,什么酒都有,川酒、湘酒、苏酒、徽酒……什么酒在徐州都能有一席之地。徐州当地也出产酒,有些酒也很有名气,如徐州市区有八五酒、莲花泉白酒,新沂县有房厅大曲,邳县有邳州大曲,丰县有泥池大曲,沛县由沛公大曲,睢宁有睢宁大曲。现在有许多酒场不景气,有的已经转行。

徐州人喝酒,菜也不重要,重要的是气氛,能下酒就行,晚上吃个羊肉串也能放倒一群人。曾经在徐州广泛流传这样一个故事,两人对酒无菜,仅有盐豆一个,两人只喝不吃,到了最后,一人看了一眼,还落了个"菜酒"的骂名。

徐州人喝酒,过去是劳累喝酒解乏,现在其意义远不止生理性消费,远不止口腹之乐;在许多场合,它都是作为一个文化符号,一种文化消费,用来表示一种礼仪,一种气氛,一种情趣,一种心境。体现的是豪爽,是人性。外地人来徐州,也会被这里的酒风所熏陶。在徐州找到了喝酒的真谛,酒量和酒胆都被严重激活,那种状态、那份得意、那种心情也是前所未有的。但在新时期大力倡导徐州人文精神的今天,徐州的酒文化也需做一番扬弃,取其精华,去其糟粕,与时俱进。敬酒不缠酒,多在"敬"字上下功夫,多在"情"字上做文章,让客人来徐州喝得尽兴,喝得舒坦,即使醉倒在徐州,还直夸徐州人"有情有义",这才是真正的徐州"酒文化"。

徐州酒文化内容丰富,历史悠久,流行于民间,也影响着上层社会;经过几千年的变迁,延续到现在,传承了历史的演变;民间有许多酒文化习俗的传说与典故;要研究徐州酒文化习俗的历代发展、存在的范围、所含的寓意等。

徐州酒文化习俗经过几千年的延续,存在一些糟粕的东西,要去其糟粕,取其精华,延续了徐州酒文化习俗的可持续性;研究、保护和传承徐州酒文化习俗,能丰富徐州传统风俗内容,是对传统地方风俗饮食文化的重视和历史的延续;有助于了解徐州地区相关的饮食习俗,为全面探讨徐州饮食习俗奠定基础;能促进徐州旅游业和服务业的发展;能丰富人民生活,为居民提供地方特色浓郁的风俗文化。

徐州酒文化也是徐州传统文化的重要组成部分。随着社会经济的发展,人们生活节奏的加快,人们对酒文化的兴趣出现淡薄的趋势,加上近年来流动人口增多,外来人口对徐州酒文化还不太适应;民俗研究专家,对徐州酒文化习俗的研究甚少,特别是对酒文化中的特色精华,没有得到很好的传承。

徐州食羊与"伏羊文化"

羊是人类驯化和饲养最早的动物之一,在大约8000年前的河南新郑裴李岗文化遗址以及距今约7000年前的浙江余姚河姆渡文化遗址中,都已出现了陶羊(也有专家认为是陶狗)。从出土的动物遗骸也发现了大量羊的骸骨,说明我国养羊的历史悠久,也说明羊与远古先人生活关系息息相关。随着中华民族文化的不断演变,羊文化对我国文字、道德、礼仪、民俗、饮食、美学等文化的产生和发展有极大的影响。

文化是一种社会现象,是人们长期创造形成的产物。同时又是一种历史现象,是社会历史的积淀物。确切地说,文化是指一个国家或民族的历史、地理、风土人情、传统习俗、生活方式、文学艺术、行为规范、思维方式、价值观念等。

中国的羊文化是指中华民族在不同的历史发展阶段,在发展养羊业过程中,由人类创造、加工并富有羊内容特色的文字、艺术、文学、科学技术和羊的遗迹、遗物等的总和。它是中华文化的重要组成部分,是我们民族宝贵的精神财富。它是以羊的内容为载体产生和发展起来的文化现象,是中国传统文化的重要组成部分,也是实施精神文明赖以产生的前提和基础。它是以羊文化为背景,其形成是在漫长的历史时期中,在自然环境、人文环境、社会生活等多种因素下形成和发展的。它与中国的历史、区域、经济、民俗、物产、饮食等密切联系,影响着人类社会发展和进步。它是中华文化的重要组成部分,是我们民族宝贵的精神财富。

中国传统文化与羊有着密不可分的关系,查阅有关"羊"的大量考古与文献资料,我们发现,"羊"已经不再简单是作为一种生物或人类食物存在,而是作为一种观念、一种象征或者说一种精神符号渗透进中国传统文化的方方面面,也渗透进传统中国人的日常生活的方方面面,并在极大程度上准确地影响和表达了传统中国人的思维方式和行为方式。

夏朝时期,养羊技术就已形成,并形成一定规模。《楚辞·天问》记载:"胡终弊于有扈,牧夫牛羊?"夏启在征服了有扈氏以后,强迫俘虏"牧夫牛羊",成为放牧的奴隶。由此可见,假如当时没有一定规模的养羊放牧,不可能需要成批的奴隶来放羊。这说明,夏朝不仅已出现牛羊的饲养,而且有着相当大的规模了。

到了商代，我国的农牧业已经发展到一定的水平，羊已成为主要的肉食用畜之一，属于"六畜"（马、牛、羊、猪、犬、鸡）之一，除食用外，还经常被用于祭祀和殉葬。在出土的甲骨文中多次提到奴隶主贵族祭祀时用羊及其数量，同时从出土的文物也可以窥其一斑，在一些出土的酒具和器皿都有羊的图案和造型。如湖南等地出土的二羊尊、四羊尊等，铸造工艺极为精美，形象栩栩如生，反映出当时养羊业十分的兴盛，也说明羊在人们心目中的重要性。

周代的养羊业得到了更快发展。《诗经》是中国最早的一部诗歌集，产生于周代，《诗经》三百零五篇中提到羊的就有十多篇。《诗经·小雅·无羊》："谁谓尔无羊？三百维群。"每群羊的数量可以达到三百，可见商周时期养羊业甚为发达，已形成了很大规模。《诗经·楚茨》："济济跄跄，絜尔牛羊，以往烝尝。"描写的是用牛羊祭祀时的场景。"以我齐明，与我牺羊，以社以方。""羔羊之皮，素丝五紽。退食自公，委蛇委蛇。羔羊之革，素丝五緎。委蛇委蛇，自公退食。羔羊之缝，素丝五总。委蛇委蛇，退食自公。""君子于役，不知其期，曷至哉？鸡栖于埘，日之夕矣，羊牛下来。君子于役，如之何勿思！""朋酒斯飨，曰杀羔羊。跻彼公堂，称彼兕觥：万寿无疆！""诞寘之隘巷，牛羊腓字之。""自堂徂基，自羊徂牛。""我将我享，维羊维牛，维天其右之。"等诗句的描写，说明那时羊已经成为先人生活中不可缺少的饲养动物，与人类生活息息相关。

春秋战国时期，养羊业更加发达，对羊的繁殖和经济价值更为重视了。《礼记》记载："大夫无故不杀羊"，"大夫不坐羊，士不坐犬。"《墨子·天志篇》中"四海之内，粒食人民，莫不犓牛羊。"《荀子·荣辱篇》中"今之人生也……又畜牛羊。"等。

秦汉时期，《后汉书·西羌传》记载：西北地区"水草丰美，土宜产牧"，出现"牛马衔尾，群羊塞道"的兴旺景象。中原及南方地区的养羊业也有发展，这从各地汉墓中出土的文物可见一斑，常用陶羊、石羊以及汉画像石的图案，都说明汉代对羊的重视和食用。

羊对中华传统文化观念的形成和民俗民风产生了深远影响，经历西周与春秋战国的文化整合和沉淀，最迟不晚于西汉，一些关于羊的文化观念最终定型。

魏晋南北朝时期，养羊已成为农民的重要副业，《齐民要术》专立一篇《养羊》，总结当时劳动人民的养羊经验。

唐代的养羊业亦取得相当成就，已培育出许多优良品种，如河西羊、河东羊、濮固羊、沙苑羊、康居大尾羊、蛮羊等。魏晋南北朝和隋唐墓葬中，也经常用陶羊、青瓷羊及羊圈随葬。

羊与人类的生活息息相关，是人们日常生活中重要的食物来源和经济来源，同时在人们的心目中，羊还是善良吉祥的象征，羊对文化、艺术、民俗、科学、畜牧、饮食等都有着一定的承载。

羊经历历朝历代的发展，对人类贡献是巨大的。羊毛是人类御寒的好物品，羊奶补充了人的身体需要，羊肉是人类的美食追求等这一切，都是羊对人类的贡献。因此研究中国羊文化，对研究中国文明的发展，有着积极的意义。

一、徐州"伏羊"习俗的渊源

中国人吃羊肉，历史悠久，食法多样，而各地有各地的饮食习惯，各地烹羊技法也均有独到之处。而徐州人吃羊肉则是更胜一筹，"冬吃三九、夏吃三伏"，一年四季无时不食羊，经营者甚众，而风味特色专营店——羊肉馆，则是常年生意兴隆。特别是一入伏，万人食羊已是徐州夏天的一大特色。

吃伏羊是徐州的传统饮食习俗，为国内仅有，经历代流传，已形成了一种地方风味浓郁的习俗。2008年，中国（徐州）彭祖伏羊节获"中国优秀节庆品牌"称号，被评为"徐州市非物质文化遗产项目"；2015年徐州伏羊习俗被列为江苏省非物质文化遗产保护项目，被中国烹饪协会授予"中国伏羊美食之乡"，形成一种地域文化。虽然这种文化是一种现象，但通过现象可以看出徐州博大精深的饮食文化，不少专家学者对徐州伏羊这一文化进行了深入研究。

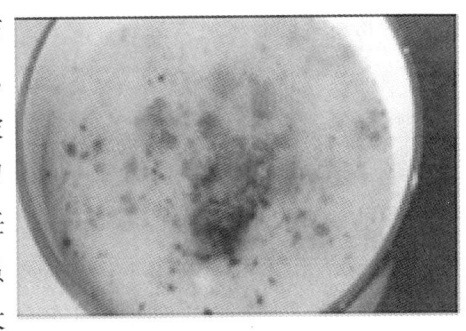

"三伏"是一年四季中最热的季节，在我国的二十四节气里，有"小暑""大暑""处暑"之说，这即是所谓的"伏"。何为"伏"，颜师古注《汉书》中说："伏者，谓阴气将起，迫于残阳而未得开，故为藏伏，因名伏日也。""三伏"，时间通常在农历六月。初、中、末三个伏日的时间一般都为十天。这段时间为一年之中最热的时候，天气变幻无常，高温令人中暑，病菌瘟疫流行，人体也是阳气上升，而徐州人食伏羊，自然有它一定的道理。

至于民间用羊对"伏腊"的祭祀活动，气势则既严肃又热烈。所以说，徐州彭祖伏羊文化底蕴是来自先人们对"伏日""腊日"及炎帝的祭祀。当时，这种祭祀是波澜壮阔的，由于历史变革、气候、物产、环境等诸多因素，使这种祭祀次第减弱。徐州人食羊，有着博大精深的饮食文化底蕴。从彭祖名菜"羊方藏鱼"的传说，彭祖儿子夕丁下河洗澡摸鱼，母亲煮羊肉，说明尧舜时期，人们在夏季食羊已经出现。在周朝有"伏日祭祀"，在祭祀的礼物中，因为先人们对羊的认识是：羊大为"美"，食羊为"养"，以羊祭祀为"祥"。因此，羊在先人看来是祭祀神灵和祖先的最好礼物。"三牲羊为首"，羊应该是主要的，故而逐渐形成了"伏天"吃伏羊的习俗。汉画石上的烤羊肉说明徐州人食羊有着几千年的文明史。秦汉时期，养羊已经很普及，食羊也很普遍，这在汉墓中出土的动物肢架中就发现羊的骨架。汉代扬辉在《报孙会宗书》中说："田家作苦，岁时伏腊，烹羊炮羔，斗酒自劳。"这也是一个明证。徐州的先民沿袭了两千多年的吃伏羊的饮食习惯有它的历史性、可考性。徐州地区最早吃伏羊叫尝新节，又叫"姑姑节"。有首民谣说："六月六，接姑姑，新麦馍馍熬羊肉。"为什么要接姑姑呢？这里有个典故：春秋时期，晋国宰相狐偃居功自傲，气死了亲家——一代忠良赵衰。赵衰之子（狐偃之婿）想在六月初六除掉狐偃，其妻不忍，偷偷回娘家告知狐偃。另因狐偃在放粮中目睹自己的过失给老百姓造成的灾难，于是幡然醒悟，向女婿认错。以后每年逢六月初六都请女儿、女婿回家，蒸新麦面馍，熬羊肉热情款待，互相加深感情。这一做法在民间广为仿效，蕴含消仇解怨图吉利，故有"六月六，接姑姑，女婿外孙一大屋"的民谣。为什么选六月初六呢？主要是因为这个时候新麦登场，羊羔肥壮，便于操办酒宴。

据史典记载，在宋朝之前，我国宫廷宴席上都是以羊肉为主。到了清朝，满族入关，食羊肉之风更是普及。"彭城伏羊一碗汤，不用神医开药方"这一民间说法，更加证实了徐州食伏羊之民风，也说明了吃伏羊的功能和目的。

清光绪年间，徐州大兴食羊之风。原来徐州当时知府桂中行在集市上发现许多屠户杀狗宰牛，"见其生不忍见其死，闻其声不忍食其肉"，于是下令禁止杀狗宰牛，而提倡养羊、食羊，于是徐州食羊之风盛行。

"夏吃伏羊"是徐州地区特有的民俗，不少专家学者对这一现象的根源进行了挖掘和研究。有些专家学者认为，这种食俗与古代楚人对炎帝的崇拜、天地的祭祀、中医学理论、阴阳五行学说、天地及节气变化、民俗饮食习惯都有着密切的关系。夏至后白天渐短，"夏至"是阴气初动，《易经》称夏至"一阴生"，即由太阳转到一阴生，所以伏天食羊可以使阴阳平衡，有益气补虚、强身健体之功效。从传统中医学来说，夏天是人阳气最充足的时候，身体的新陈代谢功能和消化功能都比较旺盛，加上天气的温度较高，湿度较大，常常会有不舒服的感觉，容易导致休息不充分，脾胃受到伤害。另外，夏季的冷饮和瓜果等也极易对人的脾胃造成伤害。而羊肉具有补脾胃、壮阳、治虚劳寒冷、安心神、止疼等多种功效。所以夏天吃伏羊可以达到中医上讲的"天人相应"，其好处甚多。吃甘温羊肉，再配以葱、姜、蒜、辣椒等辛辣、燥热之品，并添加适当的胡椒面和盐水，可以做到"其在皮者，汗而发之"。即大汗淋漓后可以将人皮肤、肌肉中滞留的寒气、温气等毒素排出来。

徐州人吃伏羊也与其地理环境有着密切的关系。徐州地处丘陵地带，陵山众多，蔬草茂盛，这一环境为山羊放牧提供了得天独厚的生存条件，也为徐州人吃羊肉提供了丰富的物质原料。山羊经过春夏季节的喂养，肉质肥壮，鲜嫩可口，肥瘦相宜，膻味极小。用此羊肉烹制，汤汁浓白，其味香醇，令人胃口大开。徐州饮食行业古原料歌中有"东猪西羊青山鸡"之句，说明徐州人把羊作为原料，特别是特产原料，已广为流传。

徐州人口味较重、喜辣，羊肉汤和羊肉美食正好符合徐州人这一特点，汤浓味鲜、辣油浓香，缀以香菜的辛香和米醋的甘酸，正符合去除羊肉的膻气，其味香醇，汁厚不腻，汤色美白，令人胃口大开。徐州人吃羊肉，香菜、黄醋、辣椒油是必不可少的，香菜具有辛辣，性温，有"治五脏、补不足、利大小肠、通小腹气、拔四肢热、止头痛、疗沙疹"等作用；而黄醋具有去腥、臊、膻异味的作用，而且能帮助消化；辣椒油则是羊肉馆经营好坏较为重要的手段，要求辣而不酷、香而不辣、浓而不灼，再配以葱、姜、蒜等辛辣调味品，对人体来说，无疑是夏季饮食养生的一道良方。

徐州伏羊采用徐州当地特色山羊，注重羊汤，善于调味，喜用辣油、米醋和香菜，羊汤醇香浓郁，辣油香而不烈，米醋去膻增香。

徐州伏羊是根据徐州饮食习俗而流传下来的，形成于民间，流行于民间，经营者甚众，大小羊肉馆遍及徐州大街小巷。徐州伏羊习俗主要分布于徐州五县(市)五区以及周边地区。主要有：徐州市周围县市、与山东省相邻的县市；微山县、单县、滕州市、枣庄市等；与安徽省相邻的县市：宿州、萧县、砀山、淮北、灵璧；与河南省相邻的县市：周口、永城、商丘等。

徐州伏羊菜品较多，有些菜品制作工艺复杂，风格各异，特色"羊肉"经营点风味千变万化，这为徐州伏羊的延续提供了保障；经营方式也从小吃部向大规模转移，有些餐厅布置得窗明几净，食品加工场所、就餐环境、安全卫生等得到极大改善。

对羊肉的加工烹调，徐州传统上是以汤为主，喝羊汤成了徐州伏羊美食的代名词。"彭城伏羊一碗汤，不用神仙开药方"，是对徐州羊汤的充分肯定。传统的羊肉烹调技法就是先把羊肉煮熟，汤要浓白鲜醇，羊肉以烧、烩、煮、炖为主。近年来出现了很多其他的烹调技法，但仍以传统技法较多，保留了羊肉的原汁原味。徐州羊肉煮汤采用清水浸泡、去掉血渍，大锅大火煮炖，汤汁浓白，汤味鲜美，用此汤烹制羊肉，加以恰到好处的调味，其味香醇，是徐州市民最喜爱的伏羊美食，利用羊汤的这一技法与一般的厨行制作菜肴所需的汤如出一辙。厨行中，制汤是非常重要的，特别是烧、烩、煮、炖一类带汤汁的菜肴，汤好才能菜好。羊汤也分头汤、二汤和三汤，羊汤的好坏也是衡量一个店经营羊肉的成败关键。另外有些地方在煮汤的时候还要加入一些鲫鱼等，从而使汤汁更加鲜美。

徐州伏羊在全国影响甚大，已经形成全国独有的一种习俗。2002年徐州市举办了首届"彭城伏羊美食文化节"，至今已连办十五届，规模隆重，声势浩大。"万人空巷吃伏羊"的火爆场面，一直延续至今。每届伏羊节参与单位达400余家，涉及人员在10万人以上，评选了一部分伏羊名菜点和名店、名宴；同时举办了伏羊论坛，为挖掘和传承徐州伏羊文化创造了条件，使这一习俗得到广泛保护和推广。

二、徐州伏羊现象透析

徐州人食羊，有着博大精深的饮食文化底蕴，彭祖名菜"羊方藏鱼"；汉画像石中的"烤羊肉串"；刘邦的"鱼汁羊肉"，不仅说明了徐州人民食羊有几千年的历史，而且在制作上彰显了精湛的制作技艺。透过徐州伏羊现象，我们更加看清了伏羊在人们社会生活中所折射的种种精神和愿望。

1.徐州伏羊，折射出徐州历史悠久的传统饮食文化

徐州人食羊，有着博大精深的饮食文化底蕴。徐州饮食文化的历史，可以追溯到上古时代的帝尧时期，彭祖善治羹献尧帝，开创了人类饮食文化的开端，也使受封地彭城成为人类生产和饮食文化发达的地区之一。战国时期，宋弃睢阳而都彭城（钱穆《战国宋都彭城考》），当时彭城是"商贾云集，酒楼食肆，星罗群布"，饮食业发展繁荣；楚汉相争，项羽都彭城，虞姬娘娘制作"龙凤宴"，以示显贵；刘邦得天下，定都西安，为取父悦，"东食西迁"，把丰沛饮食影响扩大；东晋时期，徐州曾南迁至京口（今镇江），以此可见，徐州饮食文化在全国的影响之大。如前所述，徐州名人墨客辈出，留下了大量饮食文化历史资料，徐州饮食文化也随之传播开来。透过伏羊现象，可以窥见徐州灿烂的饮食文化。

2.徐州伏羊，体现了徐州人民追求吉祥、美好的愿望

羊为古代的祭祀物品，在人们日常生活中，人们为了去凶求吉，总是把羊作为吉祥、美好的象征。《说文》："羊，祥也。""祥，福也"，汉代说吉祥多为"吉羊"，汉代的一些瓦当、铜器中多有"大吉羊"的字样，徐州汉画像石中也有"吉羊"的体现，刘邦出世，众邻居送羊庆贺，就是把羊当成吉祥物。"三羊开泰"有否极泰来的吉祥含义，"三羊开泰"的图案和造型在徐州民间广为流传，表达了徐州人民追求吉祥、美好的愿望，徐州伏羊节主题"伏羊、福羊"正是徐州伏羊的真实体现。

3.徐州伏羊，展示了徐州人民勇敢、正直、顽强的性格

羊是正直、勇敢的象征，在汉代，不少达官贵人墓葬前都立有石羊，保护着主人不容侵犯。在汉画像石中，也有在许多门头上刻以羊头。《杂五行书》中记载："悬羊头于门上，除盗贼。"《新言》记载"初年悬羊头磔鸡头以求富余"，说明古代悬羊头既可防贼，又有祈求富余之意。公羊好斗，也体现了羊的勇敢顽强。徐州夏季吃伏羊，大小摊点、酒店，大碗喝酒、大块吃肉的表现，正体现出徐州人豪放正直的性格。

4.徐州伏羊，透露着徐州人民尊礼、讲道、善良、行孝的思想

羊是讲礼仪、遵道德的化身。《诗·小雅·无羊》中有"羔羊，鹊巢之国也，召南之政，在位皆节俭正直，德如羔羊也"的记载，谯周《法训》也有"羊有跪乳之礼，鸡有适时之候，雁有痒序之仪，人取法也"的记载，古训《增广贤文》中有"羔羊跪乳"的故事，说明古人把羊看成知礼行孝的象征，把羊作为礼物相互赠送已成风俗。羊的温驯善良，众所周知。徐州人民对羊的这种行为，推崇备至，也无形引化了徐州人民尊礼、讲道、善良、行孝的思想。多年来，徐州好人层出不穷，无形中体现了羊的这种精神。

5.徐州伏羊，传承着彭祖饮食养生思想的精髓

徐州伏羊，重在养生，有"冬病夏治、强身健体"之功效，这与彭祖的饮食养生思想一脉相承。彭祖的饮食养生思想对后世影响甚大。"彭城伏羊一碗汤，不用大夫开药方"正是徐州人民在长期的社会生活中积累的经验谚语，精辟地反映了徐州伏羊的精髓。现代科学证明，夏季食羊对人的身体有一定的益处，对一些疾病有一定的治疗作用，对调节人体的生理机能有一定的积极作用。徐州这一独特的饮食习俗，也正符合了徐州饮食"五味兼蓄，注重食疗、食养"的特征。

6.徐州伏羊，是徐州人民对"和"文化的一种体现

"和"是中国哲学思想的精髓，也是中国饮食文化所追求的最高境界。徐州伏羊现象，真正体现了中国"和"文化的内涵，主要体现在：

(1)物产丰富，说明了气候温"和"、风"和"雨顺。羊只有在气候温和、风和雨顺、蔬草茂盛的条件下，才能得到丰盛的食物，才能体壮肥腴。

(2)社会文明灿烂，说明了社会"和谐"。徐州有着四千多年的历史，帝王之乡，透过这种灿烂的社会文明，体现了社会"和谐"。

(3)伏羊节的传说与典故，说明了家庭"和"睦。透过徐州民间优美的传说与典故，"六月

六、接女婿,新麦馒头熬羊肉""六月六、接姑娘,新麦馒头羊肉汤""六月六、接姑姑,女婿外孙一大屋"这些谚语,说明了家庭和睦,幸福安康。

(4)注重饮食养生,调节身体阴阳平衡,说明了身体健康,气息平"和"。徐州饮食,历来讲究养生,利用食物来调节身体阴阳平衡,维持人体对营养的需要,人体内气息平和,说明身体健康,阴阳失衡,体内不和,多与饮食有关。

(5)日常饮食,品种繁多,技艺独特,说明擅长调"和"五味。彭祖的烹饪技艺,奠定了我国烹饪的基础。流传在徐州的彭祖菜肴、烹饪技法,至今仍在广为流传。调和五味,是烹饪的精髓,徐州饮食品种众多,正是传承了彭祖五味调和的指导思想。只有"和",方可显"味"。

7.徐州伏羊,还展现了徐州人民的奉献精神

羊的奉献,众所周知,吃的是草,挤的是奶,献的是肉,它不仅仅为人们提供了丰富的食物来源,羊肉、羊奶、羊皮、羊毛等都成为人们生活中的必需品,这种奉献精神也体现在徐州人民乐于奉献、不计劳苦、默默无闻的生活中。

8.徐州伏羊节的演变,说明了徐州人民顺应自然并不断创新的精神

徐州伏羊,从无到有、从小到大、从民间走向社会,这是一种顺应自然、适应社会、造福人类的需要,也是徐州人民不断创新、积极把握生活的需求。徐州伏羊节的举办,每年的不断创新和发展,体现了徐州人民的聪明智慧。因此,我们要乘伏羊节这个东风,把伏羊节做大做强,深挖徐州伏羊文化,展示徐州人民不断创新、积极进取、追求美好的愿望。

三、徐州"伏羊节"

从2002年7月11日,徐州首届彭城伏羊节开幕。此次伏羊节由罗广金先生在徐州夏日吃伏羊这一民间习俗的基础上,创意策划,全面组织实施的。徐州各大报纸、电台、电视台给予了大张旗鼓的宣传,江苏电视台在新闻联播中介绍了徐州首届伏羊节的热烈场面。自此以后,每年入伏之日,徐州市政府及相关部门积极主办伏羊节,已经成为徐州公认的民俗文化。后因商标原因,徐州彭城伏羊节更名为"中国(徐州)彭祖伏羊节",伏羊节期间,彭祖圣火传递遍及淮海经济区11个市县,行程3000公里;江苏省商务厅、江苏省烹饪协会和南京、苏州、无锡、泰州、连云港、淮安、宿迁等地商务部门负责人及餐饮界代表出席开幕式;省内外餐饮同行和外地游客3万多人来到徐州,与徐州市民一起共享伏羊美食。活动达到预期效果,取得圆满成功。每一年伏羊节的主题都有所不同,安排有"文化活动""美食活动""公益活动""文明活动""旅游活动"等多种类型的活动。"文化活动"主要有祭祀彭祖大典,来自全国各地的餐饮企业家、烹饪大师将统一穿着汉服祭拜彭祖;邀请国内外专家学者举办"彭祖文化"论坛;开展伏羊文化推广大使评选;羊肉烹饪比赛;徐州十大伏羊菜评选;伏羊宴展销季等。"文明活动"包括"徐州文明好市

民"评选和"文明徐州从我做起"汗衫赠送活动。"公益活动"中将举行"关爱社会，伏羊敬老"公益慰问活动。"旅游活动"主要有徐州伏羊美食考察之旅、彭祖养生之旅、彭祖伏羊节自驾游等。自此，每年"伏羊节"已经成为徐州公认的"民俗文化"。

"伏羊节"之所以形成一定的规模、达到一定的效益，并得到社会各方的广泛响应。正是因为它是根深蒂固的民间文化，老百姓乐于接受、易于接受，是老百姓认同的传统文化和历史文化，有一定的民间群众基础，和人民群众有一定的感情交流，舒展了人民群众对这一文化的深情厚谊和喜爱。在这历史的传承中，有它在的时间和空间，得到了人民大众的充分认可，形成了与人民群众生活密切相关的一件大事，对传承徐州传统的饮食文化起到一定的引领作用。引发人民对传统文化的兴趣，对打造徐州饮食文化，弘扬传统饮食文化，宣传徐州，具有一定的现实意义。依托"伏羊文化"的影响，以"伏羊节"为契机，不断探索创新徐州饮食文化的传统内容，并将其发扬光大。徐州的"伏羊节"不仅仅具有食羊肉的养生价值，更具有一定的社会价值；不仅要研究它的历史价值，更要研究它的品牌价值。

对徐州伏羊文化的研究，不是一个短暂的过程，还有待于进一步挖掘和研究徐州伏羊文化这一现象。伏羊节是地方习俗，伏羊习俗是一种地方饮食文化，从伏羊节到彭祖饮食文化；从伏羊节到饮食养生文化；从伏羊节到徐州两汉文化；从伏羊节到道家饮食文化；伏羊节引出的一系列研究已成为研究徐州的一大亮点。

然而在追求经济价值的同时，社会诚信和诚信经营出现了折扣。

（1）原料把关不严，鱼目混珠，有些掺有假货，如羊眼、羊球等用猪眼、牛球；甚至一些假羊肉（如央视报道的涮羊肉片等）；

（2）质量不能保证，徐州吃伏羊，最好的原料是徐州当地的山羊，然而由于当地山羊饲养时间周期长，很多酒店使用外来羊肉，使羊肉失去了原有的风味；

（3）卫生状况不容乐观，不能认真贯彻落实《中华人民共和国食品安全法》及其实施条例、《餐饮服务食品安全监督管理办法》等法律法规，就餐环境脏乱差，特别是在伏羊节期间，为了满足供应和上菜要求，进货大批羊肉，加上天气炎热，餐具消毒不及时、户外就餐等因素，食物中毒时有发生；

（4）服务不规范，不能提供规范优质服务，树立以客为尊，服务至诚的理念。

在现代社会，诚信已经成为个人和企业最基本的元素之一。透过徐州的伏羊文化，也看到徐州人民社会生活中诚信的一面，但也反映出一定的不足，在每一年的伏羊节开幕式上，徐州不少餐饮企业也发出诚信经营倡议书，有力地保证了徐州伏羊文化的传承和发展。

近两年，徐州伏羊节热情遇冷。徐州烹饪协会发布消息称：往年伏羊节每天吃掉几万只羊的火爆景象不再，主要原因是羊肉价格太贵。在徐州农贸市场，本地山羊肉价格是猪肉的三倍，吃羊肉已从平民消费变成高消费。

徐州饮食

特色篇

徐州早点的风味特色

早点,也称为早餐、早饭,是指早晨吃的食物,是睡醒后的第一餐。现代人已习惯于一日三餐,古时人们习惯一日两餐。第一餐叫朝食,又叫饔,进食时间大约是上午九时。第二餐叫铺食,又叫餐,一般是下午四时左右进食。《墨子·杂守》说:兵士每天吃两顿,食量分为五个等级。第一顿称"朝食"或"饔",在太阳行至东南方(隅中)时就餐。第二顿称"飧"或"食",在申时(下午四点左右)进餐。古代注重进餐时间,孔子《论语》中就记有"不时不食",是说不到进餐的时间不能用餐,否则是一种越礼的行为。两餐相比,以早餐较丰富,下午的则饭量少,而且简单。到春秋战国晚期,随着牛耕铁犁的广泛使用,农业生产力才大大提高,人们的生活亦相应改善,此时才开始有人从事非生产性的工作。有钱人家还经常在夜间有娱乐活动,这时才有必要增加一餐来补充体力。而这个时候,大约已是战国时代。汉代以后,一日两餐逐渐变为三餐或四餐,开始有了早、中、晚餐的区别。早饭,汉代称为寒具,指早晨起床漱洗后所用之小食。至唐代,寒具始有点心之称。南宋吴曾撰的《能改斋漫录》记载:"世俗例以早晨小食为点心,自唐时已有此语。"至今,我国许多地区仍称早饭为早点。

早餐是一日三餐中最重要的一餐,早点供应人体的热量约占全天食物的30%,俗语云"早上要吃好,中午要吃饱,晚上要吃少",也说明了早点对人体的重要性。随着社会的发展,早点的品种、就餐的形式、经营的范围出现了很大的变化。在过去,经济不发达时期,大多数人的早点是家庭简单制作,品种较少,馒头、稀饭、咸菜是多数人早点的内容。现代社会,经济发展迅速,人们的饮食思想也发生了转变,认识到早餐的重要性,牛奶、鸡蛋、面包、蛋糕等取代了馒头、稀饭、咸菜,食物的营养成分在早餐中得到了很大的提高。由于社会生活节奏的加快,人们的就餐形式也从家庭厨房转移到社会的早点经营场所上,摆脱了繁杂的家庭劳动。

徐州早点和全国大多地域一样,不同于南方的早茶,在其经营品种和制作上有适应徐州人的特色。早点贯穿于社会生活的饮食习俗中,从早点的品种、制作方法、口味特点等方面,可以窥见一个地域或民族的风俗习惯,它与人们日常生活中的食品、主食、点心、小吃、菜肴等息息相关,相互渗透,是当地地域文化的重要方面,普遍被当地居民所接受并且喜爱。因此,研究徐州早点文化，对徐州饮食文化的认识有非常重要的作用。目前，徐州早点品种众多，风味各异，具有浓厚的徐州地域文化特征。主要体现在以下几个方面。

一、干稀结合，结构合理

徐州早点讲究干稀结合，虽然有些早点的品种单一，但往往经营干的与经营稀的结合在一起，有干有稀，相互搭配，食用方便，便于人体消化吸收。大一点的早点铺，往往既卖干的，也卖稀的。但干稀结合，有一定讲究，有些是约定俗成的搭配。如饣它汤、辣汤，一般配煎包或蒸包，特别是配煎包和锅贴饺较多；牛肉汤一般配壮馍；狗肉汤、羊肉汤一般配烧饼；丸子汤配绿豆面馍；炒菜一般配煎饼或吊饼；热狗肉配热烧饼；热粥配油条；玛糊、油茶一般配油旋子、炸菜角、麻团等。当然，其他的干稀也可相配，以上只是人们的习惯而已。

二、技法多样，品种繁多

徐州早点，技法多样，蒸、煮、烤、烙、煎、炸、烫、烩所占比例较大；工艺全面，包、捏、擀、切、压、挤、叠、抻，样样俱有；取料广泛，家畜家禽、粮食蔬菜，来源有道；注重火候，如饣它汤、辣汤要慢煮10小时以上；粥要小火煮至黏稠；炸要恰到好处；煎要小火慢煎；蒸要旺火速成等，因此造就了徐州早点品种繁多。据不完全统计，徐州早点品种多达上百种（具体品种及特点见附表）。正是由于徐州早点制作工艺、成熟技法多样、取料广泛，品种繁多，繁荣了徐州早点的饮食市场，形成了独特的徐州早点文化。

三、口味突出，地方风味浓郁

徐州早点，从具体品种来看，汤羹类比粥饭类较多，馅心类比无馅心类多，说明徐州早点重口味。徐州早点文化、小吃文化及民间菜文化几乎同出一辙，在口味上比较注重咸鲜、兼蓄五味，喜用葱、姜、蒜调味，嗜辣、偏咸酸，汤羹类喜用葱姜、胡椒、五香粉等辛辣刺激调味。如饣它汤、辣汤，要放大量的姜和胡椒粉（汤不放胡椒）；羊肉汤汤面要漂一层辣椒油，丸子汤不仅要辣椒油，还喜用生蒜糜调味；牛肉汤中辣椒油、花椒面、生葱花是必不可少的；玛糊、油茶要用五香粉；豆脑、米线善用徐州萝卜榨菜调味；炒面要加辣椒粉和孜然；热豆腐要蘸辣椒酱等，这种情况数不胜数，也突出体现了徐州地方的饮食风味特点。

四、营养丰富，注重养生

徐州早点，由于搭配合理、取料广泛、成熟技法多样、品种繁多，因此，营养搭配合理。干稀结合，有利于人体的消化吸收；原料丰富，扩大了营养物质的来源；技法多样，能有效保护营养成分的流失，或将营养物质充分溶解于汤汁中；五味兼蓄，能刺激人们的食欲，兴奋人的感官。如汤、辣汤、油茶、玛糊，具有驱寒、温补、健脑等作用，牛肉汤、羊肉汤等汤汁浓厚，营养丰富，有增强人体体质，提高免疫力的功效；现代化的早点饮食牛奶、鸡蛋、面包，营养丰富全面。因此，徐州早点对人体健康有非常重要的作用，也符合"早上要吃好"的要求，符合人类养生需求。

五、逸事掌故，文化气息浓厚

徐州早点，不同地域也有所不同，各地域都有许多关于早点的来历和传说。逸事掌故较多，如徐州饨汤、丰县羊肉汤、山东单县糁汤、安徽宿县饨汤等，性质一致，但都有不同版本的传说。苏轼的热粥诗，形象地写出了徐州热粥的特点，给后世留下了极深的印象，热烧饼夹热狗肉，会使人马上联想到刘邦的鼋汁狗肉的传说及刘邦、樊哙的逸事。关于一些早点品种，许多文人墨客也留下了大量的诗文词赋。这些饮食逸事、传说掌故、诗文词赋，大大渲染了徐州早点的文化气息，传承了徐州早点文化的历代发展，扩大了徐州早点文化的影响。

六、经营灵活，简洁方便

徐州早点，经营规模大小不一，有规模经营的特色企业，也有专项经营的早点店铺。更多的是摆摊设点、走街串巷的流动摊点。这些摊点，经营方式灵活。一般经营品种单一、加工简易、设备简单、场地简陋，三五个摊点聚集在一起经营，品种不重复，互补互利。一般早上5—6点出摊，9—10点收摊。灵活、方便、人手少，但环境卫生较差。从事经营人员大多为失业、待业、下岗职工、低保人员或退休职工，个人及环境均达不到食品安全法要求，也没有各类经营证件，存在很大的食品安全隐患。

徐州早点风味特色及品种统计表

类别	序号	品种名称	主要原料	特点
粥类	1	热粥	黄豆、大米	清香、白色、黏稠，采用熬煮方法。徐州特色
	2	大米粥	大米	米香、白色、黏稠，采用熬煮方法
	3	小米粥	小米	谷香、淡黄色、黏稠，采用熬煮方法
	4	玉米粥	玉米	清香、黄色、黏稠，采用熬煮方法
	5	绿豆粥	绿豆	豆香、淡绿色、黏稠，采用熬煮方法
	6	八宝粥	杂粮	清香、黑褐色、黏稠，采用熬煮方法
	7	皮蛋瘦肉粥	大米、皮蛋	咸鲜、白色、黏稠，采用熬煮方法

续表

类别	序号	品种名称	主要原料	特点
粥类	8	青菜粥	大米、青菜	咸鲜、白色、黏稠,采用熬煮方法
	9	菜豆粥	大豆饼、青菜	豆香、白色、黏稠,采用熬煮方法。徐州特色
	10	豆浆	大豆	豆香、白色、稀爽,采用煮制方法
半汤羹类	11	汤	母鸡、猪骨等	咸鲜、灰白色、黏香,采用熬煮方法。丰县有羊驼汤。多配煎包。徐州特色
	12	辣汤	母鸡、猪骨、鳝鱼等	咸鲜微辣、灰白色、黏香,采用熬煮方法。多配煎包、蒸包。品种有鳝鱼辣汤、素辣汤等徐州特色。
	13	丸子汤	绿豆面丸子	咸鲜香辣、金黄、汤稀丸子脆,采用煮制方法。主要体现蒜泥、辣椒油,可自己掌握。徐州特色
	14	羊肉汤	羊肉	咸鲜、浓白色、汤稀肉香,采用熬煮方法。喜辣的可放辣椒油,辣度自己掌握。徐州特色
	15	牛肉汤	牛肉	咸鲜、白色、汤稀肉香,采用熬煮方法。喜欢加粉丝、豆皮、葱花、花椒粉。喜辣的可放辣椒油,辣度自己掌握。徐州特色
	16	狗肉汤	狗肉	咸鲜、白色、汤稀肉香,采用熬煮方法。徐州市区用葱花、花椒面,县区喜欢放粉丝和干丝。喜辣的可放辣椒油,辣度自己掌握。丰沛特色
	17	母鸡汤	母鸡	咸鲜、浓白色、汤稀蛋花爽,采用熬煮方法。多配油饼。一般用母鸡汤冲生鸡蛋
	18	玛糊	青菜、豆腐、海带丝等	咸鲜、灰褐色、黏稠,采用熬煮方法。徐州特色
	19	油茶	炒面、花生米等	咸鲜、淡白色、黏稠,采用熬煮方法。徐州特色
	20	豆腐脑	大豆	咸鲜、白色、黏稠、卤。徐州豆腐脑喜欢用海带、虾皮等做成卤汤,盛入豆腐脑搅拌,徐州特产萝卜榨菜调味。徐州特色
	21	馄饨	肉馅、面粉	咸鲜、白色、滑爽,煮
	22	米线	米粉	咸鲜、白色、滑爽,烫煮,辣椒油,醋,喜者自用
	23	面线	面粉	咸鲜、白色、滑爽,烫煮,辣椒油,醋,喜者自用

续表

类别	序号	品种名称	主要原料	特点
半汤羹类	24	烩面	面粉	咸鲜、白色、滑爽、煮。可加肉，辣椒油，醋，喜者自用
	25	丸子汤泡馍	绿豆面丸子、烙馍	咸鲜、黑褐色、滑爽，煮。馍为绿豆面烙馍。徐州特色
	26	荤素水饺	荤素馅、面粉	咸鲜、白色、滑爽，煮
	27	牛肉板面	面粉	咸鲜辣、白色、滑爽，煮。外地品种
	28	河捞面	面粉	咸鲜、白色、滑爽，煮。外地品种
	29	手擀面	面粉	咸鲜、白色、滑爽，煮。多配徐州玫瑰咸菜。徐州特色
馅心类	30	荤素蒸包	荤素馅、面粉	咸鲜、白色、面暄馅香嫩，蒸。多配辣汤等 主要品种有：猪肉蒸包、牛肉蒸包、羊肉蒸包、蟹黄包
	31	荤素煎包	荤素馅、面粉	咸鲜、白色加金黄色、面暄馅香嫩，煎。多配辣汤等。 主要品种有猪肉煎包、牛肉煎包、羊肉煎包、韭菜煎包、豆腐煎包、芹菜煎包、白菜煎包等。徐州特色
	32	糯米烧卖	糯米、面粉	咸鲜、白色、皮糯馅香，蒸
	33	锅贴饺	荤素馅、面粉	咸鲜、白色加金黄色、皮干香馅嫩，煎贴。多配辣汤等。 主要品种有猪肉锅贴、牛肉锅贴、羊肉锅贴、素锅贴
	34	蒸饺	荤素馅、面粉	咸鲜、白色、皮干香馅嫩，蒸。多配辣汤等。 主要品种有猪肉蒸饺、牛肉蒸饺、羊肉蒸饺、素蒸饺
	35	豆腐卷	豆腐、面粉	咸鲜、白色、皮暄馅嫩、蒸或煎。 主要品种有蒸豆腐卷、煎豆腐卷，馅心可放点青椒或辣椒粉。邳州特色
	36	萝卜卷	萝卜、面粉	咸鲜、白色、皮暄馅嫩、蒸或煎。邳州特色 蒸萝卜卷、煎萝卜卷，馅心可放点青椒或辣椒粉
	37	火烧	荤素馅、面粉	咸鲜、金黄色、外酥里嫩、煎、烤。"镜面火烧" 主要品种有肉火烧、素火烧。徐州特色
	38	酥饼	油、面粉	咸鲜、金黄色、酥脆香、烤 主要品种有甜酥饼、咸酥饼
	39	韭菜盒子	韭菜、面粉	咸鲜、灰褐色、皮干香馅嫩，烙

续表

类别	序号	品种名称	主要原料	特点
米、粉类	40	鸡蛋摊烙馍	鸡蛋、烙馍	咸鲜、灰褐色、干香、烙。徐州特色
	41	煎饼果子	油条、馓子及面粉	咸鲜、灰白色、外软糯里脆香、烙
	42	肉夹馍	猪肉、面粉	咸鲜、微黄色、面暄肉香、烤
	43	菜夹馍	蔬菜、面粉	咸鲜、微黄色、面暄菜香、烤
	44	菜卷馍	蔬菜、面粉	咸鲜、微黄色、面暄菜香、烙
	45	油旋子	粉丝、面粉	咸鲜、褐色、皮干香馅嫩、煎
	46	炸菜角	韭菜、面粉	咸鲜、褐色、皮干香馅嫩、炸
	47	烙馍卷馓子	烙馍、馓子	咸鲜、灰白色、外软韧里脆香、烙
	48	烧饼夹狗肉	烧饼、狗肉	咸鲜、微黄色、饼暄肉香、烤。烧饼和狗肉都要趁热吃。丰沛特色
	49	菜煎饼	蔬菜、煎饼	咸鲜、灰黄色、皮干香馅嫩、烙。邳州特色
	50	煎饼卷菜	煎饼、各类小炒	咸鲜、灰白色、外软韧菜香、烙。煎饼卷小鱼、煎饼卷盐豆炒鸡蛋。邳州特色
	51	糙饭	糯米	咸鲜香或甜香、白色、软糯、蒸或煮
	52	麻团	糯米粉、芝麻	香甜、金黄色、香糯、炸
		糖糕	糯米粉	香甜、金黄色、香糯、炸
	53	寿司	糯米	咸鲜、黑白相间、软糯、蒸或煮、卷
	54	馒头	面粉	清淡、白色、软暄、蒸 主要品种：煎馒头片、高庄馒头、刀切馍、机器馒头
	55	花卷	面粉	清淡、白色、软暄、蒸。多配葱花、椒盐
	56	煎饼	面粉	清淡、微黄色、软韧、烙。邳州特色，多配小菜
	57	烧饼	面粉	清淡、微黄色、软暄、烤。多配羊肉汤 主要品种：反手烧饼、牛舌烧饼、吊炉烧饼
	58	酥饼	面粉	香甜或香咸、金黄色、酥脆香、烤
	59	油条	面粉	咸香、金黄色、酥香、炸。特产"八股油条"。多配热粥
	60	馓子	面粉	咸香、金黄色、酥脆香、炸。特色"蝴蝶馓子"
	61	元宵	糯米粉	香甜或香咸、白色或彩色、软糯、煮
	62	粽子	糯米	香甜或香咸、白色、软糯、煮
	63	炒面	面粉	咸鲜、可多味、微黄色、软糯、炒
	64	炒米线	米粉	咸鲜、可多味、微黄色、软糯、炒

续表

类别	序号	品种名称	主要原料	特点
米、粉类	65	擀面皮	绿豆芽、面筋、面粉	咸鲜、白色,软韧,拌。邳州特色
	66	壮馍	面粉	清淡、微黄色、干韧、烙。多配牛肉汤
	67	葱油饼	面粉	咸香、微黄色、软糯、烙。多配母鸡汤
	68	鸡蛋饼	鸡蛋、面粉	咸香、微黄色、软糯、烙
	69	油酥饼	面粉	咸香、微黄色、酥脆香、煎
	70	蛋糕	鸡蛋、面粉	甜香或咸香、金黄色、软暄、烤或蒸。多配牛奶
	71	面包	面粉	甜香或咸香、金黄色、软暄、烤。多配牛奶
其他类	72	牛奶	牛奶	微甜、白色、清爽、煮。多配面包、蛋糕
	73	豆奶	大豆	甜、白色、清爽、煮
	74	奶茶	各类坚果	甜、白色、清爽、开水冲
	75	卤(茶叶)蛋	蛋类	五香、褐色、香韧、卤 主要品种:卤鸡蛋、卤鹌鹑蛋
	76	热豆腐	豆腐	咸鲜辣、白色、软嫩、卤 带辣椒酱、蒜泥等。邳州、睢宁一带特色

徐州民间乡土菜的风味特色

乡土菜是中国菜肴的重要组成部分，它以其鲜明的地方风味特色、独特的烹饪技法、变化多端的调味、固有的物产原料，丰富了中国烹饪的内涵。有些乡土菜，经过大师们的创造，已经成为中国的名菜。乡土菜源于民间，已流行于市肆，又称为民间菜，就是指在某一区域的人群，利用本地域的物产资源，采用民间比较简洁的烹制方式，烹制出的具有地方风味，适宜于本地域民俗风情的菜肴。一般来说，乡土菜取材方便，简单方便，力求自然，本菜本味，集"区域性、实（食）用性、方便性"于一体，是地方风味菜肴的根基。朴实大方，随意自然。

纵观徐州乡土菜，品种繁多，技法多样，这与徐州的环境、气候、物产、食俗等有紧密联系。

一、丰富的物料来源，为徐州乡土菜提供了物质基础

徐州物产丰实，为地方乡土菜提供了丰富的物质基础。蔬菜品种繁多，常年不断青，一年四季有别。春季主要有香椿、韭菜、香菜、菠菜、芫荽、蒜苗、杨花、萝卜、菜花、槐花等；夏季有青椒、番茄、黄瓜、四季豆、芹菜、蒜薹、韭菜、白萝卜、茄子等；秋季有冬瓜、南瓜、毛豆、菠菜、大蒜等；冬季有韭黄、大白菜、苔菜、大萝卜等。其中比较有名的土特产如铜山县的韭黄、苔菜；邳州的苔干、辣椒、搅瓜、白果；新沂的板栗；骆马湖的银鱼；沛县微山湖的水藕、菱角；丰县的牛蒡、徐州当地的青萝卜等。野生蔬菜众多，食用普遍，如荠菜、扫帚苗、马兰头、枸杞头、南瓜梢、马齿苋、榆钱、槐花、山芋、梗叶等。

家畜、家禽饲养历史悠久，且久负盛名，有猪、马、羊、驴、牛、鸡、鸭、狗、鹅等，清代《调鼎集》中就有"徐州风猪天下闻名"的记载。徐州原料歌云"东猪西羊青山鸡"，"东猪"指铜山县一带饲养的猪，"西羊"是指丰县的山羊，"青山鸡"指铜山县青山泉乡一带养的优良鸡。另外，还有沛县的狗肉，邳县的家兔，闻名全国。这都充分反映了徐州当地的肉品丰实优良。

徐州境内有微山湖、骆马湖、大运河、云龙湖等水域，水产品一年四季不断。"微山湖的四孔鲤鱼"天下闻名，骆马湖有银鱼、青螺、青虾。一年四季有鲤鱼、鲢鱼、草鱼、扁鱼、桂鱼、甲鱼、鳝鱼、青虾、田螺、河蚌等应市。

由于有山有水，所以徐州野味众多。最早记载的"雉羹"就是烹饪鼻祖——彭铿利用野鸡制作而成，除此之外还有野鸭、刺猬、鹌鹑、斑鸠、麻雀、野鸽、野兔、獾狗等应市，乡土菜中常用这些原料来制作菜肴，如烧野鸡、炖野鸭、野兔烧宽粉等，野味五套还是徐州的传统名菜。

其他各种原料制品丰富多彩，豆腐、腐乳、抽油、萝卜榨菜、山楂糕、家庭腌制的各种酱菜等，举不胜举。其中邳州八义集臭豆腐、睢宁的绿豆饼、徐州万通酿造厂的青方和山楂糕等均为全国地方名产。

众多的地方名特调味品，也为徐州乡土菜增加了独特的风味，如徐州万通酿造厂的酱油、米醋；睢宁古邳的甜油、抽油；新沂合沟的小磨香油；邳州的大蒜、尖椒等。徐州的萝卜榨菜、八义集的腐乳也常用于菜肴的调味。

徐州人民在长期的历史演变中，不仅掌握了各种原料的独特性和食用，创造出了众多的乡土菜品，还发明制造了多种制品，如腌制、风制、干制等，说明了徐州地区不仅物产丰富，而且对其使用还有一整套经验。这些物产，为徐州乡土菜的制作，奠定了物质基础，提供了物质保障。

二、独特的地理环境和民俗，形成了独特风味的乡土菜

徐州市位于江苏省的西北部，是苏鲁豫皖四省交界之地，处于华北平原的南部，黄淮平原上。京沪陇海铁路在此交汇，京杭大运河傍城流过，黄河故道横穿市区。这里交通发达，为四省交界处，是公路和铁路的交通中心。

徐州市周围有山有水，古语云："三片平原三片山，故黄河斜贯一高滩。"仅山有50余座，水有故黄河、奎河、京杭大运河、云龙湖、微山湖、骆马湖。其气候是季风性明显。夏季暖热湿润，高温多雨。冬季干燥寒冷，雨量较少。全年光照充足，积温高，降水较为充沛，水分资源比较丰实。这些气候和地理环境为徐州乡土菜的制作提供了物质条件。

徐州市辖管六县，南方有人把徐州人和山东人都列入"老侉"或"侉子"的行列，也不足为奇，因为当地人口音同山东口音相似，并且在日常生活中，与山东省搭界的地方其习俗也有所相同。

徐州与山东毗邻，受孔孟礼教遗风的影响较深，在传统的筵席和乡土菜中犹有体现，如徐州人喜食鲤鱼，因鲤鱼的"鲤"与"礼"谐音。"鱼"与"余"谐音，在古代徐州就有"鲤鱼跳龙门"之说，民间有"无鲤不成席"的俗语。特别是微山湖的四孔鲤鱼，与其他不同，肉质鲜嫩。现徐州名菜有"糖醋四孔鲤鱼""龙门鱼"等，且鱼菜上桌，鱼头必须对着主宾或年长者。逢年过节，女婿给岳父母送礼，必不可少有四条鲤鱼。鸡也是送礼必不可少的，而且还必须有八只鸡。鸡在徐州食用得较为普遍，特别是在秋季（中秋节），因"鸡"与"吉"谐音，含有吉利的意思。因此徐州酒席中不可缺少鸡，传统酒席中冷菜有"白斩鸡"，大件中有"清汤鸡"，炒菜中有"辣子鸡"。现代酒席中虽有变动，但鸡在各道菜中必不可少，只是变换花样而已。现市场上"冯天兴烧鸡"最负盛名。名菜有"葱扒鸡""龙凤烩""凤凰卧巢""牝鸡抱蛋"等，乡土菜的"地锅鸡""千蹦鸡"

"粉皮鸡""炒笨鸡""干煸鸡"等也极受欢迎。

徐州人喜食辛辣,爱吃葱、姜、蒜、香菜、芥末、茴香菜、辣椒等,刺激味重的植物性食物,且特别喜爱生食,家常中常制作"拌五毒(青椒、大葱、生姜、蒜瓣、香菜切丝同拌)"来下饭。这大概和徐州人的性格有关。据资料报告,徐州一带和山东南部一些地方,沿着陇海线均属"辣椒带"。在一些凉拌菜中大多喜欢放一些香菜、葱、姜、蒜泥、芥末等。鲜辣椒、干辣椒、辣椒酱、辣酱油均爱食用,家庭烧炒菜,均爱放辣椒,好像不带辣味不刺激。辣椒品种以邳县最佳,称之为"辣椒之乡"。

徐州乡土菜选料严谨,如狗肉,要选用当地家庭饲养的黑色土狗,羊要选用当地饲养的山羊,鸡要选用当年的仔鸡或老公鸡,蔬菜要选用新鲜的蔬菜,鱼要选用骆马湖或微山湖或运河的鱼。

婚丧嫁娶的宴席中,乡土菜体现了真情。农村酒席中,菜肴大多以实惠为主,因农村酒席,妇女小孩较多,大多是大鱼大肉丸子等。旧时多以每桌八碗为标准,俗称"八大碗"。辣、咸、味重,色红实惠,菜肴中以猪肉、猪耳、猪肝、猪肚、猪心及各地乡土菜较多。下面是1987年沛县胡寨一农村结婚酒席菜单:

冷菜:盐水花生仁、五香蚕豆、凉拌藕、芹菜拌肉丝、糟鱼、菠菜拌猪血、卤鸡杂、芹菜拌虾。

热菜:红烧猪肉、烧羊肉、烧绿豆面丸子、烧藕夹、烧山药、拔丝山药、米粉肉、杂碎汤、糖醋鱼、清汤鸡、荷包蛋、红烧鲤鱼等。

这是一桌在当时条件较好的酒席,对于条件一般的情况来说,菜肴可酌情减少。

从以上可以看出,乡土菜以经济实惠,符合当地口味为主,深受当地人们喜爱。

三、独特烹饪技艺,丰富了乡土菜的品种

徐州乡土菜注重技法,善用蒸菜、地锅、拔丝、熬、炒、煸等技法。

蒸菜是徐州最常见的乡土菜之一,一般选用新鲜的蔬菜,如芹菜叶、莴苣叶、扫帚苗、槐花、榆钱、春不老、萝卜、胡萝卜、茭白、牛蒡等。洗净晾干后,拌以面粉,上笼蒸熟,食时拌以蒜泥、辣椒酱等。炒制也可。

地锅是过去农村省时省事的做法,先已流行于市肆,有些店铺专卖地锅,现已开到南京、北京等地。极受欢迎。方法是把原料加工后放入锅中与调料煸透,加水,锅底烧木材,快出锅时,锅四周贴上面饼,又称"老鳖溜河沿",有饭有菜。过去农村忙时,多选用地锅,省事,原料可荤可素,实用。

扣碗是过去宴席常用的方法,省时省事,许多菜事先准备好,扣在碗中,放入蒸笼,上菜时,拿出反扣盘中即可上桌。如过去的扣蛋糕、扣肘子、扣三鲜、虎皮扣肉、米粉肉、八宝饭、扣扒鸡、扣瓦块鱼等。

徐州乡土菜,量大实惠,重油、重盐、重色。善用葱、姜、蒜、香菜、小茴香等辛辣调味,口味多辛辣。制作上多简洁方便。

四、奇异的食风，增加了徐州乡土菜的魅力

徐州人爱吃蝉、蚕蛹、豆虫、蝎子等奇特食物，甚至水中的杂草、难闻的臭椿豆都当成一种美食。每到夏季，很多人会到树林中去挖蝉蛹，特别是雨后，蝉蛹纷纷往外爬，捉起来很方便。晚上拿着手电筒去树上捉，白天用面筋等去沾蝉猴，捉来后，洗净盐腌，油炸、油煎、干煸均可。酥香味美，且有明目之功效。现大小饭店均有供应，且四季保鲜。蚕蛹是大众化乡土菜，蚕丝厂出售较多，挑洗干净，配以葱姜、大蒜、辣椒炒着吃，或油炸，干香酥脆，地道的乡土美食。豆虫常见于农村的豆地或槐树上，给人一种恶相。但很多人爱食用。把豆虫洗净，或煎或炸或炒，特别是用刀剁碎，与辣椒同炒，用煎饼或烙馍卷着吃，风味尤佳，系高蛋白食品。邳州北部一带较多。

这些奇特食物的食用，反映了当地人的一种猎奇心态。诸如此类的还有很多。如微山湖边水中特有的一种杂草，用于炸丸子，还用于农村的酒席上，杂草粗糙，有水腥味。但处理得当，效果极好。除此之外，还有一些奇异的食风，如喜食麻辣兔头、卤羊耳、羊蹄、狗蹄等。这些奇异的食风，造就了徐州乡土菜奇特的风味，也无形中增加了徐州乡土菜的魅力。

五、不同地域的食俗，大大丰富了徐州乡土菜品种

俗话说"五里不同俗，十里改规矩"，这是徐州市辖六县的真实写照。徐州市辖邳州、新沂、睢宁、铜山、丰县、沛县六个县区，各个县区的乡土菜也有区别。由于风俗习惯不同，因此各地的乡土菜在原料的选用和风味上也有所不同。

沛县人喜食狗肉，源于西汉时期的刘邦。其历史悠久，古代徐州有"狗全宴"，食狗之风犹在，且有过之，"炖地羊""烧狗腿""狗肉汤"等系列乡土菜深受欢迎。特别是喝热粥、吃热烧饼夹热狗肉，已作为沛县早点的一大特色。好多到徐州来的人，都要起早去品尝一下。其主要的代表乡土菜有：鼋汁狗肉、扣焖子、干煸金蝉、焖菜、清炒山芋梗、香酥野鸭、厚子鱼烧粉皮、烙馍芝麻盐、杂草丸子、烧臭鱼、酥藕条、炒笨鸡、清炒菱米、手撕茄子烧鸡。

丰县人喜食羊肉和驴肉。早点有羊肉饨汤、羊肉包。其"羊盘肠""羊芹细""烧羊头""红烧驴大肠""驴肉火锅""烧饼夹驴肉""砂锅驴肉"等是当地地道的乡土菜，极受当地人的欢迎。其主要的代表乡土菜有：香拌驴肝、干煎金蝉、小糟鱼、家乡凉拌藕、藕夹汤、蒸炒牛蒡、扣千子、蜜汁板油、羊芹细、辣椒糊面、煎鸡。

徐州人吃羊肉，有"冬吃三九，夏吃三伏"之说。徐州的"伏羊节"，全国仅有。羊肉系列乡土菜更是不胜枚举。其主要的代表乡土菜有：风鸡、大葱炒臭干、海米苔菜夹、炸臭干、拔丝馍、香椿炒鸡蛋、五香鱼、素火腿、拌五毒、红烧老公鸡、把子肉、韭黄炒肉丝。

徐州东部的邳州、新沂、睢宁的热豆腐也是当地一绝。刚出锅的卤水老豆腐，切成大块，上浇辣椒酱、蒜泥等调味，风味独特，是当地早点不可缺少的小吃，在宴席上多作为菜肴使用。邳州的辣椒是当地著名的品种，体小而尖，辣度强，当地人善于用这种辣椒来做"炒尖椒粉丝""尖

椒炒豆腐""拌五毒""尖椒蘸酱"等乡土菜,辣味浓郁。其主要的代表乡土菜有糖醋苔干、醋白菜、香菜拌粉丝、煎饼小咸鱼、萝卜烧小鱼、粉皮烧兔子、麻辣兔头、鲜盐豆萝卜粉丝、酥金针菜、肉豆子、蜜汁银杏、古邳热锅豆腐、盐饼、鲜盐豆炖豆腐、酿白果、盐豆白菜豆腐、千蹦鸡、盐豆炒鸡蛋、扣鸡蛋糕、鸡椒、闸头鱼、农家菜豆腐、萝卜条炒粉丝、烧杂鱼、鱼豆、韭菜炒粉丝、粉皮鸡、蒸豆渣、韭菜炒煎饼、萝卜糕、萝卜缨炒鸡蛋、双沟十孔藕、苔干拌海蜇、睢宁腊皮、青豆搅瓜、岚山烧鸡、睢宁卷煎、王集香肠、椒盐绿豆饼、鸡蛋炒羊肉、椒泥煎豆腐、绿豆饼炒羊肉、双沟羊杂、酱汁爆拉皮、古邳乌鱼片。

湖边、河边的居民对鱼虾的做法也不同寻常。烧鱼要用当地的湖水或河水来烧,否则就没有这种风味了。

日常主食,丰县和沛县常食烧饼;邳州、新沂人喜食煎饼;徐州(铜山)人喜食烙馍。正是这种不同的习俗,成就了一大批乡土菜肴,大大丰富了徐州乡土菜的品种。

	丰县	56	小葱煎豆腐	112	蜜汁银杏	168	苔干拌海蜇	224	白斩鸡	281	蒸菜系列
1	萧何姜汁藕	57	清炒菱米	113	古邳热锅豆腐	169	睢宁腊皮	225	糖醋排骨	282	大葱炒猪头肉
2	烤青椒	58	胡萝卜托	114	拔丝银杏	170	青豆搅瓜	226	卤猪脸	283	孜然面筋
3	大拌凉粉	59	萝卜条烧粉丝	115	鲜盐豆炖豆腐	171	香椿拌豆腐	227	五香牛肉	284	白菜粉丝烧肉
4	拌香菜	60	煎洋槐花饼	116	酿白果	172	拌土豆丝	228	糖沾虾	285	羊肉豆腐
5	家乡凉拌藕	61	干煸金蝉	117	盐豆白菜豆腐	173	面酱羊肘	229	五香鱼	286	养血豆腐
6	小糟鱼	62	韭菜炒湖虾	118	手勺炒鸡蛋	174	岚山烧鸡	230	素火腿	287	干煸猪肺
7	蒜泥拆骨肉	63	四味辣椒酱	119	盐豆炒鸡蛋	175	睢宁卷煎	231	拌五毒	288	干煸羊血
8	干煎金蝉	64	扣焖子	120	扣鸡蛋糕	176	王集香肠	232	素板鸭	289	鸭血炖豆腐
9	香拌驴肝	65	全家福	121	核桃丸子	177	菠菜炒拉皮	233	炒包菜粉丝	290	毛白菜炖豆腐
10	蒸炒牛蒡	66	烧饼夹肉	122	千蹦鸡	178	拉皮炒肉丝	234	大葱炒臭干	291	烧羊蝎子
11	蒸扫帚菜	67	蒜香狗肉	123	鸡椒	179	酱汁爆拉皮	235	炸臭干	292	麻辣田螺
12	蒸豆角	68	炒笨鸡	124	肉豆子	180	白菜豆腐	236	炒素鸡	293	韭菜炒螺丝
13	面煎辣椒疙瘩	69	鸡丝面鱼	125	素千子	181	椒泥煎豆腐	237	炒绿豆芽	294	卤羊蹄
14	椒盐南瓜花	70	毛豆米烧仔鸡	126	荷花肘子	182	白菜炖豆腐	238	春卷	295	拉皮炒肉丝
15	山芋面鱼	71	手撕茄子烧鸡	127	煎饼小咸鱼	183	鸭血炖豆腐	239	青椒炒鸡蛋	296	大肠豆腐
16	豆渣白菜粉丝	72	扣全鸡	128	萝卜烧小鱼	184	丝瓜豆腐	240	芹菜炒香干	297	炖臭干
17	蜜汁山芋丸	73	烧野鸭	129	尖椒毛豆干靠鱼	185	椒盐绿豆饼	241	韭菜炒鸡蛋	298	砂锅带鱼
18	炒胡萝卜梢	74	香酥野鸭	130	鲜盐豆羊肉炖白菜	186	绿豆饼炒羊肉	242	番茄炒鸡蛋	299	手撕包菜
19	辣椒糊	75	糖醋四孔鲤鱼	131	青椒拆骨肉	187	白菜脑炒绿饼	243	香椿炒鸡蛋	300	烧耦合
20	虎皮鸡蛋	76	干炕咸鱼		**新沂**	188	香炸野菜饼	244	蒜苗炒鸡蛋	301	酱鸡爪
21	面煎鸡	77	红烧鱼尾	132	捆香蹄	189	八宝三水梨	245	菠菜炒鸡蛋	302	灌汤素鸡
22	地锅鸡加饼	78	家常烧咸鱼	133	蒜泥四季豆	190	南瓜托面	246	干煸黄豆芽	303	炒鸡杂
23	瓦块鱼	79	老鳖靠河沿	134	妈妈菜拌豆腐	191	虎皮冬瓜	247	酿茄子	304	酸溜滑肌
24	蜜汁板油	80	厚子鱼烧粉皮	135	雪菜拌豆干	192	吊地瓜	248	干煸菜花	305	泥鳅钻豆腐
25	扣千子	81	奶汁鲫鱼	136	拌萝卜丝	193	家常茄子	249	拔丝馍	306	羊肉面鱼
26	海带冬瓜烧肉	82	红烧鲤鱼	137	腌萝卜缨	194	香酥羊腿	250	八宝甜饭	307	白菜烧羊肉
27	毛头丸子	83	烧臭鱼	138	依山羊水	195	双沟羊杂	251	金丝缠葫芦	308	拉皮烧羊肉
28	羊芹细	84	羹汤	138	萝卜条炒粉丝	196	鸡蛋炒羊肉	252	炒辣子鸡	309	烧羊杂
29	小人参烧羊排	85	萝卜汤	140	韭菜炒粉丝	197	滋补羊脑	253	清汤鸡	310	烧牛杂
30	羊盘肠	86	老蚌羹	141	豆腐丸子	198	孜然羊球	254	香酥鸡	311	红烧龙虾
31	炒羊头肉		**邳州**	142	豆渣丸子	199	鱼子烧羊肉	255	红烧老公鸡	312	地锅系列
32	风羊腿	87	糖醋苔干	143	菜豆子	200	炒和油	256	清蒸鸡	313	酸辣土豆泥
33	胡萝卜烧羊肉	88	醋白菜	144	农家菜豆子	201	苔干扣肉	257	蒜子烧黄花鱼	314	酸辣土豆条
34	烧羊头	89	香菜拌粉丝	145	炸春卷	202	古邳乌鱼片	258	鲫鱼喝饼	315	炒干丝
35	荷香狗肉	90	拌兰花干	146	韭菜炒豆干	203	糖醋黄河鲤	259	烧三丁	316	煎烧豆腐
36	原汁驴肉	91	蒜苗头炒豆扁	147	干炸千子	204	腠鸡山药糕	260	苔菜滑肉	317	瓦块草鱼

(续表)

37	砂锅驴肉	92	苔干拌生仁	148	家常南瓜丝	205	九镜湖鱼头	261	油爆双脆	318	红烧白鲢
38	烧驴大肠	93	炸荷花	149	蒸豆渣	206	香叶豆腐羹	262	韭黄炒肉丝	319	烧鱼泡
39	烧饼夹驴肉	94	鲜盐豆萝卜粉丝	150	白菜卷	**铜山及市区**		263	蒜苔炒肉丝	320	红烧白鱼
40	驴肉火锅	95	酥金针菜	151	萝卜丸子	207	葱拌猪耳	264	炒猪耳	321	鲅鱼粉丝
41	藕夹汤	96	粉皮烧兔子	152	萝卜糕萝卜缨炒鸡蛋	208	卤猪蹄	265	芹菜炒肉丝	322	砂锅小鱼
42	豆腐汤	97	麻辣兔头	153	毛豆尖椒炒鸡蛋	209	皮冻	266	椒子酱	323	雪里红炒肉丝
沛县		98	烧杂烩	154	韭菜炒煎饼	210	凉拌海带丝	267	皮肚杂拌	324	拔丝肥膘
43	鼋汁狗肉	99	盐饼	155	择蒜炒鸡蛋	211	蒜泥黄花菜	268	清炒肚花	325	炒肉皮
44	蒜泥茄子	100	炒豆虫	156	好根炒肉丝	212	拉皮黄瓜	269	红爆腰花	326	炒青番茄
45	蒜泥妈妈菜	101	炸豆虫	157	蛋清蒸肉	213	烧辣椒	270	木须肉	327	海米苔菜夹
46	蒜泥鸡蛋	102	尖椒炒豆渣	158	松肉	214	烧茄子	271	酱爆肉丁	328	烧三鲜
47	焖菜	103	尖椒炒豆腐	159	闸头鱼	215	拌皮肚丝	272	葱爆肉	329	野兔粉丝
48	沛县狗肚	104	尖椒炒粉丝	160	鱼豆	216	拌猪头肉	273	黄豆芽烧肉	330	酸辣鸡蛋汤
49	清炒山芋梗	105	蒜泥黄花菜	161	烧杂鱼	217	拌鸡	274	虎皮扣肉	331	番茄鸡蛋汤
50	炒豆渣	106	拌搅瓜	162	芹菜炒小虾	218	麻汁豆角	275	把子肉	332	紫菜鸡蛋汤
51	豆渣炒萝卜缨	107	萝卜条炒粉丝	163	粉皮鸡	219	香酥小白鱼	276	糖醋里脊	333	萝卜羹
52	洋槐花糊	108	鱼冻	164	羊金刚	220	楂涝藕	277	四喜丸子	334	青菜豆腐汤
53	杂草丸子	109	鱼子冻	165	豆芽歪巴汤	221	洋葱木耳	278	红烧肉	335	酸辣鳝鱼羹
54	烧南瓜花	110	香椿拌素鸡	166	**睢宁**	222	风鸡	279	米粉肉		
55	酥藕条	111	酥山药	167	双沟十孔藕	223	拌腐竹	280	小酥肉		

徐州古今宴席的风味特色

筵席是中国饮食文化中的重要组成部分。从筵席的发展历史来看,它是在古时祭祀的基础上发展起来的。何谓"筵席"? 周礼中说,"筵"就是用芦苇或粗篾编制的周长一丈八尺的铺垫"席"是铺在"筵"上周长八尺的加工精细而别致的垫子。这说明,当初"筵""席"与菜肴是毫不相关的。

在夏代以前,部落内有事,成员们围在一种圆形土屋中共同讨论。有时,大家便在一起进餐,这便是最初的共食方式。夏代末期,出现了"筵"与"席",人们坐在"筵"与"席"上进食,这便是"筵"与"席"同饮食发生联系的开始。

到了商代,历代商王都利用鬼神之说维护自己的统治。根据《礼记》所载:"殷人尊神,率民以事神,先鬼而后礼。"即在祭祀过后,参加祭祀的人便坐在"筵席"上把祭品吃光。这说明,筵席在当时已有雏形。

春秋时,铁器的使用,促进了生产的发展,物质产品的丰富,也使筵席随着发展。周时很时兴"乡饮酒",规定:六十老者坐食,五十者立食。就是说当时的筵席形势逐步形成了。

战国时,王宫筵席的菜量规格是:"天子之食,二十又六;主后之食十又二;上大夫八,下大夫六。"当时一般筵席的菜量有的多至四十五碟。形式上,宫女手捧肴盘绕几一周上菜,进食过程中也出现击鼓或舞剑为乐的情况。此时,筵席形势已基本形成。

唐代是我国封建社会中最繁荣的时期,因此,中国烹饪在唐时有了长足的发展,筵席亦随之发展。不但菜肴丰富了,坐的方式也变了,不再席地而坐,而是坐在椅子上吃饭,但仍是一人一桌。

到了宋代,我国出现了大型方桌,几人共食制普遍出现,筵席场面日趋豪华。《东京梦华录》记载宋朝皇帝的筵席场面:首先听百鸟齐鸣,然后入席。席间有杂技表演、琵琶独奏、摔跤表演等。

明代时,皇上摆筵已有了一定的乐章:入筵时奏《返膳曲》,上菜时奏《进膳曲》,喝汤时奏《进汤曲》,并有规定的唱词。民间酒馆则以江湖卖唱、歌伎、舞技伴唱而饮。席间也有行酒令、抽签牌、击鼓传花等娱乐形式。

徐州烹饪历史悠久，筵席品种繁多、规格有别、上菜程序有规。一般是"先凉后热，先咸后甜，先贵后贱（原料），先酒菜后饭菜；配制取料全面、烹调方法多样；口味荤素甜咸有别，色形红白各异"。

席是饮食文化的一个重要组成部分，从筵席的规格和组成可反映一个地方的文化和经济的发展，也能窥视其地方食俗的一般规律。徐州的筵席古今很多，很多地方资料均有记载，从这些筵席的规格、形式可以窥见徐州古代饮食的发展状况和当时社会经济的发展状况。

龙凤宴：徐州古典宴席"龙凤宴"相传是两千一百年前西楚霸王项羽定都彭城举行"开国大典"时，由虞姬娘娘亲自设置的。此宴按秩序先二十六个冷菜，分左右摆成双眼形，左边中心为一龙，右边中心为一凤，龙凤均以原料拼摆造型而成，形态生动逼真。周围各七个圆形平盘，每盘菜顶用红色原料刻以篆文，左边为"龙腾虎啸穿原秀"，右边是"凤舞鸾啼甲弟新"。接着上八个大件，菜顶也用原料刻有"寿命于天既寿永昌"。每大件还跟两个小碗，最后上四个座菜，四个饭菜，总计四十八道。"龙凤宴"是徐州千百年来传统大型宴席，主要用于隆重集会，不仅是豪门世家礼仪常用的筵席，也是古代筵席中较为系统的筵席。"龙凤宴"取料严格，限于鳞羽两族动物，没有蔬菜，高贵典雅，是终日筵席，共分六组、四撤桌，计四十八品。

凤鸣宴：源于丰邑古城（徐州丰县）。据《同治丰县志》载，当年曾有"凤凰飞落城楼"，长鸣三声，巽向（东南）而去，故此得名。

众所周知，"龙"与"凤"在我国古代神话传说中占有崇高地位，乃古代氏族图腾的标志。相传龙为九种动物的合身，凤亦如此。《山海经》等古籍中说：凤凰的前部像鸿雁，后部像麒麟，脖颈像蛇，体形像龟，颌像燕子，尾像鱼，嘴像鸡，花纹像龙。凤凰即凤鸟又称五色雀，其毛呈五色得名。依照古代阴阳五行学说，各个方位均有代表性颜色，即东方青、南方红、西方白、北方黑、中位黄色。凤凰羽毛五色，实为五彩雉。这种雉属鸟，饮食有则，出入有时。俗谓"凤落宝地，鸣于吉兆"。丰县于1990年12月18日举行"汉皇祖陵"（刘邦祖父刘清墓）陈列馆奠基典礼时，有一对酷似凤凰的五色雀飞落墓前梧桐树上，长鸣不已，群众视为国泰民安的吉祥之兆，一时传为美谈。

"凤鸣宴"与鹿鸣宴、鹤鸣宴齐名，取料于地方名产，兼以精工烹调，充分发挥地方名厨擅长的烹饪技艺，既遵循古法，又做适应现代饮食风尚的改进，更为精致完善。

"凤鸣宴"先以酸辣开胃，后以甜酸羹更换口味。其中，冷菜主拼凤鸣塔，配有花色围碟。热菜有地方传统名吃"鱼汁羊肉"、"烹四孔鲤鱼"、吕雉制作的"牝鸡抱蛋"、刘邦吃过的"撷羹"等计24个品种，别具一格。

天花宴、菊花宴："天花宴"和"菊花宴"起源于徐州元代慈航元菜馆，是徐州素筵中的代表。"天花宴"取意于元朝高僧神光法师于金陵说法的佛教神话。此宴先开始居中上一大型冷拼盘，象征天上尊者如来，周围摆上十个冷盘，象征十大护法金刚，接着陆续上六个大件，四个小碗，四个座菜，最后上一品锅，又名一品慈粥，总共二十六道菜，此宴原料均取用于植物性原料中的高档原料。"天花宴"取意于六朝梁五帝时高僧云光法师讲经时,感动上天,天花纷纷乱坠。据史料记载,"天花宴"是从元代徐州"慈航园"素菜馆流传下来的,菜名均有佛意,属徐州释家菜主要筵席之一。"菊花宴"取意于一年二十四个节气和人生的大中小三个不同时期。此筵有八个冷盘、八个大件、八个小碗,共计二十四道菜,故又称"三八宴"。二十四道菜对应一年二十四个节气,"三"对应人生的大中小三个不同时期,"八"对应人生中的称讥荣辱苦乐成败。

太极宴:徐州地区曾是中国烹饪祖师彭祖的封地(大彭氏国),又是道教创始人张天师(道陵)的故乡,早年道教盛行,道观众多。徐州素有"七十二庵、八大寺、五楼、二观"之称,清末民初徐州尚有真武观、灵霄观及彭祖楼、霸王楼、魁星楼、燕子楼、黄楼等名胜古迹,皆有道士修炼或成为佛、道两教活动之场地。因而道家菜在徐州有着丰厚的积淀,并形成系列。只是近几年来由于各种原因所致,道教有所衰落,年代久远的道家菜系的名馔菜谱竟成为秘册奥闻,不再为世人所熟知。

儒、道、释三家的哲学观与饮食文化各有所向。儒家是"入世派",其饮食特点以取料高贵为特征,菜点命名则冠以"一品""乘龙""及第""福寿"等;释家是"出世派",有食素的习尚,即使也有食荤的一派,在原料名称上亦有所避讳,如谓鱼为"水棱花"、鸡为"钻篱菜"、猪为"拱地食"、鱼为"如意"、鸡为"晨钟"等。释家饮食称谓多有宗教色彩,如酒称"般若汤"、饮料为"甘露水"、点心为"开花佛"等,菜名多冠以"金钵""成果""生莲""归根"等。道家人生哲学既不同于入世派,又不同于出世派……因之,道家饮食与释家同样有两派:一是食素,二是食荤。道家食荤派别之饮食,讲采药炼丹之法,求长生养身之道,为此,他们把药物与饮食同食,故称"药膳",即今天之流传于徐州一带的麋角鸡、云母羹、水晶饼、五味鸡、养心鸭子、独头蒜烧牛肉、薏米鲫鱼、大葱扒野鸭、银杏鸡羹、茶香蛋等物。

道家的素食,又称"斋食",与释家的习惯相反,道家惯以素菜托荤名。佛家以慈善、讲因果、戒杀生等为教规,食素者居多,荤菜亦避讳而托以素名。道家素食派亦禁食"五荤三厌"。所谓"五荤"指"蒜、韭、薤、芸台(又称胡菜,芸蒿,有辛香味)、胡荽(即芫荽,又称香菜)"等五种有昏神烈味的蔬菜;"三厌"指天上飞的、地上跑的、水里游的动物。道家称之曰"荤",乃草字头下面是军字,意谓此类食物性烈,辛臭散气,能损人之元气,煎炒油腻的食物,不易消化,故属禁忌。道家素食原料的豆腐、面筋、竹笋、菌类(木耳、蘑菇、莪、蕈等)、青菜等为主,然而却冠以荤名。如水晶鸡(用腐竹、琼脂为原料)、五香鱼(水面筋为主料)、四方肉(面筋、嫩豆腐、腐皮、青菜)等。道家筵席有"三八托荤宴""太极宴""三五宴""八仙宴""四四宴"等五大类别,其中尤以"太极宴"享有盛名。

道家"太极宴"有"托荤"及"药膳"两种。据老厨师们说,同治末年有六十几代张天师,自江西龙虎山到北京,为同治皇帝的丧礼主持道场。这位张天师途经徐州时,到丰县祖陵去祭祖,徐州道家厨师刘勤膳,为他制作了"太极宴",受到这位张天师的赞赏。太极宴经同行口传心授,流传下来。徐州近代知名文人、美食家文兰若先生将其收入《大彭烹事录》一书中。

"太极"是道家惯用的术语,属于阴阳学说的最高范围,有总领万物之意。《周易·系辞》说

"易有太极,是生两仪,两仪生四象,四象生八卦",因而"太极宴"的菜名、布局、上菜程序均与五行八卦有密切关系,体现出道家饮食文化的鲜明色彩。如太极宴的主菜,首为太极图拼盘,终为浑沌羹从菜,可谓"两仪",而"太极"与"混沌",又实为一体。太极图拼盘,以琼脂(白色)、楂糕(红色)、冷调发菜(青色)、素肉松(黄白色)为原料,用太极图模具装盘,其阴阳两部分颜色判然分明,又分别衬上樱桃、青豆做"眼",构成图形逼真的太极图。混沌羹则以香菇丁(褐色)、薏苡米(白色)、枸杞子(红色)、腐竹丁(黄色)、青豆(青色)为原料,调料有胡椒、食盐、姜汁、黄醋、白糖、豆芽汁、香油、甜酒等,红、黄、青、白、褐五色斑斓,酸、甜、苦、辣、咸五味俱全,兼容并蓄,浑然一体。随太极图拼盘的第一组冷菜有围碟五品,则是胭脂肉(色红、丙丁火)、菜松(色青、甲乙木)、五香鱼(色黄、戊己土)、香肠(色褐、壬癸水)、水晶鸡(色白、庚辛金)等,各按方位摆布。太极宴共有八道大菜(八卦),而混沌羹上时有坐菜四件(四象),在前则有点心四种,在后则有水果四种,主食有五粮饭、鸡丝卷子两种。菜分五组,共计二十五个品种,在体现阴阳无行的文化思想、太极思想和太极八卦的道家观念上,有充分的代表性,表现了道家的特色。"太极宴"以"太极图"拼盘起,以"混沌羹"汤菜终,包含着道家文化的深长含意。

太虚宴(五行宴):"太虚宴"属于道家风味宴席,徐州过去《菜馆业公会》就记有此宴。五个冷菜为圆形平顶,分别为白、青、黑、红、黄五种颜色,用原料刻"金木水火土"分摆五个盘中。当时的具体菜单是:

冷菜:胭脂野鸭(红色、火)、五香鱼脯(黄色、土)、卤鹅(白色、金)、酱牛肉(黑色、水)、拌荠菜(青色、木)。

大件:阴阳鱼、太虚丸子、油炼鹌鹑、六合野鸭、无极山药泥、八卦烩、混沌羹、花藕肉。

主食:三菽饭、五谷粥。

洞房宴:洞房宴也称送房宴,民间风俗,在新婚入洞房时,不可缺少送房宴。入洞房前摆上送房宴,要有人配送,开唱送房歌,"请新人、观新人、十杯酒"等,新婚夫妇入座,四面六人相陪,一人唱送房歌,其余喊好,富有戏弄词语,闹一些笑话,而后送入洞房。

据传徐州某代楚王孙迎娶江南新妇,夫妇颇有文采,在送房时,端上一鸳鸯丸子,送房人以此菜为题,要求新婚夫妇一题一合,并要以相伴、团圆、二口、首尾字同为内容,新郎出题曰:"圆字有两口,一里一外,有宝贝在内,终身团圆。"新娘立即答曰:"侣字有两口,一上一下,有立人在旁,一生伴侣。"对仗工整,堪称绝联。

鸳鸯丸子为送房宴中的一道主菜,是否还有先例或约定成俗,无以可考。徐州上世纪三四十年代,豪绅富家,平民人家,婚礼仍有此俗。送房宴是五个果碟、五个中碗,五个小碗。五个中碗是红烧鸡、红烧绿丸子、一品蛋、百合羹、烧鱼,碗都摆有红顶(较为讲究的还要刻上"福、禄、寿、喜、财"五字),先上五果碟——五中碗,间隔上一小碗,谓之带子上朝——或后齐上五个小碗,谓之五子登科——最后每人一小碗莲子汤。一谓吉利,二谓团圆,三谓官高一品,四谓百年好合,五谓吉庆有余。

大十样:大十样是婚丧嫁娶中的普通筵席,是以"八个冷菜""十道热菜"而得名。上菜程序:

先摆八个冷盘，配上一个大件，次上两个小件，此种上菜程序谓之代子上朝。其历史悠久，流传至今。

水十样：水十样与大十样的规格相同。其不同的地方，冷菜是用碟子，大件是用三红碗，四坐菜用四小碗与大十样相同，四小件用青花瓷碗。所谓水十样，大碗、小碗均无海味，原料品种较低，是用于白事的低级筵席。

八盘五簋宴：春秋五霸之一的齐桓公，大会诸侯以居天下。在会各路诸侯的筵席就是"八盘五簋"筵席，"八盘五簋"筵席原是徐州传统筵席。现徐州各市县仍沿用至今，其特点是丰盛简单、实惠大方。

五福面席：五福面席主要是用于老年人做寿，中年人过生日，小孩吃喜面。此筵是徐州晋阳风味同园面食馆，根据山西晋阳风味面席而改进的，以五个大件谓之五福，故名。

三揖宴：也称三揖宴、"大三揖"（揖是旧时的拱手礼），"滴"是"揖"的谐音，有"大三滴、中三滴、小三滴"之分，大、中、小之分是按器皿的大小来区分的。

"三揖宴"是旧时官场和民间宴宾的简化筵席，谓之便饭。旧时宾主在筵席上，每上一道菜都要拱手相让（意思是请用），再一起动筷食用，礼节过于烦琐。为此，一般把十二道菜（四盘、四炒、四碗）改为分三次上完，宾主只需三次拱手相邀，而无须每道菜都拱手，故称三揖宴。

五吉宴："五吉宴"和"十全宴"是徐州古代寿筵的一种高档的和普通的寿筵。自明代以来在徐州广泛流传。此筵共有二十五道冷菜，五个大件，五个中件，五个小件，五个坐菜，五个饭菜，共有五十个菜，外加五个小点心，五撤桌，以五吉为名，是寓意福禄寿喜财，其规格之高实属罕见。其中五个大件"燕窝、熊掌、烤方肋或明炉烤鸡、清烧干贝、蜜汁莲子"。

十全宴：又称"三十全"，一般是十个冷菜，十个大件，十个小碗（包括饭菜），原料一般是鱼皮、海参、鸭、鱼、银杏莲子等。

狗全宴：所谓狗全宴，是以狗身各部分为原料而制作的筵席。狗肉制作自古是徐州独有的品牌，闻名全国的鼋汁狗肉。众所周知，古时徐州一带有饲养食用犬之风，因此徐州先辈厨人都在狗肉上下功夫，不仅鼋汁狗肉闻名遐迩，而且狗全席也享誉全国。由于新中国成立以来无人过问，老厨师相继过世，这项名牌筵席也被湮没。现根据一些在世老厨师回忆，考证有关资料，加以整理。

狗全宴的特点是以狗身各部位为原料，根据不同部位的肉质特点，采用不同的烹调方法烹制而成的筵席，菜肴冠名采用象征吉祥的称谓，具体如下：

八冷盘（四荤盘、四时蔬）：日月灯、采听门、红花朵、品香官。

八大件：跨南山（前膀）、七宝全（头）、登北峰（后胯）、五关通（脖子）、四柱顶天（前、后腿）、贯通南北（通脊）、坐地锦（臀部）、双门会（两肋）。

四小件：烹宝库（肚子）、炸气囊（肺）、烧万里（爪蹄）、炮独香（尾）、一品锅带四个素菜碟。

主食：两道。

云龙草堂宴：

按:此文系当年彭祖文化研究会会长、徐州师大中文系副教授张士魁、国家荣誉特一级烹调师胡德荣与云龙山管理处郑新华书记共同商议撰写的。

自熙宁十年(1077)至元丰二年(1079),苏轼于"徐州军州事"任三沐风而再度秋色。凡诗坛挚友相约,或书苑相知造访,苏轼无不盛情相邀且以礼相待。以致淮海居士秦少游由衷而发"我独不愿万户侯,惟愿一识苏徐州"的感慨。须知,"徐州雄伟非人力,世有高名檀区域"(《淮海集》)呀!

苏轼徐州待友处,以云龙山黄茅岗为多。其中最突出的便是"张山人花草堂"。山人名天骥,是位"脱身声利中,道德自濯洗"者。故公之来,非"折花馈笋"即"法筵斋钵",常"斗酒自劳"。是"草堂"宴染道家色彩,故肴馔多为"托荤"件。

验之苏轼徐州诗作,清淡飘鲜,素雅可闻,"披美玉山果,粲为金盘实""子有千瓶酒,我有万株菊""碎点青蒿凉饼滑""一杯汤饼泼油葱""老楮忽生黄耳菌,故人兼致白芽姜""葵心、菊脑"皆成膳,"菌陈、竹萌"尽入撰。以致杭州灵隐寺高僧参寥法师"萧然放箸东南去,又入春山笋蕨乡"(《与参寥师行原中得黄耳菌》)。东吴"斋馔"启迪于知徐州的苏轼,那是清清楚楚,文献佐证的!

此宴由"徐州彭祖文化研究会"所隶"烹饪研究委员会"为"虚白斋"专门策划,由国家荣誉特一级烹饪胡德荣先生领衔,国家特一级面点师李鸿旭及国家特三级烹饪师薛胜利担纲制作。适逢"中国第十一届苏轼学术研讨会"于徐州举办,敢竭鄙诚,恭迎海内外知己并以慰先贤。

1999年10月28日,中国第十一届苏轼学术研讨会在徐州举行。此会由中国苏轼学会与徐州市政府主办。根据上级领导指示精神与我市苏轼饮食文化研究成果,徐州市彭祖文化研究会所辖烹饪研究委员会,由胡德荣先生主持,认真研究,集体论证,最终隆重推出托荤历史文化名宴——"云龙草堂宴"。菜单如下:

冷盘7碟:(一主拼,六圆碟)

秋菊紫蟹(主拼)、黄茅青蒿、香糟竹萌、葵心菊脑、糖醋排骨、炸三丝卷、无关仔鸡。

热菜8件:

古彭五千年(红焖乌龟)、文台品肠(红烧大肠)、龙井春韵(回赠雀舌牙)、禹贡烩鱼(虚白烩鱼)、辣子肉酱(徐方椒酱)、桂酪银杏、清炒鱼片、托荤肉松。

汤羹1道:莼菜羹。

面点2道:笋饼、蕈馒头。

睢宁风味——金谷宴:

东晋时期,古邳(今睢宁)出了一位当代首富石崇子,他所居住的金谷花园,豪宅成片,一派繁华,成为睢宁最为热闹的商业、饮食与娱乐中心。此后,有名厨以"金谷宴"为名,设计、推出了一代名宴——"金谷宴",其主要特色即为睢宁传统风味。今日,睢宁当代名厨刘勇先生及其助手,在前人的基础上将传统睢宁风味加以创新、提高,使"金谷宴"更加丰富、成熟,更受当代徐州消费者的喜爱。目前,位于徐州淮塔东门的鸵鸟大酒店专营此宴,并有鸵鸟系列特色菜面市，是专营睢宁风味的徐州著名风味酒店之一。菜谱如下：

凉菜8道：

王集香肠、五香扒鸡、香椿豆腐、卷筒腊皮、金谷河虾、蒜泥肚丁、红油百叶、葱油绞瓜。

炒菜4道：

腊皮肉丝、葱爆睢宁豆腐、南瓜托面、干煸绿豆饼。

大菜6道：

板栗小鸡、银鱼鸵蛋、白门楼牛肉、山药糕、锅仔鸵排、杞桥长鱼。

主食：菜煎饼、大酥饼。

汤羹：玉米羹、萝卜粉丝汤。

点心、水果：各2道。

徐州筵席品种繁多，如菩提宴、四四药膳鸡宴、六六药膳鸡宴、彭祖养生宴、彭祖百寿宴、沛公宴、高祖宴、素八珍、三八托荤宴、三五宴、八仙宴、四四宴、海参席、三汤五割宴、五菜平头宴等。近年来又开发了一些新的筵席，如彭祖营卫宴、鸿门宴、东坡宴。我们要挖掘和整理古代筵席，不断改进和开发新的品种，不断丰富新内容，以使徐州筵席更加发扬光大。

胡德荣与道家名馔"太极宴"

中国道家哲学源于老子。东汉顺帝（125—144年在位）时，沛国丰（今徐州市丰县）人张道陵倡导"五斗米道"，为我国道教定型之始。"道教"一名最早见于东汉末年张鲁托名所撰秘典《老子想尔注》一书。道教奉老子为教祖，尊称为"太上老君"，以《老子五千文》《正一经》《太平洞极经》为主要经典，且有源于古代巫术的一整套教规、教条、仪式、机构等，道教遂成为产生于中国本土的一种宗教，在东亚及南洋各国有着广泛的影响，于今已走向世界，在五大洲许多国家都有道坛（庙）、道徒及热心了解和研究道教文化的学术团体和学者。在我国两千多年来的漫长历史中，道教与儒、释鼎足而立，并称"三教"。道教贯穿古今，源远流长，其饮食理论与菜点制作也独具一格，久已形成体系，成为中华饮食文化的重要成分。

我国是世界上最早重视养生与食疗的国家。早在《周礼》中就规定宫廷中设置食医机构，食医比疾医、疡医、兽医的地位都高，专门从事研究饮食营养烹饪。食医配置膳食，多用养生之物，将饮食滋养与药物医疗并举，为养生服务。战国名医扁鹊曾说："君子有疾，期先命食以疗之，食疗不愈然后命药。"这种理论从《神农本草》、《黄帝内经》到《老子食禁经》一脉相承。战国时代成书的《山海经》中，提出二十多种既可食用又可药用的食物，说明古人对食医的重要作用早有充分的认识。

道教创始人张道陵，不仅崇奉老子，而且尊彭祖为神仙，效法其吐纳新导引之术与烹饪之道。据《列仙传》说："彭祖善食用麋角（鹿茸）、水晶、云母粉，常有少容。"彭祖（篯铿）首创"雉（野鸡）羹"以奉飨帝尧的典故已载入屈原《天问》等典籍，因之厨师尊彭祖为祖师爷，道家的药膳可谓源于彭祖。

徐州地区曾是中国烹饪祖师彭祖的封地（大彭氏国），又是道教创始人张天师（道陵）的故乡，早年道教盛行，道观众多。徐州素有"七十二庵、八大寺、五楼、二观"之称，清末民初徐州尚有真武观、灵霄观及彭祖楼、霸王楼、魁星楼、燕子楼、黄楼等名胜古迹，皆有道士修炼或成为佛、道两教活动之场地。因而道家菜在徐州有着深厚的积淀，并形成系列。只是近几年来由于各种原因所致，道教有所衰落，年代久远的道家菜系的名馔菜谱竟成为秘册奥闻，不再为世人所熟知。近年来，徐州市特一级厨师、著名大烹胡德荣先生经过不断的发挥研究，已经推出包括"太极宴"在内的道家筵席、菜系，引起很大反响。

胡德荣先生年逾古稀，自幼读诗书，熟悉《道德经》《金刚经》等宗教经典。他15岁入国画大师李可染之父李会春先生经营的徐州宴春园饭庄学厨，而不废诗文，对诗词、医道、史籍及名人笔记有广泛涉猎，学养深厚，烹饪技术精湛。胡德荣先生是中国烹饪协会会员，中国《金瓶梅》学会会员、江苏《美食》杂志顾问，最近又担任了中国鹿邑老子学会道家饮食文化研究委员会主任，为挖掘整理《金瓶梅》菜系及道家菜系，均做出了重要贡献，科学成果斐然，全国不少报刊曾予以报道。

胡德荣先生认为老子对烹饪之道深有研究，不仅有《老子食禁经》的饮食专著见诸《中国烹饪史》（陶文台著），而且在《道德经》中亦有反映。此书第六十章云"治大国若烹小鲜"，历代注释家多谓"小鲜"指"小鱼"，而胡先生认为"小鲜"当指"素菜"，他引证厨师谚语"小鲜难理大鲜易，山珍海错倚鸡豚"为证。"大鲜"为鸡鱼肉蛋，本味醇厚，易于烹制，而蔬菜等植物性原料，对烹饪技术的要求更高，必须掌握火候，精心烹调，才能恰到好处。老子主张"道法自然""以正治国"，恰与做素菜的原理相同。烹调素菜必须依照其柔脆鲜嫩的自然本性，以正道善于治之法，方可得之。

所谓"五味乱口，使口爽伤"（《淮南子·精神训》）。老子认为五味重则伤身，轻则益体。唐代孙思邈《千金方·养性篇》中说："五味不欲偏多，故酸多伤脾，苦多伤肺，咸多伤心，甘多伤肾。"从阴阳角度来说，辛甘发散为阳，另外淡味也属阳；酸苦为阴，另外咸味也属阴。在进食时如阳不足，可多吃阳性的饮食，阴不足则应多吃些阴性食物。根据性味归经来选择食物时，应注意阴阳要协调平衡。在调配食物时，不能过于阴凝腻滞，应于养阴食物中加些阳性的调味品如花椒、茴香、生姜之类，来纠正滋腻太过的偏弊；也不应过于辛热助火，应在温热食物中加些蔬菜及多吃水果来克服上火的缺点。老子认为饮食不当，不仅不能养生，反而伤生。老子崇尚清淡，反对浓浊肥腻。《吕氏春秋·本生篇》也提到"味不众珍"，只要做到"适味充虚"即可，不要贪嗜口欲，饮食无度，这种观点体现了老子的饮食观。古人所说的"众珍"，也就是现代所称高脂肪、高热量的饮食。这和现代医学主张控制动物脂肪及高胆固醇饮食和摄入如出一辙，也符合厨行所云"五味平和本味出"的烹饪原理。老子是主张素食为尚的饮食家，道家素食乃源于此。

"太极"是道家惯用的术语，属于阴阳学说的最高范围，有总领万物之意。《周易·大传》以太极为世界本原，太极是天地浑沌未分之前的统一体。在原始文化中，"太极图"不仅中国有，其他古老文化中也有。印度、伊拉克等地考古发现中也见到太极图。有人认为"太极"是雷纹，黄土高原的草原民族在严酷的自然条件下，生活在空旷深厚的黄土地带，对雷雨闪电怀有恐惧神秘感，而以太极图雷纹加以崇拜；也有的认为太极图是陶瓷捏制过程中受到手指螺纹的启发而形成；也有的认为是蛇的身形。总之，这是一种带有图腾意味的古老图形，反映上古先民的哲学与宗教观念。太极宴以"太极图"拼盘起，以"浑沌羹"汤菜终，包含着道家文化的深长含意。

在胡德荣先生指导下,徐州饭店特二级厨师刘金明、白云宾馆特二级厨师卢志祥、高等学校烹饪专业毕业的高校教师钱峰担任了道家太极宴的研究小组正副组长。1992年元月11日由新华社、《人民日报》、《光明日报》、《经济日报》、《工人日报》、《中国青年报》、《中国摄影》、《大众摄影》等十二家新闻单位组成的记者团到达徐州时,专门到徐州饭店品赏鉴定了道家筵席太极宴。记者们纷纷拍照、采访,对独具特色的太极宴筵席赞不绝口,评价甚高。他们认为胡德荣先生和道家菜研究小组的七八位厨师做了一件很有意义的事,对发掘中华饮食文化和道家文化的宝贵遗产做出了重要的贡献。

当代研究老子和道家文化蔚然成为热潮,这不仅对继承中华民族优秀文化传统,挖掘中华民族长期积累的文化遗产有影响,而且对于促进东西方文化互补交融具有深远意义。当代学者正在突破东西方界限,共同努力去寻求人类智慧亘古长存的精神财富和文化积累,共同努力去寻求世界各民族一切真、善、美的东西。我们从这一角度去研究老子、研究道家文化,包括道家菜系、筵席,对于弘扬道家文化,传播道家文化,就更有现实意义与历史意义了。这一研究工作方兴未艾,其前景将是无比辉煌灿烂的。

徐州面食的饮食风味特色

一、徐州面点概况

面点在我国人民饮食生活中占据十分重要的地位,它包括"面食"和"点心"。"面食"主要指日常生活中的主食;"点心"则是从面食中衍生出来的一种精细的品种。在中国自古就有"南米北面"的说法。北方是面食消费的主要地区,品种繁多,地域区别较大,从而形成了独特的中国面点文化。面点文化是中国饮食文化的重要组成部分。中国饮食文化是人们在烹饪加工而成的饮食的过程中,形成的观念、习俗、礼仪、规范,以及反映这些方面积淀的饮食文化遗产,其包括范围很广。因此,面

点文化具有饮食文化的特征。它既渗透于菜肴文化,又丰富了小吃文化,还与原料、土特产、风俗习惯、食俗、器具、礼仪等休戚相关。

早在尧舜时期,彭祖捉雉配稷制羹,献于尧帝,说明早在4000多年前,徐州人民就有种植稷米的经验。稷米,也叫粢米、穄米、糜子米,源于中国北方。史前已有栽培,殷商时期已是人们的主食,在古时人民生活中占有重要地位。在邳州5000年前的梁王城遗址中,出土了大量的稷、豆等农作物,甚至还有黑陶高柄杯这种酒器,说明当时已有酿酒,而酿酒则需要粮食。

徐州面点存在的形式主要有早点类、中晚餐主食类、宴席点心类、糕点食品类、小吃类、消夜类及饭菜兼用类。

徐州面点的加工工艺主要有包、捏、擀、切、抻、撕、摊等;成熟方法主要有烙、烤、蒸、炸、煎、煮、烩等方法。

徐州面点的面团主要有发酵面团、油酥面团、水调面团(包括冷水面团、温水面团、烫面)。

徐州面点原料多以小麦面粉为主,兼及米粉、山芋粉、大麦粉、黄豆粉、绿豆粉、玉米粉、高粱粉等。

二、徐州面点文化的特征

徐州地区下辖邳州市、新沂市、睢宁县、丰县、沛县及徐州市区，整体地界与鲁南接壤较多，面点文化与鲁南、豫西、皖北既相互融合，又各具特色，主要体现在以下几个方面。

1. 以麦粉为主，取料广泛

徐州地区农作物主要是小麦和水稻，兼及其他，因此，徐州面食主要以小麦粉为主。小麦面粉用途极广，不论是水调面团，还是油酥面团及发酵面团，基本都是以小麦粉为主要原料。除此以外，米粉、玉米粉、豆粉、山芋粉等各种杂粮粉类用得也较多。如玉米面窝头、龟打、玉米煎饼、绿豆面条、杂粮面条、米线、元宵、年糕等，这些丰富的粉质原料，为徐州面点的加工和制作提供了丰富的物质保障。

2. 制作讲究，成熟方法多样

徐州面食制作讲究，技法多样，充分体现了面点的制作工艺。如烩面，要大锅煮、小锅烩，徐州状馍要用杠子压面，面条面要硬，饺子面要软等，十分注重制作工艺。在成熟技法上，变化多端。如炸，有炸油条、炸菜角、炸糖糕等；蒸，有蒸包子、蒸饺、蒸花卷等；煎，有煎包、煎饺、煎面糊饼等；煮，有煮饺子、煮面条、煮面叶等；炒，有炒面、炒年糕、炒米粉等；烙，有烙馍、烙煎饼、烙状馍等；烤，有烤酥饼、烤烧饼等。除此以外，还有半煎半烤的火烧；饭菜相宜的地锅贴饼；各种拌制的冷面、蛙鱼、凉皮等；食品糕点中还有蜜汁、挂霜、琉璃、烘焙等。

3. 口味变化多端，兼顾南北风味

徐州面点注重口味，不仅讲究面点馅心口味的调制，还十分讲究各种面食的附加口味。徐州面点的馅心，原料丰富，荤素搭配，口味多样，咸甜香辣均可。喜欢使用一些葱姜、芹菜、香菜、茴香菜等辛辣味重的原料。日常面食，喜欢添加一些馅心或调味品，如葱椒泥、椒盐、芝麻盐等，以增加其口味。如烧饼，制作时喜欢放一些葱花油盐，烤制时撒一些芝麻。做花卷喜欢上抹油、放葱花或椒盐或辣酱。酥饼也是如此，或咸或甜，油酥饼喜欢加些咸菜、辣酱。烙煎饼喜欢上放鸡蛋、蔬菜等。

4. 品种繁多，各具特色

徐州面点，品种繁多，从日常主食、小吃到筵席点心、日常糕点等，达几十种之多。仅烧饼就有吊饼、朝牌、龟打、反手烧饼、牛舌烧饼、锅贴烧饼、油酥烧饼等；馒头有圆形馒头、高庄馒头、刀切馒头、机器馒头等；花卷有椒盐花卷、油盐花卷、芝麻盐花卷、辣酱花卷等。具体来看主要有：早点类：蒸包、煎包、蒸饺、豆腐卷、萝卜卷、糖糕、麻团、菜角、锅贴饺、八股油条等；主食类：面条、烩面、水饺、馒头、花卷、煎饼、烧饼（反手烧饼、吊烧饼、朝牌）、烙馍、状馍、馄饨等；菜肴类：春卷、炒辣椒疙瘩、香菜拌馓子、地锅、面鱼、面疙瘩汤等；小吃类：渣涝煎包、豆腐卷、萝卜卷、烧饼卷狗肉、锅贴饺、葱油饼、镜面火烧、油旋子、菜角、麻团、菜煎饼、塌烙馍、菜盒子、麻花、煎饼卷小鱼、蛙鱼等；点心类：蝴蝶卷、小笼包、窝窝、春卷、元宵、酥饼等；糕点类：羊角蜜、蜂糕、芙蓉、京果棒、蜜三刀、糖豆等。

5.饭菜结合,讲究实用

徐州面食许多品种与菜肴相互搭配,既饭又菜,经济实惠,方便食用,节约时间,营养搭配合理。如独具一格的地锅,中间为菜,四周为饼,饼菜结合,菜借饼香,饼借菜味,软滑与干香并存,食之有味;再如面鱼,将面和稠状,用筷子拨成小鱼形,放入菜中或汤中,有菜有饭,干稀结合,别具一格;再如流行于丰沛县的热烧饼夹热狗肉,类似于肉夹馍,是当地的一大特色。除此以外,还有菜煎饼、韭菜盒、辣椒疙瘩等,经济实惠。同时,还使用面食做原料来制作菜肴,如将烙馍切成丝,经油炸酥脆再炒制后,用烙馍卷着食用,俗称"烙馍卷烙馍",软酥松香,风味独特。其他的还有干煸窝头、粽子烧排骨、香菜拌馓子、拔丝馒头等。

6.遵循风俗习惯,地方风味浓郁

徐州民俗中的饮食习俗,是人们在长期生活中自然形成的一种饮食习惯,带有祝福、吉祥、美好祝愿之意。全国各地饮食习俗差异很大,即使徐州辖区有些地方都有差异。徐州西部以烙馍、龟打、窝头、花卷等面食为主,北部临近山东的乡镇和整个徐州东部,主食则以煎饼(以原粮磨成糊状,摊在鏊子上烙成)、烙馍为主。

"迎客饺子送客面",就是说客人来到要包饺子以示重视欢迎。过去因为只有过年时才吃饺子,送客人走要吃面条,以示以后常来常往。新婚三天,新人回门,必带礼品两样,两只大寿糕、二斤糖糕,送给父母,祝他们长寿、甜蜜、幸福。送粥米,娘家的亲朋好友要备上红糖、挂面、油炸馓子、米花等食物及衣物等用品。吃喜面要喝红糖茶泡馓子,红糖表示喜庆,馓子谐音"散子",意多得贵子,吃长寿面要卧两个鸡蛋。春节从腊月二十五后,要准备油炸麻叶(面粉擀成长方形,中间切一刀,翻卷,有甜咸两种),油炸果(特制的山芋片),炸丸子,蒸年馍(实心和带馅两种,形状奇特);元宵节要蒸"面灯",用面做成莲花状或其他形状蒸熟,里面倒上油,用棉花做捻子,点着后小孩子手里拿着玩,油尽灯灭,靠火处已被烤成焦黄色,表皮酥脆,里面松软可口,可以当点心食用;二月二,家家炸糖豆,面粉加糖和成面团,切粒状油炸;端午节吃粽子,徐州有些地方兴五月初七吃粽子;中秋节,家家户户喜欢蒸月饼。蒸月饼有两种较具特色,一种为肖像月饼,如小白兔、刺猬、龙等,一种为"千层月饼",视蒸笼大小和家庭人数而定,有多少人做多少层,全家一起品尝,寓意"团圆"。徐州的庙会很多,也是面点、小吃集中的日子,这时候,各类面食小吃竞相登场,品种繁多。

7.顺应时令季节,追求养生

徐州人民在长期的生活中,养成了独特的饮食习俗。在这些习俗中,不同季节往往还借助于食物来达到养生保健的目的。如馓子在徐州常被百姓作为一种中药而采用,徐州民间常用馓子泡汤,配以延胡索、苦楝子治疗小儿小便不通;用地榆、羊血炙热后配馓子汤送下,治疗红痢不止。尤其是产后妇女,在月子里喝红糖茶泡馓子,以利于散腹中之瘀。

旧时徐州有"六月六,吃炒面"的习俗。不过那时是先炒熟麦粒,然后再磨面食之。唐代医学家苏恭说,炒面可解烦热,止泄,实大肠。

"头伏饺子,二伏面,三伏烙饼摊鸡蛋",头伏吃饺子是传统习俗,伏日人们食欲不振,往往比常日消瘦，俗谓之苦夏，而饺子在传统习俗里正是开胃解馋的食物。

在民间还有"彭城伏羊一碗汤，不用神医开药方"之说法，徐州人伏历史悠久，当地民谣：六月六接姑娘，新麦饼羊肉汤。伏日吃面习俗至少三国时期就已开始了。

煎饼多由粗粮制作，纤维素较多，营养价值高，煎饼疏松多孔，有利于消化吸收和增加肠胃的蠕动。

"五仁油茶"是用茶油与熟面冲成的糊状食物，亦称"茶子油"，是一种具有食疗作用的汤点。据《王氏医案》记载称"'油茶'，加五仁可医百病"。

8.注重工艺和调味，技法独特

徐州面点十分注重工艺和调味，有些品种制作工艺复杂，技法独特，体现了面点在制作上的要求，也是别处所没有的。

擀面皮是邳州的面食特色，用适量的上等面粉，加水揉成面团在清水中搓揉稀释开，以能用箩儿过滤为宜。留在箩面上的就是面筋，过滤在盆内的就是淀粉。沉淀的时间使水与面粉分离为宜。接着把淀粉上的浮水倒净，然后移入锅内用文火加热温，烧沸后用短擀面杖搅拌，形成块状时，用木塔塔（形状似木工用的泥模）用力在锅内不停地翻压，待熟到五六成后移到案板再擀。一般按一张面皮约一两面粉的标准，将面块分成等量的面块，再揉搓至光滑平整。接着用两头直径相等的短擀面杖，先后用力压薄边沿，然后用劲依次向前推去。每擀一张，底面须用食用油润过，然后10张或20张一叠，移入笼内蒸熟，出笼后，即成透亮的面皮。可见其注重工艺。调料也很讲究，食盐要化成盐水，辣子不能太辣，用箩儿筛过后，用熟油浇过，加点五香粉、芝麻等佐料，醋要自酿的大曲陈酿。通过精细加工制作的面皮，才真正能体现出邳州正宗擀面皮的"白、薄、光、软、筋、香"的风味特点，令人百吃不厌。

壮馍是将面团放在石板或石案板上，另用一根擀面杖，一头固定，一头坐在身下，用身体的重量压擀面杖，用来揉面团，俗称"腚踹面"。

徐州面食注重调味，除了馅心一类的调味外，还注重面团的调味。如花卷有葱泥、椒盐、麻盐、蛋花、辣油等味型；烧饼多配以饴糖、芝麻；油酥烧饼有白糖、酥油、葱泥、椒盐、肉泥等；烙馍在和面时加进芝麻，放入糖或盐烙成半熟的馍，放入油锅中炸至金黄，吃起来更加香脆可口，别具风味，也可在烙制时放上葱花、白糖、鸡蛋、葱花、蔬菜等做成各式口味的"菜盒"；带有汤汁类的，喜欢多配以徐州特产萝卜榨菜，如蛙鱼、米线、豆腐脑等。

这些独特、复杂的制作工艺和调味，形成了独特的面点文化。

三、徐州面点文化的形成和发展

1.地理环境对徐州面点的影响

徐州市地处古淮河的支流沂、沭、泗诸水的下游，以黄河故道为分水岭，形成北部的沂、沭、泗水系和南部的淮、安河水系。境内河流纵横交错，湖沼、水库星罗棋布，废黄河斜穿东西，京杭大运河横贯南北，东有沂、沭诸水及骆马湖，西有夏兴、大沙河及微山湖。

徐州地区处于黄河下游，是一个以面食为主的区域，食面历史悠久。自古以来，黄河流域的人民就种植小麦、玉米、谷子、高粱等农作物，然后再加工成食物食用。徐州地处苏、鲁、豫、皖四省交界，位于华北平原的南部，黄淮平原上，水源丰富，有古黄河、奎河、京杭大运河、云龙湖、骆马湖、微山湖等，其气候四季分明，季节性明显，光照充足，雨量适中，雨热同期。四季之中春、秋季短，冬、夏季长，春季天气多变，夏季暖热湿润，高温多雨，秋季天高气爽，冬季寒潮频袭，干燥寒冷，雨量较少。全年光照充足，积温高，降水较为充分，这些地理环境和气候为农作物的生长提供了自然条件，也为徐州人民日常生活中以面食为主提供了物质保障。

从邳州大敦子古文化遗址和徐州出土的一些文物来看，徐州农作物种植较多，水稻虽然种植较早，但中间中断了一段时期，而一些面粉加工工具的出现，如石磨、石碾等，说明面粉的加工很普及，自然食用面粉也较多。

2.当地生产活动对徐州面点的影响

自然活动是人类生产活动的物质基础，人类的生产活动是人们在一定的地理环境条件中进行的以自然资源为对象，以获得生活资料为目的的活动，是利用和改造自然资源的方法。为了生存，人们用粮食来制作食物，而面粉是粮食的主要加工方式，因而面粉的加工就成为人们生活的重要方式。人们在长期的生活生产活动中，逐步积累了对农作物的加工工艺、制作方法和经验，并在长期的生产活动中，创作出有特色、便于食用、便于储存、有益身体健康的面食制品。

3.人文因素对徐州面点的影响

徐州面点文化除地理环境等因素外，还有许多人文因素。徐州毗邻山东，受孔孟儒家思想影响较大，讲究礼仪，注重三纲五常、三从四德。过去，食物制作主要是妇女，由于妇女心灵手巧，因此，制作的面食也是精益求精。在过去，烙煎饼、烙烙馍、蒸馒头等面食制作是衡量妇女会不会持家和顺从三从四德的标准。

清代顺治年间，方文来徐州做客时，在其《北道行》中这样写道徐州的烙馍和热粥："白面调水烙为馍，黄黍杂豆炊为粥。北方最少是粳米，南人只好随风俗。"

苏东坡在徐州任职期间喜食馓子，对徐州人爱吃的烙馍卷馓子在他的《寒具诗》中写道："纤手搓成玉数寻，碧油煎出嫩黄深，夜来春睡无轻重，压扁佳人缠臂金。"（"寒具"是馓子两汉时期的别称）

这些人文因素也推动了徐州面点的发展。

4.饮食习惯对徐州面点的影响

徐州面食，粗放中含有细巧，大气中含有精致，这与徐州的饮食习惯是分不开的。徐州饮食讲究量大实惠，重油、重盐、重色，善用葱、姜、蒜、香菜、小茴香等辛辣食物调味，口味多辛辣，制作上多简洁方便。油炸食品、辣油辣酱用之较多。

徐州属于中原地带，从俗语"南米北面"可以看出，在饮食习惯上，徐州偏向北方。从食用面粉和大米情况来看，大多数徐州人是中午一顿米饭，有些人甚至一天三顿都是面食，包括馒头、烧饼、煎饼、烙馍等主要食物。

俗话说"五里不同俗，十里改规矩"，这是徐州地区的真实写照。徐州市辖邳州市、新沂市、睢宁县、铜山区(原区县)、丰县、沛县六个市县，各个市县的乡土菜也有区别。由于风俗习惯不同，因此各地的面食在原料的选用和风味上也有所不同，西部丰沛一带多馒头、烧饼等；东部邳州、新沂一带多煎饼；铜山一带多烙馍、壮馍、高庄馒头等。这种食俗与古代祭祀、中医学理论、阴阳五行、节气变化、民俗习惯都有着密切的关系。

5.徐州面塑是对徐州面点的补充

徐州面塑主要存在与徐州民间的手工操作的艺人手中，主要以观赏为主，特别是在庙会及集市上，这些艺人往往会摆摊制作出售，人物、鸟兽、鱼虫、花卉栩栩如生。制作这些面塑，多用面粉和淀粉，加以色素，制作效果好。

徐州小吃的饮食风味特色

徐州小吃文化是徐州饮食文化的重要组成部分,具有悠久的发展历史和灿烂的文化气息。追根溯源,徐州小吃文化可以追溯到4000多年前的帝尧时期,彭祖捉雉烹羹,留下了千古芳名的雉羹,即今天的徐州著名汤点小吃——饣它汤。

风味小吃是一批在口味上具有特定风格特色的食品的总称,是一种具有浓厚的地方特色的小吃。既可以作为宴席间的点缀,也可以作为早点、夜宵的主要食品。世界各地都有各种各样的风味小吃,其特色鲜明,风味独特,往往是一个地区重要的特色表现,是所有游子对于家乡思念的"主要对象"。风味小吃因为是就地取材的,所以通常能够突出反映当地的物质及社会生活风貌;往往用本地所特有的材料精制而成。所以吃风味小吃不仅能够品尝异地风味,而且还可以借此了解当地风情风貌。

特色小吃是中国饮食不可缺少的一部分,并成为中国饮食生活的主要内容之一。每个地区都有着其独特的小吃,被称为当地的特色小吃。这种小吃,已经是一种当地的饮食文化,绝非只是在三餐之间填饱肚子,追求不饿肚子的层次。特色小吃就地取材,通常能够突出反映当地的物质及社会生活风貌。

小吃来源于民间,流行于民间,又称为"小食""点心"。因其地方风味浓郁,特色鲜明而受到人们的喜爱,故亦称特色小吃、风味小吃。它是主食以外的食物补充,也可作为筵席的点心,更是早点、消夜的主要品种,香气诱人、味道独特,冷、热滋味适度,质感舒适。具有就地取材、取料广泛、物美价廉、食用方便、工艺独特的特点,是中国饮食文化中最具特色的组成部分。既可做菜,亦可做点,还可做主食,是人们日常生活中不可缺少的重要食物来源。能体现各地不同的人情世俗、地方特色,具有丰富的内涵和独特的艺术魅力。

一、徐州小吃文化的形成和发展

1.历史成因

新石器时期,石磨的出现,面粉的加工,形成了小吃的萌芽。石磨盘(考古学界称为"石碾磨""研磨盘"等)的出现,其形制的精制化和数量的增加,表明植物性原料的结构地位和人们可能拥有某种特殊理念的意义。石磨盘之后出现的重要加工工具是杵臼,臼为石质,杵则是石质或木质的,杵臼最初用于谷粒和坚果脱壳,连带的是谷粉的出现,后来用于餐饵的加工。

尧舜时代,彭祖捉雉烹羹,也是徐州著名小吃汤的原型,说明当时对食物的制作已经较为普遍。

春秋时期,彭城为宋邑。《宋都城考》记载彭城是"商贾云集,酒楼市肆星罗棋布"并有"驿站、馆舍",饮食业相当发达。小吃业也随着饮食业的发展而发展。

两汉时期,刘邦当了皇帝,把妻儿老小接到咸阳,建丰邑城,据《三辅旧事》记载"太上皇不乐关中,高祖徙丰沛屠儿、沽酒、卖饼商人,立为新丰县,古一县多小人",历史上称为"东食西迁"。徐州出土的汉代汉画像石中,有官场宴饮、市肆酒楼、二人对饮、四人小酌等场面,也有鸡、鱼、兔、鹿、雁等原料;还有庖人宰牲、厨人烧火做炊具,案头操作等描述。徐州当今小吃烤羊肉串、腊鱼、风肉高悬也在其中。

唐宋时期,诗人韩愈、白居易、苏东坡等,不仅以诗著称,更是美食家。苏东坡对徐州人爱吃的小吃——烙馍卷馓子爱不释手,在他的《寒具诗》中写道:"纤手搓成玉数寻,碧油煎出嫩黄深,夜来春睡无轻重,压扁佳人缠臂金。"

历史小说《金瓶梅》描写的大多是明朝时期徐州的市肆场景,其中许多菜肴、宴席、小吃、食品等,至今食肆仍有供应。

清代《调鼎集》是一部饮食专著,全书记录了许多徐州菜和小吃,如"铜山风猪天下驰名"等。

近代,由于社会发展,徐州小吃得到了发扬光大。饦汤、辣汤、丸子汤、八股油条、蝴蝶馓子等相继登上了江苏名小吃。饦汤、中华醉鸭获得第一届中华名小吃金奖;八股油条、一字酥、双色馄饨、烧烤猪脸、百顺脆皮鸭、猪肉煎包、清真素煎包、吊地瓜、风岐把子肉、民主路八宝粥、柱子扒鸡、柱子酱牛肉 12 项获得中华名小吃金奖。

2.地理环境与物产因素

物产丰实,蔬菜品种繁多,常年不断青,四季有别。粮食作物主要有小麦、大麦、水稻、谷子、玉米、山芋、高粱等,主食大米,面粉,兼及米粉、山芋粉、大麦粉、黄豆粉、绿豆粉、玉米粉、高粱粉等。用其来制作小吃,种类繁多,如热粥、八股油条、蝴蝶馓子、壮馍、烙馍、各种烧饼、米线、蛙鱼、豆脑、窝窝头等。

比较有名的土特产如铜山区的韭黄、苔菜,邳州的苔干、辣椒、白果,新沂的板栗,沛县微山湖的水藕,徐州当地的青萝卜等。这些为风味小吃提供了丰富的蔬菜品种。

家畜家禽饲养,有猪、牛、羊、马、驴、狗、鸡、鸭、鹅等,其历史悠久,清代《调鼎集》中就有"徐州风猪天下闻名"的记载。徐州原料歌云"东猪西羊青山鸡"。这些家畜家禽,为徐州的小吃提供了丰富物料来源,如沛县热烧饼夹热狗肉、丰县的羊肉汤、五香驴肉、睢宁大王集烧鸡、邳州麻辣兔头、徐州的把子肉、烤羊肉串等。

水产品一年四季不断,骆马湖有银鱼、青螺、青虾。一年四季有鲤鱼、鲢鱼、草鱼、扁鱼、桂鱼、甲鱼、鳝鱼、青虾。这些水产品,增添了徐州风味小吃的品种,如尖椒干烤鱼、微山湖的臭黑鱼、徐州博爱街的田螺、鳝鱼辣汤等。

由于有山有水,所以徐州野味众多。最早记载的"雉羹"就是烹饪鼻祖——彭铿利用野鸡制作而成,除此之外还有野鸭、刺猬、鹌鹑、斑鸠、麻雀、野鸽等应市。

其他各种原料制品丰富多彩,豆腐、腐乳、抽油、萝卜榨菜、山楂糕、家庭腌制的各种酱菜、咸菜等,举不胜举。徐州人民在长期的历史演变中,掌握了各种原料的独特性,从汉画像石可以看出,其中有猪、牛、羊等家畜。有各种各样蔬菜,并有多种制作。如腌制、风制、干制等,说明了徐州地区不仅物产丰富,而且对小吃的制作有一套完整成熟的经验。

3.饮食风俗因素

徐州小吃,简单粗放,但又不失其细巧精致;五味兼蓄,却不缺少其适中平和;经济实惠,不会欺诈顾客。徐州小吃,讲究量足实惠,重油、重盐、重色,善用葱、姜、蒜、香菜、小茴香等辛辣食物调味,口味多辛辣,制作上多简洁方便,辣油辣酱用之较多,许多小吃做之前都会问要不要放辣?是多是少?要不要放香菜?等等。如豆腐脑也喜欢放一点辣酱,热豆腐要蘸辣椒酱;丸子汤要放生蒜泥、香菜、辣椒油,牛肉汤、羊肉汤更是辣油漂满汤面,当然也因人而异。许多小吃桌上都放有辣酱、米醋等调味品,由顾客自由添放。

有些小吃是顺应地方节令饮食习俗,如春节炸麻叶、油炸果,徐州的伏羊节全国有名,夏季入伏时要喝羊肉汤,羊肉汤配烧饼是徐州著名汤点小吃之一。

特别是徐州特色物产——萝卜榨菜,是徐州人的最爱,许多小吃离不开它来调味。其口味独特、咸甜鲜辣适中、口感爽脆宜人。既可作为小菜,又可作为调味品,在小吃中主要起调味作用。如豆腐脑、米线、面条、馄饨、凉皮、蛙鱼、油酥饼等都少不了它。

这些饮食习俗,推动了徐州小吃的发展。

4.社会活动和经济发展因素

社会生产活动是人类社会生活所必需的物质资料的谋得方式的活动,自然活动是人类生产活动的物质基础。人类的生产活动是人们在一定的地理环境条件中进行的以自然资源为对象,以获得生活资料为目的的活动,是利用和改造自然资源的方法。为了生存,人们用粮食来制作食物,而面粉是粮食的主要加工方式,因而面粉的加工就成为人们生活中重要方式。人们在长期的生活生产活动中,逐步积累了对农作物的加工工艺、制作方法和经验。在饥荒年代,由于生活窘迫,人们往往借助于一些杂粮野菜等食物原料来制作一些简易充饥的食物。由于口味和口感差异,人们要不断变化口味来调剂食物味道,在收成好的时期,人们对美食的追求,又往往借助于制作不同的食物来改善生活,提高生活质量。久而久之,一些有特色、便于食用、有益身体健康的食物就成为小吃制品而流传下来。20世纪70年代以前,一般人家,多以高粱面、玉米面、山芋干面为主,麦面甚少。而后,特别是80年代以来,城乡人民主食即以麦面和大米为主了。因此,社会生产活动是创造小吃的源泉,是社会生活中的产物,来源于社会生产活动,又在社会生产活动中,服务于人类。

二、徐州小吃的特征

1.历史悠久、影响范围大

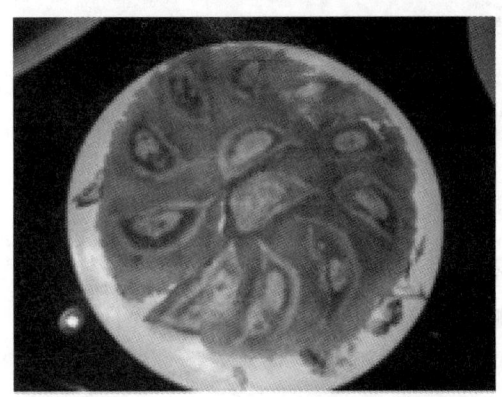

徐州小吃文化的历史,可以追溯到上古时代的帝尧时期,彭祖善治羹献尧帝,其留下来的雉羹,开创了徐州小吃文化的开端,也使受封地彭城成为人类生产和饮食文化发达的地区之一。战国时期,宋弃睢阳而都彭城(钱穆《战国宋都彭城考》),当时彭城"商贾云集,酒楼食肆,星罗群布",饮食业发展繁荣,其中食肆小吃众多;楚汉相争,刘邦得天下,定都西安,为取父悦,"东食西迁",把丰沛小吃带到咸阳,影响甚大;东晋时期,徐州曾南迁至京口(今镇江),以此可见,徐州小吃文化也随之南下。徐州地处苏鲁豫皖四省交界,毗邻地域受徐州影响甚大,加之民间流传的传说和掌故以及徐州名人墨客辈出,留下了大量小吃文化历史资料,徐州小吃文化也随之传播开来。

2.工艺较为简单、手工操作性强

小吃作为一项传统的行业,单项品种多,制作方法相对简单。不要求技术全面,多数小吃只需经过拜师学艺便可自行摆摊设点,技术门槛低,且大多是手工操作,产量少。基本是卖多少做多少,技术要求不高,制作简单。有些品种一个人即可加工制作,也可家庭加工制作。边做边卖,设备工具简单,场地要求不高。好一点的租个门面,简单一点搭个棚就可生产,投资少、费用低、经营灵活。特别是过去一些流动摊点,经常换地方,走街串巷,或赶集市、庙会等人多场所。有时是单一品种,有些是干稀结合。

3.取料广泛、品种繁多

徐州小吃,取料广泛,主粮杂粮,应有尽有。如大米、面粉、玉米、山芋、小米等;蔬菜瓜果,时令得当,如各种时令蔬菜、时令水果、干果、蔬菜制品等;畜禽水产,灵活运用,如猪、牛、羊、驴、狗、鸡、鸭、鹅、鱼、虾等;蛋乳豆类,如鸡蛋、鸭蛋、鸽蛋、鹌鹑蛋、牛乳、羊乳、豆腐、腐衣、腐乳等;还有一些野生蔬菜和动物等,特别是一些特方特色原料,应用更为广泛。如邳州的红心萝卜,质感爽脆、腌制后透红发亮,还有徐州的青萝卜、韭黄,皇藏峪的香椿,丰县的牛蒡、山羊,微山湖的四孔鲤鱼,骆马湖的小黄鱼、银鱼,云龙湖的田螺等。这些丰富的物产,丰富了徐州小吃的品种。据不完全统计,徐州(含辖管区)小吃,品种多达100多种。

4.五味兼蓄,注重特色调味

徐州小吃,注重调味,多以咸鲜为主,兼蓄五味。味浓而不灼,味淡而不薄。善用五辛,注重地方调味特色,如羊肉汤、牛肉汤、丸子汤喜用辣椒油,丸子汤还喜用生蒜糜调味,辣汤注重胡椒,酥饼注重椒盐,烧烤注重孜然,酱卤注重香料,卷饼喜用辣酱、甜酱,油饼喜用葱椒泥,豆脑、馄饨、米线等注重用徐州特产萝卜榨菜来调味等。各种口味,风味独特,符合徐州大多数人的日常口味,也赢得了外地人对徐州小吃的喜爱。

5.制作粗放、经济实惠

徐州小吃在制作上,讲究简单粗放,如包子,不像南方包子,小巧玲珑、精细。徐州包子一般个大,经济实惠,如煎包,一两四个,一般人早餐一两包子,外带一碗辣汤,足矣;再如盛汤羹粥类的碗,基本还是过去的大碗,拉面、烩面更是量大实惠。这些小吃特征,也符合徐州人豪爽大气,大碗喝酒、大块吃肉的性格。当然,也有一些小吃,在制作上,讲究制作,精致美观,工艺较为复杂,有些祖传秘方,秘而不宣,因此,一些老字号的小吃,多年风味不减。

6.注重节令、地方气息浓厚

徐州小吃还比较注重节令,有些和全国其他地方的节令食俗大体一致,但也有独特的地方,注重节令,地方气息浓厚。最典型的就是徐州的伏羊节,徐州羊肉汤,冬喝三九,夏喝三伏,尤以从入伏第一天开始兴盛,炎热夏季,喝白酒、吃羊肉、喝羊肉汤,还要带上厚厚一层辣椒油,直喝得大汗淋漓,把体内一年的毒气排出体外。再如,冬至母鸡汤、中秋节蒸月饼、元宵节蒸面花灯。

7.注重招牌,讲究声誉

徐州小吃,比较注重招牌,在制作上沿循古法,有些祖传秘方,秘而不宣。历经几代,风味不减,成为地方有名的特色品种,立于徐州小吃市场不败之地。如冯天兴烧鸡、马市街汤、沛县的狗肉、大王集香肠、凤岐把子肉、博爱街蜗牛、堤北米线等。这些小吃,有些为加盟商,遍及徐州大街小巷。

三、徐州小吃文化的现状

1.成本小,设备简单,投资低

街头小吃多数为活跃在夜市或集贸市场以及其他类似公共场所中生产经营的直接入口食品,所需投入资本较小,进入门槛较低。多数人员能够从精力、财力、体力等方面进入该行业。

2.场地简陋,卫生环境差

由于成本小、设备简单、投资低,经营零散,无证经营,因此加工小吃的场地也简陋,大多为露天经营。即使有门面,也是非常简陋,卫生环境较差,不能达到食品安全法的要求。生产加工人员复杂,卫生意识差,环境意识不高,购买原料低廉,因此存在很大的安全隐患。

3.经营者多为个体失业人员、低保人员等弱势群体

街头食品摊贩从业人员大多是失业人员、低保人员等社会底层的弱势群体。普遍存在学历低、年龄大、缺乏就业技能等问题，因而只能靠摆摊设点维持一家人的基本生活。对其而言，寻找一份稳定的工作难度较大。面临生存压力的他们只好靠出售街头小吃来维持生活。

4.管理难度大，没有统一的标准要求

由于经营零散，给工商管理部门带来一定难度。加上一些地域保护，碰到检查，及时通知，这些小吃加工商贩撤退及时，因此执法者很难找到他们。再者，管理上没有一个统一标准，即使抓住这些无证经营的小吃加工者，也往往是批评教育，很难达到真正管理的目的。

5.消费需求大，市场仍具有潜力

市场消费需求大，导致了这些小吃加工业的存在。由于小吃与人们生活休戚相关，消费群体庞大，小吃加工无处不在，无时不在，市场潜力很大，如能把这些小吃集中起来，规范管理，满足市场消费需要，无疑为小吃业的健康发展提供了条件。

6.产业化程度不高，没有形成一定的产业链

由于小吃手工操作性大，单项加工零散，产量需求不高，机械化程度较低，因此，大多数的小吃加工没有形成一定的产业链。小吃产品的深加工业不够，不能形成规模大、管理规范、加工科学、注重食品安全的小吃加工企业，也就没有扩大化的再生产。

目前市场经营的小吃有：

汤羹类：饣它汤、羊肉饣它、辣汤（母鸡辣汤、鳝鱼辣汤、素辣汤）、牛肉汤、羊肉汤、丸子汤煮馍、狗肉汤、丰县热粥、豆腐脑、玛糊、油茶、豆浆、面疙瘩汤、八宝粥。

煎炸类：水晶煎包、羊肉煎包、锅贴饺、炸菜角、油旋子、煎萝卜卷、煎豆腐卷、八股油条、蝴蝶馓子、镜面火烧、牛肉火烧、葱花油饼、油炸臭干、糖糕、麻团、炒面。

烙烤类：朝牌、反手烧饼、马蹄烧饼、牛舌烧饼、炉吊饼、酥饼、煎饼、菜煎饼、塌鸡蛋煎饼、龟打子、喝饼、烧饼夹驴肉、烧饼夹狗肉、马蹄烧饼、韭菜盒、烙馍、鸡蛋葱花塌烙馍、壮馍、菜卷饼、烤羊肉串（配烙馍）、烤地瓜、烤玉米。

蒸煮类：蒸包、高庄馒头、蒸萝卜卷、蒸豆腐卷、干菜包子、蒸窝窝头、各类蒸菜、米线、鸡丝馄饨、面叶子、绿豆面条、杂粮面条、粽子、沛县（朝鲜）冷面、板面（外地）。

菜肴类：把子肉系列、沛县狗肉、丰县驴肉、烧鸡（冯天兴烧鸡、睢宁岚山烧鸡、沛县张记烧鸡）、香肠（大王集香肠）、干盐豆、萝卜豆、老咸菜、玫瑰咸菜、萝卜榨菜、八义集腐乳、徐州青方。

其他类：蛙鱼、热豆腐、大豆脑、豌豆凉粉、三鲜馄饨、拨面鱼。

第一届中华名小吃获奖：饣它汤、中华醉鸭。

第二届中华名小吃获奖：八股油条、一字酥、双色馄饨、烧烤猪脸、百顺脆皮鸭、猪肉煎包、清真素煎包、吊地瓜、凤岐把子肉、民主路八宝粥、柱子扒鸡、柱子酱牛肉。

徐州小菜的风味特色

在传统上,徐州人好自做小菜。春天腌咸蛋,夏天晒面酱、西瓜酱,秋天晒盐豆、拐辣椒酱,冬天腌萝卜干、雪里蕻等。

小菜,顾名思义是在菜肴中微不足道的,但在人们的日常生活中却是必不可少的,是人们日常饮食中重要的调节剂。各地对小菜的定义不一,在徐州,咸菜、酱菜、腌菜、泡菜等均称为小菜,但它们之间还有一些本质的区别。

用盐腌制的蔬菜就是咸菜,咸菜的腌制所需要的原料和辅料极其简单,也指某些酱菜。简单来说,咸菜是用盐直接腌制的,泡菜是通过泡制发酵形成的,酱菜则是用酱或者酱油腌制的。徐州以咸菜和酱菜为主,泡菜较少。

蔬菜腌制是一种历史悠久的蔬菜加工方法,过去蔬菜保鲜技术不高,更没有反季节蔬菜,人们要想在冬天吃到青菜是不可能的,所以就有了腌菜。由于加工方法简单、成本低廉、容易保存、产品具有独特的色、香、味,为其他加工品所不能代替,所以蔬菜腌制品深受消费者欢迎。在过去,经济不发达,居民家庭几乎家家做咸菜,可长期保存,够全家一年食用。

不是任何蔬菜都适于腌制咸菜。比如有些蔬菜含水分很多,怕挤怕压,易腐易烂,像熟透的西红柿就不宜腌制;有一些蔬菜含有大量纤维质,如韭菜一经腌制榨出水分,只剩下粗纤维,没多少营养,吃起来又无味道;还有一些蔬菜吃法单一,如生菜,适于生食或做汤菜,炒食、炖食不佳,也不宜腌制。因此,腌制咸菜,要选择那些耐贮藏,不怕压、挤,肉质坚实的品种,如白菜、萝卜、苤蓝、玉根(大头菜)等。徐州用于腌制咸菜和酱菜的原料较多,一般都是蔬菜原料。一般用于长期腌制的蔬菜有雪里蕻、大萝卜、胡萝卜、大头菜、苤蓝、大白菜、莴苣、蒜薹、辣椒、豆角、生姜、洋姜、萝卜缨等,还有些不宜长时间腌制食用的蔬菜,如韭菜花、韭菜、蒜苗、香椿等。长时间腌制是指腌制一个月以上,有的蔬菜腌制要几个月,特别是酱腌类蔬菜;短时间腌制是指腌制几小时或几天即可食用。

徐州腌制蔬菜讲究季节，一般来讲，冬季下霜以后开始腌制蔬菜，这时候蔬菜经过霜降，粗纤维较少，淀粉含量增加，腌制出的蔬菜，口感好。在腌制的过程中，家庭喜欢用大缸来腌制，先把蔬菜洗净，晾干，一层一层撒上盐，然后用手搓，再用重物或石头压，隔几天翻开再揉搓，压上石头，一个月以后即可食用，随吃随取，方便实惠。待天气转暖，可以将腌制的蔬菜拿出晒干，过去农村家庭这时候，一般将腌制的蔬菜用腌汁制作面咸菜。

徐州小菜品种众多，市面上有许多摊点专卖徐州小菜，也有外地的一些泡菜等，特别是徐州的一些较为有名的品种，不可缺少，也是徐州居民饭桌上不可缺少的下饭菜。过去在饥荒年代，小菜是不可代替的。具体品种有：

盐腌类，是用盐直接长时间腌制，如腌雪里蕻、萝卜干、糖醋蒜、胡萝卜、大头菜、苤蓝、大白菜、莴苣、蒜苔、辣椒、豆角、生姜、洋姜、萝卜缨等；

酱腌类，用酱或酱油腌制的蔬菜，也叫酱菜，如大头菜、玫瑰菜、酱黄瓜、酱莴苣、五香疙瘩、酱苤蓝等；

发酵类，是指经过发酵后经过再调味的小菜，如盐豆（干盐豆、鲜盐豆、萝卜豆）、腐乳（青方、红方、醉方等）、黄豆酱等；

酱汁类：豆瓣酱、黄豆酱、面酱、辣椒酱、牛蒡酱、芝麻酱等；

其他类：黑咸菜（面咸菜）。

腌菜一般要半个月才能开启，洗去盐分，可以直接食用，原汁原味，醇厚爽口，也可以炒着吃或一些动物菜肴的辅助料。

徐州小菜较南方一些小菜来讲，甜度不大，但咸度较大。许多腌制的咸菜需要事先用水泡去盐分，有些小菜放置时间久了，表面会出现一些盐霜，这也是久置不坏的原因。还有些品种口味重，如干盐豆，有臭气；八义集腐乳，臭气重，但吃起来香，俗语云"闻着臭，吃着香"就是指这两种。这也和徐州的饮食风俗有很大关系，徐州家常饮食重色、重口味（咸度大）。

徐州小菜制作工艺不是很复杂，但有些品种制作讲究。如盐豆的制作，煮熟的豆子一定要发酵到位，要有一定时间和温度，否则就不会有盐豆的风味；徐州的面咸菜，一定要烀到时间，需要十二小时以上；青方要发酵到一定程度，调味有专门配方；面酱要经过发酵、泡制、调味、日晒等环节，否则达不到效果。

徐州小菜，有时候不仅仅作为小菜使用，在徐州许多特色小吃中，经常会用这些小菜作为调味或配料，如萝卜榨菜，在徐州小吃蛙鱼、豆腐脑、馄饨、米线等，经常用它来调味，已经形成一种独特的调味品；再如盐豆炒鸡蛋，用干盐豆与鸡蛋同炒，是家庭常见的做法；雪菜扣肉、雪菜肉丝、雪菜面条、腐乳肉、萝卜干炒肉丁、葱拌酱等。

徐州小菜中，数量最多的就是大头菜，也叫大疙瘩菜，是用大头菜腌制的，色较淡，凉拌、炒制均可；用苤蓝菜腌制的，徐州称为玫瑰菜，黑褐色，炒制较多，口感软面。分黑白两种。黑的是腌好后再煮，口感面面的；白的就是简单腌制的大头菜，脆生生的还有一股苤蓝菜味。把大头菜划开几层，逐层撒上炒熟的五香粉，用细麻绳紧紧捆绑住晾晒或直接晾晒，称为五香疙瘩，香味浓郁。

徐州比较有名的小菜有：徐州的萝卜榨菜、青方、醉方、小康牛肉酱；邳州的臭盐豆（萝卜豆）、红心萝卜干、腌辣椒、面咸菜、八义集的腐乳；丰县的牛蒡酱；新沂窑湾的黄豆酱等。有的是用当地的特产原料，如邳州红心萝卜做的萝卜干、萝卜豆、腌辣椒，丰县的牛蒡酱；有的是独特的工艺，如徐州的萝卜榨菜、腐乳等（具体介绍见徐州特色食品）。

徐州过去的酱菜园，前店后厂，场地很大，坐满了腌制酱菜的大沙缸，直径有一米多，缸上罩着尖顶的竹编盖子，以腌制酱菜为主，也生产酱油、醋等。徐州市区及各县区都有酱园，四道街、西关、牌楼、马市街、统一街、三民街、建国路、王大路、二眼井、万里香等居民集中的地方都有酱菜店，品种都差不多，只是面积大小不一样而已。

过去比较有名的酱菜园，当属徐州户部山下马市街的"李同茂酱园"，当时堪称徐州酱菜业的龙头老大。据老年人回忆和资料记载，马市街47号是民国时代名噪四方的李同茂酱园的旧址，原清代雍正年间洪洞县李姓以编织柳条产品为生，主人李学纯，原址在南关上街（马市街口偏南，云龙区政府旧址南隔壁，后迁到马市街中段路南）。从摆水果摊、经营南货和洋货起家，光绪二十七年经营酱园，生产酱菜、酱油、醋，一直保持有1300个酱缸的规模，作坊两处，口味纯正、经营有信，远近驰名，供不应求，后来公私合营，被纳入徐州酿造总厂。

万通公记酱园，创办人为王梅轩，来自酿造业发达的浙江绍兴，曾在二舅高锦荣开办的青岛万通酱园（现青岛第二酿造厂前身）任经理。1941年1月1日，酱园在大马路镇河街3号开张。由于青岛酱园出了公股，王梅轩就在"徐州万通酱园"的字号后加"公记"二字。

除此以外，比较有名的还有睢宁的古邳酱园、新沂窑湾的赵信隆酱园、邳州的邳城继林酱园、丰县吴家老酱园等。

据徐州民俗学会副会长李世明先生在《寻找徐州四城门》一书中介绍，清中期的时候，苏辙后裔来到徐州后，也是在北门处开设酱菜店，一时间很有些名气。

徐州素食的风味特色

在科学技术和经济飞速发展的今天，人们越来越重视身体的健康，追求长寿之道，在返璞归真、回归自然的感召下，素食已经被越来越多的人接受。

所谓素食，是相对荤食而言，一般是指以植物性原料加工的食物。在原始社会，人们为了生存的需要，既采摘果实野菜充饥，也猎取禽兽食用，处于"混食"时代，延续至今，大多数人仍是荤素兼食。而作为一种风味流派的素食，与我们日常生活中的素食有很大重叠，也有区别之处。它是以素食为主要食物来源，拒绝荤食的一种信仰和道义。在远古时期，人们在举行祭祀或重大典礼时，为了表示对鬼神或或祖先之灵的虔诚，实行"吃斋"，即所谓的"斋食"，也就是后来的"素食"，这是我国素食的萌芽。这种"斋食"和佛教的"斋食"有一定区别。佛教中的"斋食"，原意是指僧徒在中午之前所进的食物，因为按照佛律，午后是禁食的。

真正的素食形成是在汉代。汉明帝时，佛教传入我国。据佛经记载，佛教创始人释迦牟尼及其弟子在沿门托钵时，常常是遇荤吃荤，遇素吃素，只要是"三净肉"（不自己杀生的、不叫人杀生和未亲眼看到杀生的肉）都可以吃。佛教传入中国后，与中国的儒家、道家的某些思想相互渗透，形成了中国式的佛教饮食风格。梁武帝萧衍是首倡素食的践行者，他以帝王之尊，崇奉佛教，反对饮酒，反对吃肉，反对吃"五辛"，素食终身，在全国推广素食，佛教僧徒们的素食戒律最终确立。为此，佛教专门研究如何将素菜"变一瓜为数十种，食一菜为数十味"，久而久之，形成了寺庙的"素菜"。

宋朝，素食之风已经成型，大城市出现了专门经营素菜的素菜馆，品种众多。吴自牧著的《梦粱录》记载南宋临安的郊庙、宫殿、山川、人物、市肆、物产、户口、风俗、百工、杂戏和寺观、学校等概况，其中就记载素食品种多达上百种；林洪著的《山家清供》所记多家常食品，其中数十种当时有名的素食，材料易得，制作技艺各不相同。

到了明清时期，素食的风味流派已经形成，形成了寺院素食、宫廷素食、民间素食三大支系。风格各异。后期也相互影响，各地素菜馆也根植食肆，经营不同风味的素食。

在人们的日常生活中，素食有时候不再只是一种单纯的饮食行为，在各个方面还产生了各式各样的象征意义。将肉食与素食做比较就会发现，两者之间的象征意义刚好两两相对：肉食者是鄙俗、贪婪，素食者则是清高、廉洁；肉食者有不善良不仁慈的嫌疑，素食者则是善良仁慈的同义词；肉食腥膻不洁，素食则是洁净；肉食者等同于凶暴的野兽，素食者则是温顺柔顺的人。素食所代表的是孝心、孝行、廉洁、节俭、清高、贞洁、俭约、高德与高行。

　　徐州地处的地带，交通发达，历来为兵家必争之地，商贾云集，素食风味的发展也有着悠久的历史。不仅寺院、宫廷、民间素食存在，而且在儒家、道家、佛家诸素食风格上也形成了独特的风味特色。徐州作为道家发祥地之一，有关道教人物如老子、张良、张道陵等诸家都与彭城有着不解之缘，同时也为徐州道家素食的发展奠定了一定的基础。

　　徐州古代有"七十二庵、八大寺、五楼、二观"之存在。据老人讲，清末民初时大都还存在。"二观"是指"真武观"（真武为北方道教圣祖）、"凌霄观"；"五楼"是指"黄楼、魁星楼、燕子楼、彭祖楼、霸王楼"；"八大寺"是指"兴化寺、台头寺、铁佛寺、卧佛寺、千佛寺、弘佛寺、大彭寺、土山寺"；"七十二庵"有"广渡庵、普祥庵、慈慧庵、元真庵"等。许多寺观楼庵均为佛、道两教活动之地，这些庵庙楼观的存在，也为徐州素食的发展起到了极大的推动作用。

　　儒家素食，是以孔子、孟子为代表。素食是"仁"的基本。儒家提倡仁义，孔子、孟子都是素食者，也提倡素食。《南华真经》中记载："颜渊问道于孔子。孔子曰：汝斋戒，吾将告汝。颜渊曰：回贫，唯不饮酒、不茹荤久矣。孔子曰：是祭祀之斋，非心斋也。"意思是说，颜渊向孔子拜师求道，孔子则要求他先斋戒，颜渊回答说他很穷，已经很久没有喝酒或吃肉了。孔子则进一步要求颜渊要"心斋"，意即净化心灵。由此可见，孔子向弟子传道时，也要求弟子持戒。《孟子·梁惠王篇》中还有：君子之于禽兽也，见其生，不忍见其死，闻其声，而不忍食其肉。儒家饮食，荤素有别，儒家为"入世派"，以取料高贵、制作精细、讲究礼节、注重盛器为特征，菜品命名多冠以"一品""及第""福寿"等。徐州毗邻山东曲阜，受孔孟思想洗礼，在一定程度上影响着徐州的儒家素食。

　　佛家饮食为"出世派"，佛家的素食为原意菜。为避荤食之意，在原料的名称上也有所避讳，如称鱼为"水棱花"、鸡为"钻篱菜"、猪为"拱地食"、素鱼为"如意"、素鸡为"晨钟"、素肉为"玛瑙"等。佛家素菜不仅注重称谓，更注重宗教色彩，如把酒叫作"般若汤"、饮料为"干漏水"、点心为"开花佛"等，菜点命名多冠以"金钵""成果""生莲""归根"等。专门经营佛家素菜的馆子也多以"觉林""功德林""快活林"等命名。

　　道教对于素食的发展起到了很大的作用。道家人生观既不同于入世派，也不同于出世派，遵循老子的"道法自然""为而不争"的观点，因而饮食有食荤和食素两种。食荤派多讲究采药炼丹之法，以求长生不老之道，他们把药物与饮食结合起来，谓之药膳；食素派，不仅禁食三厌（天、地、水中动物），而且禁食"五荤"（韭、薤、蒜、芸苔、胡荽）。道家的素食多为托荤菜，即素菜荤做，冠以荤名。徐州流行的菜点有"阴阳鱼""乾坤蛋""四方肉""油炼鹌鹑"等。徐州地区至今还流传有"太极宴""三八托荤宴""八仙宴"等。

　　佛、道素食后来也由寺庙庵观发展到食肆。北宋时期《东坡文集》就记载徐州有"虚白斋"，到了元代有"慈航园",清末有"觉林""功德林""快活林"等专营素菜的馆子。这些素菜馆以经营各自特色素菜为主,沿袭古法,风格多样,独具一格。略举两例。

徐州"功德林"素菜馆,历史悠久,新中国成立初期还存在,坐落在今之马市街西头路南,与当时的"觉林"素菜馆共称"双林"。"功德林"素菜馆以面筋成菜擅长,"糖醋鲤鱼""炒虾仁""香菇素大肠""糖醋排骨"等看家菜,享有盛誉,生意兴隆。

徐州古代素菜馆"慈航园",取佛教的"普度众生"之意。据以前老厨师讲,"慈航园"主厨慧远,擅长佛教素食的"天花宴""菊花宴"、"素八珍"的制作,技术精湛,为佛教弟子的膳食之地。"天花宴"取意于六朝高僧于金陵说法"天花乱坠"的佛门佳话。宴席中,大型冷拼居中,象征无上尊者如来;周围诗歌冷盘,象征十大护法金刚,六个大件、四个炒菜,最后"一品锅",又名"一品慈航",饭食叫"罗汉饭",菜品数量和名称都是以佛教典故而来。"菊花宴"为元代高僧创制,八个冷菜、八个大件、八个小碗,共计24道菜。"菊花宴"取意于一年二十四个节气和人生的大中小三个不同时期,此筵有八个冷盘、八个大件、八个小碗,共计二十四道菜,故又称"三八宴"。二十四道菜对应一年二十四个节气,"三"对应人生的大中小三个不同时期,"八"对应人生中的"苦乐成败称讥荣辱"。

"素八珍"是慧远和尚结合养生经验创制,分别是炒碎豆腐、冬瓜燕菜、糖醋响铃、香元四宝、炸万年青、口蘑锅巴、烹酿椒子、酸辣荞豆。

"太虚宴"属于道家风味宴席,徐州过去《菜馆业公会》就记有此宴。五个冷菜为圆形平顶,分别为白、青、黑、红、黄五种颜色,用原料刻"金木水火土"分摆五个盘中。主要菜品有:冷菜——胭脂野鸭(红色、火)、五香鱼脯(黄色、土)、卤鹅(白色、金)、酱牛肉(黑色、水)、拌荠菜(青色、木);大件——阴阳鱼、太虚丸子、油炼鹌鹑、六合野鸭、无极山药泥、八卦烩、混沌羹、花藕肉;主食——三菽饭、五谷粥。

徐州素食历史悠久、特色鲜明,具有浓厚的宗教色彩和地方特色,主要体现在:

1.取料广泛,时令性强,四季有别。徐州地区气候适宜、物产丰富,不少素食原料为植物性原料的珍品,取料不仅有"三菇六耳",还有各种花卉、蔬菜、面筋、豆腐、果实等。不少原料为徐州当地特产,如苔菜、白果、苔干、荞豆、香椿。菜点品种随原料上市季节而变化。

2.菜品丰富多彩,宴席变化多端。徐州素菜品种繁多,既有流传至今的"素食八珍"(冬菜炒荞豆、醋溜芹菜、油激黄芽菜、香菇烧蒲菜、冬菜蒸燕窝、蒸酿椒子、五味茄子、裹炸香椿),又有变化多端的各种托荤菜,如素鱼翅、素海参、素大肠、素板鸭等,还有各种素菜荤做的全素席,如"太极宴""三八宴"等。

3.一菜一味,风格多样。徐州素菜讲究清而不淡、浓而不浊,讲究造型,华而实、丽而洁。从原料加工到烹调制作,精工细作、一丝不苟,制作出的菜品色香味形俱佳。

4.注重食疗、健康养生。徐州素菜遵循人类养生的原理,讲究食疗食养,善用各种中药材,使徐州素食独具特色。

徐州八大碗与其他地区八大碗风味特色

"八大碗"是过去民间宴席的一个代称，近年又兴盛起来。徐州地区及周围乡村，"八大碗"习俗比较普遍，逢年过节，遇到喜事，"八大碗"是必不可少的。每桌八个人，凉菜过后，八道热菜一碗一碗上，都用清一色的大海碗，具有浓厚的乡土特色。"走，吃八大碗去！"许多老年人都会记住这句话。

徐州地理环境优越，有山有水，气候温和，民风淳朴，交通发达，家畜、家禽、水产、蔬果等物产丰富，这为徐州宴席菜肴的制作提供了物质基础。特别是民间风味的宴席发展不仅有着悠久的历史，更有丰富的内容。不仅分布于城市的居民生活中，而且徐州周围等地"八大碗"的饮食风格也不一样，各地有着独特的风味特色。

明嘉靖十四年，吕梁分司主事官张镗思出资建"川上书院"，每届考试期间，学子们每七人坐一桌用餐。菜分四碟八大碗，一直沿用到清末光绪皇帝的最后一次开科取士为止。久而久之，"八大碗"就成了当地庆贺文才出众者的民间宴席。

另一种说法，《中国饮食史》认为起源于明代宴席"五割三汤"，即在宴席上交替呈上五道盛馔和三道羹汤，就是八大碗。

还一种说法是起源于清朝乾隆年间，满汉全席分为"上八珍""中八珍""下八珍"，一珍一碗，故称为八大碗。

《汉族旗人祭礼考》记载：宴会用五鼎、八盏，俗称八大碗，年、节、庆典、迎、送、嫁娶富家多以八大碗宴请。八大碗的宴席习俗影响深远，穆斯林有清真八大碗，朝鲜族也有八大碗，京津关外远及云南亦有八大碗。

传说八仙云游天下，一日看见某户人家八口人，坐在方桌聚宴，桌上摆着用八只碗盛着八样菜，十分羡慕。便借用方桌，采来七荤一素八样菜，放在八只碗里，何仙姑吃素，其他各位皆食荤菜。之后，人们把方桌改称为八仙桌，七荤一素也成为八大碗的一种格式。

八大碗属于流水席，随来随吃，吃完即走，场地、桌椅不限。但是，传统餐饮业的"八大碗"，确实是中国饮食文化遗产中的一部分。制作"八大碗"是一种艺术传承，品尝"八大碗"则是一种传统文化的享受。

八大碗的碗,现在都是大海碗。老年人说,应该是黑碗,徐州称为"窑黑碗",比较粗糙;后来变成黑扣碗,总之,是大碗,一碗菜几乎就是一盆。八个座就是八个席位,坐八个人吃饭。对于席位也是有规矩的,一般不能增加,并且要分上席、下席和陪席。上席为长者、身份特别之人和老人,陪席为身份稍次的,小辈或身份低的人只能坐下席。

徐州的"八大碗"就地取材,偏醋椒口感,是适合徐州地区的大众口味。八道菜包含酥鱼条、虎皮蛋、糖肘子、白鸡丝、八宝饭、烧滑脊、扣签子、清蒸鸡等,都是用黑铁锅、木柴火的传统方式烹饪,无污染,无异味,属于纯天然食品,深受广大食客的喜爱。

徐州八大碗一般多采用烧和扣碗蒸。烧制的菜肴,提前烧制好,盛在碗中即可上桌,扣蒸菜肴反扣碗中,方便迅速。

徐州"八大碗"尽管是民间一种饮食,但影响范围大、区域广、时间长。通过"八大碗"内容的变化,可以了解徐州饮食文化的内容,研究徐州周边地区饮食风俗以及民间习俗,有利于研究和发现徐州不同历史社会经济的发展状况。为了不让流传几百年的"八大碗"失传,整合当地美食资源,徐州周边各地相继恢复了八大碗的模式,具有浓厚的乡土特色。

徐州传统民间筵席"八大碗",是徐州传统饮食文化遗产中的一部分,制作"八大碗"是一种艺术传承,品尝"八大碗"则是一种传统文化的享受。

邳州八大碗

"八大碗"习俗在邳州比较普遍,邳州就有家饭店叫"八大碗"。王如坤先生在《邳州民俗》一书中介绍,在邳州农村,一般的亲友来访招待,是"四个菜",两凉两热,两荤两素;或是"六个菜",是两荤四素。招待好些的,则是"八个菜",即"八大碗",为四荤四素,或两荤六素。荤的如炒肉丝、炒肉片、烧鱼、凉拌猪肝、凉拌耳丝等;素的如炒土豆、烧豆芽等。

新亲上门,或是稀客来访,招待就要丰盛了,有"十道菜"或"十三道菜",但必须有四大件或八大件,如整鸡、整鱼、四喜丸子、红烧肉、猪肘子、炖牛肉等。

办喜事的宴席,分为头席、正席。婚期头天的宴席是头席,头席简单,但也是六道菜或八道菜,饭菜比较普通。正席有四碟八、八碟八之分。四碟八,是说有四碟菜和八碗大菜;八碟八,是增加四碟糖果。八大碗菜多是熬、炒、蒸、炸。

以上是新中国成立前后的设席水准。到了改革开放,宴席更加丰盛,有八仙过海席、八荤八素、八碟八碗,其中有四大件不能少,就是四喜丸子、炖鸡、炖鱼、炖肘子。到了20世纪90年代,增加海味,花样翻新,宴席做到18道菜、20道菜。

邳州港上村的筵席,有多种档次规格不同,文明席是五个碗;散头席是八大碗加四个果盘,压轴席是八大碗加八个盘;十三太保席是八小碗、四大碗、一碗汤;十大碗席是整鸡、整鱼、海味、银耳、十个盘碟。

邳州《八路镇志》载,婚席一般是八碟八碗,有的外加四个果盘、四个炒菜,称为24头便饭席;20世纪70年代后,婚丧宴席改用八大碟、六个炒、四个大件、一碗汤。

厨师们说八大碗有讲究，其实上菜也有讲究。如鱼不献背、鸡不献头、鸭不献掌，就是不可以把鱼脊（鳍）、鸡头朝向主要客人。上整鸭不可以把鸭屁股朝向客人，一是这些部位多骨少肉，要把最肥美的胸部朝向主要客人或主人；二是那样不吉利、不尊敬。有的地方不管什么席，在上整鱼时，鱼头朝东，鱼尾朝西，有鱼归大海之意。将鱼的上面吃完后再吃下面，必须翻过来，但不能说"翻过来"，要说"正过来"。叩盅时要说"满了"，严禁说"淌了"。

尽管目前食材丰富，生活水平提高，但是，当年吃"八大碗"的情景，还留存着。有的邳州人深情难忘当年吃"八大碗"的日子：黑黑的小扣碗，方方的小桌子，四条长凳子，八人围坐，多少乡情在其中。有的人说："我们这以前叫四碟八碗，好像是先上四个凉盘，然后再上八大碗，这八碗大概都有炖猪头肉、炖炸鱼、鸡蛋糕、炖丸子、炖素糕、炖猪血豆腐、炖豆芽羊肉、烧签子。说是炖，其实都是蒸的，上碗时再浇上汤。那时很少有牛肉的。"现在呢，比较丰富了，一般都是八个凉菜（牛肉、猪耳朵、变蛋、手撕鸡、花生米、哈密瓜、藕片、菠菜），六个小炒（海鲜、肥肠、牛肚、辣子鸡、芹菜肉丝、鸡蛋或者山药拔丝），四个大件（整鸡、肘子、牛肉、霸王别姬或者扣肉），两个汤（羊肉汤、鸡蛋汤）。

沛县的十大碗

徐州市非物质文化遗产保护项目沛县汉宴十大碗的申报材料介绍，沛县汉宴十大碗源于东汉初年，至今已有两千多年的历史。在漫长的流传过程中，汉宴十大碗又分为官方和民间两种版本。官方的汉宴十大碗，用料比较考究，鸡鱼肉蛋，很是奢华；而民间的汉宴十大碗，则较为简朴，制作起来也比较简单。

史料记载，汉光武帝刘秀在洛阳登基后，即率文武百官去沛县高祖原庙拜祭高祖刘邦。沛县县令闻报后不敢怠慢。但最让其为难的就是吃饭。文武百官来自五湖四海，饮食习惯不同，口味各异，饮食招待成了最大难题。一位老厨师建议不妨做出十道大菜，有荤有素，酸、辣、甜、咸风味各不相同，任由其随便挑选。县令闻后大喜，当即吩咐照此办理。光武帝及文武百官食用后，果然个个满意，皆大欢喜。光武帝回京后参照此法制作宴席，并传至民间，被当地人称为"水席"，传承至今。此即十大碗来历的传说。

东汉时期，沛县有家攸姓小夫妻开的酒肆（酒楼），开始生意还算平稳，可后来周围饭店多了，竞争也就越来越激烈。夫妻俩家底薄，和别的饭店拼不起，凑巧邻居大爷在县衙食堂里做大厨师傅，也姓攸，于是恳请他指点迷津。老人家看到两个年轻人是真心来请教，于是教他们学习做自己最拿手的"十大碗"。夫妻俩学会后没有依葫芦画瓢，而是根据当时民间的实际生活水平大胆改进，做出了各色人等都能够消费得起的不同档次的"十大碗"。推出不久，生意就红火起来。于是，汉宴十大碗从官府走进民间，传袭至今。

过去富裕人家用的"十大碗"是整碗鸡鱼肉蛋，菜多汤少。讲究造型，菜上还会放上用面烤制的松鼠、蝉儿、金鱼等小动物做装饰，以增加菜式的观赏性和客人的食欲。而另一种"十大碗"多见于贫穷人家。碗里多是素菜，按照每桌人数，切上相等肉片，在菜案上拍几下，让肉片尽量显得大些，然后盖在碗上。吃客并不容易发现。这就是后来民间演化的两个版本，官府版和民间版——官府版用料考究、做工精细,用于招待经济能力较强者或者贵宾;民间版因陋就简、素多荤少,主要用于婚丧嫁娶宴席。但其风格和制作方法基本相同,只是用料的价格的高低和用时的多少。

"汉宴十大碗"两道必要程序:过油和煲汤。品种有:1.焖子;2.签子;3.红扣肉;4.油炸鱼;5.甜米饭;6.虎皮鸡蛋;7.羊肉白菜;8.鸡丝笋;9.牛肉炖豆腐;10."全家福"。

吕梁八大碗

吕梁八大碗历史悠久,它的盛传得益于川上书院在当地的巨大影响。明嘉靖十四年,徐州吕梁洪工部分司员外郎张镗在凤冠山上建一书院。因有感于"子在川上曰:逝者如斯夫,不舍昼夜"这一句,将书院命名为"川上书院"。历朝徐州府均在该书院设童生考场,直到清末光绪帝最后一次开科取士为止。

每届考试期间,学子们每七人坐一桌用餐。菜分四碟八大碗,四碟为鲜果,八大碗为荤菜六、素菜二,又叫"干八碗",年景歉收减为六荤二汤。这个川上书院考场,沿用到清末光绪皇帝的最后一次开科取士为止。人们在闲谈时,言及某人文化好,笔墨功底深时,便会赞许地说,某某人文采好,是吃过八大碗的笔杆子。久而久之,"吃过八大碗"一词就成为当地文才出众者的代名词,流传至今。后来"八大碗"的菜品也逐渐流传于民间,至今在徐州民间的酒席中依然可以看到"八大碗"的影子。

吕梁人为了不让流传几百年的"八大碗"失传,整合当地美食资源,于2009年5月隆重推出"吕梁八大碗"菜谱,根据不同季节推出不同菜肴。

目前的八大碗主要为"大丰收、野菜、水煮豆腐、洪山藕煲、红烧狮子头、滋补羊肉、清炖鲢鱼、炒炖三黄鸡"。上菜时都用清一色的大海碗,看起来爽快,吃起来过瘾,具有浓厚的乡土特色。

满族八大碗

满族八大碗是满族人家最平常的菜肴,早先的满族八大碗只在满族人家食用。清朝乾隆期间,正值鼎盛时期。"满汉全席"在饮食业得到发展,满汉全席分为"上八珍""中八珍""下八珍",满族八大碗被纳为满汉全席之一下八珍。《汉族旗人祭礼考》记载:宴会则用五鼎、八盏,俗称八大碗,年、节、庆典、迎、送、嫁娶富家多以八大碗宴请,八大碗在当时集中了扒、焖、酱、烧、炖、炒、蒸、熘等烹饪手法。

各地的满族八大碗因地产食材不一,因而菜品也不同。承德的满族八大碗就地取材,柴鸡炖蘑菇、白汤羊肉、干豆角炖肉、炖牛肉、炖带鱼、白汤冬瓜等以上八道菜,都是用黑铁锅、山柴火精心制作而成,无污染,无异味,属于纯天然食品,深受人们的欢迎。

清真八大碗

回族群众信仰伊斯兰教,按教规不许喝酒,不饮酒就不用预备炒菜;同时教规教义上提倡节俭,反对铺张。历史上,回族人民又十分好客。为此勤劳智慧的回族群众创造了宴席形式——"清真八大碗",既节俭,又表达了宴客的氛围。"八大碗"主要有炖牛肉、炖杂碎、胡萝卜、长山药、海带、醋溜白菜、粉条、丸子、炸豆腐等，以八碗为限。稍富的可上两碗杂碎、两碗肉；穷苦一点儿的，可八大碗仅上"菜帽"，下面一律用胡萝卜垫底。其中炖牛肉、炖杂碎是清真家常菜中的精品。

正定八大碗

正定八大碗实际上主要是由猪肉制作组成的八碟八碗十六道菜。因当时儒家与道家文化盛行，人们崇拜"八"这个数字。当时酒家讲究上八仙桌，每桌坐上八个人，上八道菜，都用清一色的大碗。主要由四荤四素组成。四荤：方肉、酥肉、扣肘、肉丸子等，材料精选肘子肉，后臀肉。四素：豆腐（炸豆腐或白豆腐）、海带、粉条和农家时令菜蔬（如萝卜、白菜、茄子等）。其荤菜均是运用独特工艺先煮后蒸，按照严格的程序和工序。其技艺主要在选料、刀功、火候的掌握以及配料的选择上下功夫。

滕州八大碗

有人说"滕州八大碗"源于春秋时期的孟尝君，也有说是康熙下江南时途经滕州，吃了这八碗席后感觉特美，就用满人的习俗封此席为"八大碗"，"八大碗"才得以正式命名。

滕州八大碗古时用黑瓷陶碗，一共八件，大小相同，后来演变成黑瓷、白瓷、铜器和不锈钢器皿。现存的老字号饭店仍以黑陶瓷大碗为盛具，以木炭或焦炭为火源，进行蒸煮烹调。八大碗的菜名和先后顺序皆有讲究，一般为一道金鸡，二道银鲤，三道铜肘，四道玉卵，五道酥菜，六道豆腐，七道辣酱，八道清炒。其成分多为鸡、鱼、肉、蛋、土豆条、藕片、辣椒、芹菜、白菜、黄豆芽、绿豆芽等，不一而足。再配上甜面酱、酱油、食醋和味精、香菜、料酒、花椒、小茴香、葱、姜、蒜等作料。

安徽八大碗

宋元六年（1091年），苏东坡出任颍州（今安徽阜阳市）知府。一日，苏东坡的好友"宋四书家"之一的米芾前来探望他。苏东坡很高兴，处理完公务后，两人南下游玩。

是日，途经庐州府治地，两人感觉腹中饥饿难当，但离城还有不短的路程，一时无法，只得硬着头皮赶路。忽有一股香味扑鼻而来，两人循香而去，发现不远处一户农家正炊烟袅绕。走近一看，这户人家正在摆宴，好客的主人听说来意后盛情邀请两人入席。菜过五味，酒过三巡，大家醉意已浓。苏东坡一时兴起，随口吟道："举箸失量八碗入腹容易，宴罢无瘾三年去意可难。"主人知是夸赞自己做的菜，知道两位都是有大学问的人，于是再请题字。米芾回想刚才吃的八大碗美味，一蹴而就，"八大碗"三字便跃然纸上。

后来，主人便以"八大碗"为招牌，开起了酒家。八大碗美味也随着这段佳话广为流传。

盐城八大碗

盐城位于扬州和徐州之间，既有南方人的好面子，也有北方人的豪爽。所谓盐城八大碗，就是以前盐城人家里办事情，招待客人的八道菜：

盐城土菜八大碗第一道菜——膘，也叫肉皮杂烩。无膘不成席，号称"江北头道菜"。

盐城土菜八大碗第二道菜——红烧糯米肉圆,也叫錾肉、肉坨子。糯米饭加肉油煎而成,一桌8人24个,1人3个。

盐城八大碗第三道菜——牛肉粉丝青菜。

盐城八大碗第四道菜——红烧肉。

盐城八大碗第五道菜——鸡肉丝粉丝。

盐城八大碗第六道菜——蚬子烧茶干。

盐城八大碗第七道菜——网鲜(野生的鱼、虾、蟹)。

盐城八大碗第八道菜——虾米羹(茨菰切成丁,加虾米做成羹)。

最后还上青菜豆腐汤,意为做人要清清白白,清清爽爽。

合肥八大碗

在以前合肥地区不论婚丧嫁娶,不论什么大事情它的席面总是用八大碗。一般八大碗的菜品都是定下来的,都是红烧鸡、红烧鱼、红烧肉、肉圆子、炖肘子,以及任意三个炒菜,并且在吃的时候是有讲究的。鱼是不能吃的,要给主人家留着,叫余着财气,除非主人家主动挑了第一筷子。最后一个上的菜绝对是红烧肉,这就叫圆席。

徐州窑湾船宴的风味特色

窑湾位于京杭大运河与骆马湖交汇处,三面环水,与新沂、邳州、睢宁、宿迁四县市毗邻。

窑湾的来历有两种说法:一种说法是说窑湾三面环水,河道弯曲,当地以烧窑为生,窑多弯多,故称窑湾;另一种说法是当地为烧窑之地,漕船行至此,船家互问"湾(停靠之意)"在哪?回曰"窑上湾",久而久之,窑湾便成了家喻户晓的地名。传说归传说,但窑湾是从明朝以后开始有记载的。也有专家认为是建于春秋时期,唐代已成规模,但在春秋时期,运河(古时称邗沟)尚未开通至窑湾,骆马湖也未形成,那时的窑湾只是沂河、沭河、古运河贯穿于此,不过是个普通的乡村而已。秦汉至隋唐时期,运河多以长安、洛阳为终点,运河呈东西走向,在此基础上,不断向南北扩展,尤其在隋和元代,经历了两次大规模的扩展和整理,基本形成了今日大运河的规模。因此说,大运河开掘于春秋,完成于隋朝,繁荣于宋代,取直于元代,疏通于明朝。由于运河的南北沟通,窑湾从此变成了一个南来北往的水上交通枢纽。

骆马湖位于宿迁和新沂之间,又称乐马湖、落马湖,汇集沂、沭、泗水系中面积最大的湖。关于骆马湖的文字记载首见于历史上,窑湾一直属于邳州管辖,1952年划归新沂管辖。明朝后期,运河徐邳段改造,开通迦运河后,窑湾因地形之便成为来往船舶天然的避风港口,遂以漕运而兴起,延绵至今300多年的兴盛期(新沂地方志编纂委员会.新沂县志[M].南京:江苏科技出版社,1995.)。关于骆马湖的文字记载,首见于《宋史·高宗本纪》和《大金国志》,"绍兴元年(1131年)夏四月金将挞懒渡淮,屯宿迁县马乐湖""金天会九年(1131年)金将挞懒渡江,屯宿迁县乐马湖,七月挞懒自宿迁北归"。正史记载首见于《明史·地理志》,在宿迁下记有"……县西北有骆马湖,皆入大河(黄河)";明朝万历年间,工部尚书朱国盛在其《通济河记》详细描述了骆马湖的概况,"骆马湖去宿迁治十里,而陈沟则骆马湖一支流也……总归骆马湖,夏秋遇潦,湖面横亘二十余里,分三支会与黄河,一为董家沟,一为骆马湖,一为陈沟,然高洼不一,不可以舟,至冬春则涸而成陆"。可见,骆马湖成为大型吞吐湖是在明代(杨万里,王云飞.骆马湖的成因与演变[J].湖泊科学,1989.10)。

明代,黄河屡屡决口,泗、沂、沭、淮等河道宣浅不畅河水壅涨漫溢,沂河下游因地壳沉陷而成骆马湖盆地,湖盆洼地逐渐潴积,汇集为骆马湖。如万历年间"河决狼旋,磨脐二口,蒙阴马陵山水俱发,邳、宿俱沈釜底"(朱家正等,郯庐断裂带江苏段的新活动与地震,中国活动断裂,106－111,地震出版社,1982)。康熙年间傅泽洪主编的《行水金鉴》记载:"骆马湖在江苏宿迁县北,本为洼地,明季黄河漫溢,汀积成湖。"

骆马湖的形成以及运河的改道疏通,使窑湾形成了一个独特的避风港湾。这样一来,窑湾的地位开始改变,逐渐成为重要的水陆运输码头。《邳志補》称:窑湾位于"南濒运,西濒沂,有竹络坝,为沂入运,处邳宿错壤界圩内"(民国邳州补[M].南京.古籍出版社,1991),因为窑湾恰好处于泇运河与骆马湖连接处,上承泇河,下启中河,还建有竹络坝,形成了一个天然的货物集散地。在《邳志補》还记有"窑湾,邳宿错壤,绾毂津要,一巨镇也,昔者,漕艘停泊,帆樯林立,通阛带阓,百货殷赈。有幸使过客之往来,或舟,或车胥宿顿焉。繁富甲两邑,大腹巨贾,辇金而腰玉,倚市之女,弹筝砧屣,有扬、镇余风"。体现了窑湾300余年的繁盛。

窑湾船宴的形成和发展,一是源于运河的南北开通,达官贵人、商贾富人由于行程运输的需要,长时间地逗留在船上,并且带有厨房设备、物品原料、杂役仆人等,经常在船上设宴,消磨时光,从而形成了别具风格的一种船宴形式。这种船宴,用料考究、讲究制作,虽然受到一些条件的限制,但每到一处都会及时补充当地的特色物产,同时也会把技艺带到岸上,形成了一种饮食交流。隋炀帝三次南巡,就是以船舫为交通工具,沿运河而行,船上带有御厨,并配有山珍海味。《资治通鉴》记载:"炀帝上行幸江都……所过州县,五百里内皆令献食,一州至百舆,及水陆奇珍。后宫厌饫,将发之际,多弃埋之。"清朝康熙、乾隆也是频频南下,行程之中,多数时间逗留在船舫中,设宴娱乐,浏览风光,了解民俗,体察民情,留下了许多遗址和传说,品尝了各地的美食佳肴。

船宴,顾名思义就是在船上所设的宴席。古时帝王贵族每逢佳节和令节,都会泛舟于水上,观赏风景,设宴取乐。专门用于设宴的船,又称为餐船,所设宴席,即为船宴,宴席上所上菜点,即为船菜、船点。传说吴王阖闾江上游船,举行宴饮,将吃剩的残菜鱼脍倾入江中,化作大银鱼。

宋代以来,南京秦淮,苏州、无锡太湖,扬州瘦西湖,杭州西湖等地盛行游船,多为才子佳人、达官贵人等。这些游船,清代以后,美其名为"画舫"。《扬州画舫录》就记有:"画舫在前,酒船在后,放乎中流,橹篙相应,传餐有声,炊烟渐上……谓之'行庖'。"史料中相关记载较多。但对于窑湾船宴的记载几乎没有。

窑湾作为重要的交通枢纽,商品集散地,经济自然发达。饮食服务业逐渐完善,餐馆、酒店遍及大街小巷以及船上,其中船宴深受南来北往船商的喜爱,成为当地具有代表性的厨艺水平。

徐州蒸菜的风味特色

徐州蒸菜并非指所有蒸制的菜肴，而是指家庭利用各种蔬菜或各种时令野菜或蔬菜的下脚料，拌以面粉，上笼蒸制而成。是徐州地区常见的家庭吃法。过去农村生活条件艰苦，不仅肉食常年见不到，就连基本的食用油都是限量供应，炒菜用油较多，大家省吃俭用。于是有人就将一些蔬菜，特别是一些时令蔬菜或野菜，如槐花、槐叶、榆钱等，洗净晾干，拌上面粉，上笼蒸制，然后撒入盐或辣椒酱，或蒜泥，既饭又菜。有时候为了避免浪费，将一些弃置不用的芹菜叶、莴苣叶、老帮包菜叶等，也用来蒸制食用，而不是现在的营养搭配。特别是在困难时期，野菜成为当时充饥的主要食物。

制作蒸菜的原料，多是常见的蔬菜，以叶菜类、茎菜类、根菜类、花菜类居多。常见的品种有：蒸芹菜叶、蒸胡萝卜丝、蒸牛蒡丝、蒸槐花、蒸槐叶、蒸榆钱、蒸豆苗、蒸荠菜、蒸香菜、蒸扫帚苗、蒸马兰头、蒸萝卜丝、蒸莴苣叶、蒸萝卜缨、蒸马齿苋等。

随着社会的发展，肉食越来越多，人们已经不再满足大鱼大肉的生活，民间家庭菜肴登入大雅之堂。蒸菜也随之进入社会餐饮行业供应顾客消费。许多大小酒楼，不断创新蒸菜品种，深受顾客的喜爱。

蒸菜的食用，方便快捷。由于蒸制时未事先调味，食用前需要进行调味，有的拌入辣椒酱，有的加入蒜泥，也有的加入豆豉酱等。根据客人爱好，还有的加入一些芝麻酱、花生碎等增香，也可用油炒制后再食用，或以卷食，或直接食用。一般趁热食用，冷食口感不如热食，所以有些酒店在蒸菜上桌前，先用微波炉加热一下，增加蒸菜的口感和风味。

徐州蒸菜，品种多样。一般选用易于成熟的蔬菜品种，小型的多直接选用整只，如荠菜、槐花、榆钱等，大型的加工成丝状或薄片状较多，如萝卜、胡萝卜、紫甘蓝等。蒸制时讲究旺火速成，保证蔬菜的清爽、面粉的滑爽。若蒸制的时间较长，面粉易于吸收水蒸气糊黏连，蔬菜出水不爽，蒸制时间太短，原料不成熟，因此，蒸制的时间与火候至关重要。

蒸菜在蒸制前，要掌握好蔬菜和面粉的量，加入的面粉要均匀布满蔬菜的表面，抖去多余的面粉。若面粉较多，蒸出来的蒸菜，黏糊不爽，口感也不好。蒸制前，蔬菜不可加入盐调味，因为加入盐以后，蔬菜容易出水，吸收面粉较多，可以适当加入一些花椒粉或五香粉拌匀在里面。

蒸菜看似简单，但要做好，实属不易。特别是初次制作，把握不准。于是市场上出现了专门制作蒸菜出售摊点，将蒸好的各种蒸菜放在不同的盒子里，随顾客需要，现场调味打包。方便了大众，也解决了顾客家庭制作的烦琐，满足了社会大众的需求。

徐州地锅的风味特色

徐州，作为中华饮食文化及养生文化的鼻祖栖息地，这里有山有水，气候温和，民风淳朴，交通发达，留下了大量宝贵的彭祖饮食文化、养生文化等遗产，对现代汉文化的形成及饮食发展起着重要的作用。

徐州地锅是徐州饮食中一道独特的烹饪技法。有人说，徐州地锅源于微山湖的渔船上，渔民在船上用陶质的罐子在旁边打出一方形窗口（用于烧火），后面打一源眼（用于出烟），翻过来在罐口坐锅，这就是地锅的雏形，后流传到陆地市肆。实际上并非如此。

追溯起源，徐州地锅应源于古时彭祖创建的"爨阵八法"中的"地灶"，流传于徐州的民间。在地上支灶架锅，使用方便，是用木柴、秸秆等燃料，配以风向助燃，每家几乎就一口锅，既用来做饭，也用来做菜。地锅的应用很广，过去外出、军队行军打仗等涉外活动，都是随处架锅起灶，人走灶毁，使用方便。过去，徐州家庭办酒席，也是顺手在地上用砖头支灶（爨阵八法中的"地灶"），现在不少农村办酒席仍采用此法。

灶的种类很多，南方和北方各地都有不同，《释名·释宫室》中记有："灶，造也，创造食物也。"就是说，灶是用来制造食物的。从出土的文物来看，灶在旧石器时代就已经产生。原始社会，人们在地上用石头围起或挖个浅坑生火烧烤食物，这就是灶的雏形。到了新石器时代，陶器的发明和使用，出现了陶灶，灶的功能也随之改进和加强，提高了挡风聚火的能力，提高了火的效益，不仅仅是烧烤，更多的是烧煮。目前，我国已知时代最早的陶灶，出土于江苏省宿迁市泗洪县顺山集遗址。顺山集遗址发现于2008年，是江苏境内最早的新石器时代遗址，年代约在距今8000年前。顺山集遗址出土的一件早期陶灶，高约10厘米，形态上类似于一段炉壁，上窄下宽，前面的缺口即为灶口，灶壁较为厚实，其上可以放置陶釜以制作饮食。这件陶灶虽然结构极为简单原始，但已具备炉灶的基本特性，能够遮挡风尘、聚火升温，与使用石块或陶支架固定器皿进行炊煮有了根本不同。从年代上看，更是具有开创性的意义。

徐州地区地锅使用的灶，有固定的和移动的。固定的比较大，铁锅也比较大，移动的比较小，和古代陶质的灶非常相似。用塘泥堆砌，下有三个支撑的腿，像古代的圆鼎，上有灶腔，腔下在三条腿之间放上几根钢筋，徐州称为炉条。烧透的炭灰可以从炉条漏下去，还可以通过炉条进入空气，助火燃烧，灶腔较大、较鼓，后有一小眼出烟，锅腔周围用泥涂抹均匀，锅坐上去不能留有缝隙，否则会从缝隙中冒烟。铁锅也比较小且能随时拿下，方便。徐州的地锅，就是一种移动的灶，地方称为"锅腔子"，上坐铁锅，徐州称为"耳子锅"，一般没有烟囱，但灶后有一圆洞，便于出烟。有用陶土烧制的，也有用土自己做的，现代也有用金属铸造的。20世纪60年代以前，有专业做灶的，先用泥土做成锅腔坯子，烧制，形成陶罐状的陶锅腔子。上了年纪的老人过去家庭都用过。市场上有专门卖锅腔子的，家庭根据人口多少、锅的大小而添置，现市场有用废弃的煤气罐瓶改装的，也不错，使用方便，便于挪动。

从资料记载以及出土的文物来看，我国古代陶灶的使用具有明显的地域性特征，主要集中在黄河流域地区。徐州的地锅就秉承了古代灶的特点，流传至今，也说明徐州对这种灶的利用，有着悠久的历史。

过去农村农忙时，来不及做饭又做菜，就在做菜的时候，将面粉和成面团，用手捻成饼状，随手贴在菜的四周，饼熟菜香，盛出，全家食之，农村俗语家"老鳖溜河沿"。洪泽湖的"小鱼锅贴"，天津的"饽饽熬小鱼"，类似于徐州的地锅，但是它们取料比较单一，不像徐州那样取料广泛。

传说，很久以前有一农民家里很穷。这日家里来了一位贵客，家里也没有什么好招待的，主人就杀了家里面一只喂养的公鸡。女主人用缸里剩的一瓢面粉，加水和成面团，准备擀面条招待客人。无奈有事外出。男主人不会擀面条，只好将面团擀成饼，放在烧公鸡的锅里。有的贴在锅边，有的直接放在菜肴上，待鸡熟后，贴在锅边的面饼底面变成了金黄色，香气扑鼻，用铲子铲下来，与鸡一起上桌。客人吃后，连说好吃、好吃，面饼酥脆可口，鸡肉浓厚鲜美。从此，这道美味菜肴就流传下来了，并取名"地锅鸡"。后来人们仿制其法，各种地锅应运而生。

徐州过去农村盛行一种叫"老鳖溜河沿"的家庭烹饪方法。到了农忙季节，人们忙于庄稼，无暇顾及做饭，只好顺便采摘自家种植的茄子、豆角、南瓜等蔬菜，用家庭火灶烹制。烹制时用面（多是玉米面、地瓜面等）和成面团，用手揪成大团子，放在手掌中，用手压扁，厚薄均匀呈饼状，贴在菜的周围，菜熟饼香，分别盛出，吃饼就菜，就作为一顿饭糊弄过去了。因其形如同老鳖趴在河沿上，故称为"老鳖溜河沿"。家家户户均会制作。久而久之，就成了民间常用的烹饪技法。选料方便多样，既可鸡鸭鱼肉等肉类，也可茄子、辣椒、土豆等蔬菜。一般是大火烧开、小火温炖，余味长久。贴饼的时候，可将饼的下端部分浸入汤汁中，这样饼种带有菜味，贴饼靠锅的一面，带有一定的焦壳，既软糯又脆香。因玉米面多为金黄色，又戏称为"黄金饼"。由于方便快捷，是过去农村中较为常见的一种又饭又菜的民间饮食。过去由于家庭生活困难，大鱼大肉、精米白面难得一见，因此多使用家庭种植的各种蔬菜。条件好一点的还可以放一点粉丝、豆腐等，面粉多是玉米粉、山芋粉等粗粮，小麦粉等细粮只有逢年过节才能吃到。改革开放以后，条件好了许多，在原料选用方面，多了一些肉类，如萝卜炖肉、红烧排骨、红烧鱼等。由于风味独特，后来为了经营，引入社会餐饮中，将地灶做成小锅灶。用小耳锅，烧木柴，贴面饼，也有贴发面饼，连锅一起上桌，形成了徐州酒席上一道独特的风景。久而久之，有人专门做起了"地锅"经营的专卖店，生意兴隆。20世纪90年代前后，徐州开设了不少的专业地锅经营，形成了现代的地锅系列。

徐州地锅，技法看似简单，实则奥妙。要视原料的老嫩确定菜肴的烧制时间，要视汤汁的多少贴饼。饼要贴得恰到好处，三分之一要浸泡在汤汁中，上面的部分要有结壳。贴早了、火大了，容易汤干饼煳，贴晚了、汤多了，饼不入味酥香。因此，要掌握好地锅的技法。

地锅菜善用葱姜蒜、辣椒、八角等香辛料，口味重，这是徐州民间菜典型的代表，也是徐州人民最喜爱的菜品之一。徐州人爱吃地锅，不管是春夏秋冬。透过徐州地锅，可以了解徐州风土人情、人文习惯。

地锅菜中以"地锅鸡""地锅鱼""地锅三鲜"等最为出名。后来根据原料的不同，创新出地锅龙虾、地锅排骨、地锅牛蛙、地锅土豆牛肉、地锅羊肉等。地锅经营店的品种达几十种，极大地满足了大众消费的口味。

饭店对地锅的引入，改变了传统的农村火灶烹饪的习惯。饭店多使用轻巧方便的锅腔来做地锅系列，底下烧柴火，上方铁锅子，把烹制的菜肴倒入，贴饼，盖上盖，烧至15分钟左右即可。有些专业菜馆，锅腔摆放一排几十个，形成一道风景线，甚是壮观。地锅品种多达几十种，有地锅鸡、地锅鱼、地锅排骨、地锅牛肉、地锅土豆、地锅三鲜、地锅茄子、地锅豆腐等。仅肉类就有地锅粉丝烧肉、白菜烧肉、干豆角烧肉、豆芽烧肉、萝卜烧肉等。形成了具有浓厚地方风味的地锅系列。有些饭店还为此专门制作了大型的锅腔，摆放在门口，用来招揽顾客，还有的专门制作小型的锅腔，带着风箱，连锅一起上桌，烘托了气氛。近年来，随着对环保的要求越来越高，为了防止空气污染，许多饭店不允许使用木柴烧火，改用了煤气，风味依旧。徐州人不仅把地锅做到了极致，还开设到了上海、北京、南京、深圳等外地大城市，深受各地顾客的欢迎。

徐州饮食

物产篇

徐州蔬菜

徐州地理环境优越，气候宜人，阳光充足，有山有水，适合各种蔬菜的生长。在不同的季节，上市的蔬菜品种也有所不同。

人类在古时代，就已经掌握了各种蔬菜的种植和动物的饲养，有效保证了人类的食物来源。蔬菜作为人们生活中不可缺少的食物来源，被一代代传承下来，并不断发展和培育新的品种。因而徐州蔬菜具有品种多、四季分明、地方特色浓郁的特点。

徐州蔬菜品种众多，有古老的地方蔬菜，也有近年来引进的新品种；有人工栽培的各种蔬菜，也有多种野生蔬菜。还有多种蔬菜制品，其中有很多属于徐州当地较为有名的特色产品，被广泛运用到社会餐饮和人们的家庭生活中。近年来，由于大棚蔬菜的兴起，蔬菜品种改变了自然界季节的变化而一年四季均有供应。

从具体品种来看，徐州蔬菜品种多达上百种。常见的品种有：

人工栽培类：油菜、青菜、小白菜、大白菜、黄芽白（高帮白菜）、苔菜、菠菜、苋菜、茼蒿、香菜、油麦菜、芹菜、韭菜（韭黄、韭菜苔、韭菜花）、蒜苗（蒜苔）、雪里蕻、空心菜、包菜、豆角、扁豆、四季豆、嫩蚕豆、嫩豌豆、毛豆、辣椒、茄子、番茄、丝瓜、蛇瓜、嫩南瓜、笋瓜、黄瓜、秋葵、北瓜、搅瓜、瓠瓜、葫芦、黄花菜、西蓝花、菜花、萝卜、胡萝卜、藕、苤蓝、蔓菁、山药、牛蒡、芦笋、莴苣等。近年来人工培育的有萝卜苗、豌豆苗、香椿苗、芹菜苗等。

野生的蔬菜有：荠菜（近年有人工栽培，但野生较多）、马齿苋、香椿、槐花、榆钱、苦菊、马兰头、田七、枸杞头、扫帚菜、野小蒜、春不老等。

其他的还有衍生的制品：绿豆芽、黄豆芽、苔干、干豆角、干黄花菜、干扁豆、干马齿苋、干茄子、干辣椒等。

近年来，食用菌数量大增：香菇、木耳、银耳、平菇、金针菇、白口蘑、鸡腿菇、杏鲍菇、草菇等越来越多。

下面介绍几款具有地方特色的蔬菜。

搅瓜：生物学名上称为金瓜，又称搅丝瓜、金丝瓜、面条瓜等。据《植物名实图考》载："搅丝瓜生直隶，花叶俱如南瓜，瓜长尺余，色黄，瓤亦淡黄，自然成丝，宛如刀切。以箸搅去，油盐调食，味似撇兰。"明代万历年间睢宁县引种落户，是徐州东郊邳县及睢宁一带特产。对搅瓜的食用，《素食说略》中有详细的记载："瓜成熟，放僻静处，至冷冻时，洗净。连皮蒸熟，割去白蒂处，灌入酱油、醋，以箸搅之，其丝即缠箸上，借箸力抽出，与粉条甚相似。再加香油拌食，甚脆美。"一般来说，搅瓜主要用作凉拌，极少作为热菜或作为其他荤菜的配料。凉拌搅瓜看起来和粉丝差不多，但吃起来脆脆的，不知道的会以为厨师的刀功真好，居然将菜切得这么匀称。

雪窨苔菜：是徐海地区一种时令蔬菜，在秋季末播种，冬季采摘食用。叶茎粗糙，颜色黑褐色，当地人俗称为"黑菜"，以山东和江苏等地种植较多。《晏子春秋·杂下十九》："晏子相齐，衣十升之布，脱粟之食，五卵、苔菜而已。"徐州当地最常见的做法是炖、热炒或做包子馅料，都非常好吃。

徐州苔菜种植历史悠久，一般秋季露地播种，冬季下雪被埋藏在雪下，经霜冻后，口味鲜美，故徐州雪窨苔菜最为著名。苔菜在烹饪中用途极广，可以单独用于成菜，如徐州名菜"海米苔菜羹""裹炸苔菜""芥末苔菜"等，也可与肉类等同烧制。特别是家庭制作中，多用于烧肉，深受居民喜爱。

据饮食资料记载，徐州古代有一位名叫时成的菜农，他有一位做厨师的朋友。这位厨师有次在三九隆冬的时候去拜访时成，时常拔来雪中苔菜，在仅有油和盐的情况下，炒制这道菜，吃来却异常鲜美。厨师回去后加以改进，将苔菜去掉老叶，削根，增加了海米（开阳）等配料及调料，就成了一道深受大家欢迎的美馔——海米苔菜羹。

黄花菜：也称金针菜，又名萱草、忘忧草。徐州种植黄花菜历史悠久，据《徐州府志》说："花似玉簪而细，色先青后黄。二月取芽，连根插土中，列植成畦，五六月间抽至作花，摘取蒸熟，爆干作蔬。霜降后叶萎，次年自发。"苏轼在徐州观赏萱草有感赋诗云："萱草虽微花，孤香能自拔。亭亭乱叶中，一一芳心插。"古仅供作观赏，后人却改以食用了。徐州市铜山县盛产黄花菜，个大色黄、口感爽脆、有淡淡的花香，不但行销各地，而且远销国外。徐州以黄花菜入馔甚多，兼之素菜荤制的得法，久负盛名。新鲜的黄花菜每年6～8月采摘上市，以含苞待放时为佳，干制品常年都有供应。由于新鲜的黄花菜含有秋水仙碱，因此家庭制作新鲜黄花菜，大多去掉菜心。大批量制作，须焯水后用冷水浸泡方能去掉秋水仙碱，否则，秋水仙碱容易在体内被氧化产生二秋水仙碱。导致人体中毒。

香椿：徐州香椿以皇藏峪香椿最为著名，皇藏峪原名黄桑峪，因峪内长满黄桑树而得名。《汉书地理志》记载"汉高祖微时常隐芒砀山间，此山有皇藏河，汉高祖避难处。"故名皇藏峪。在徐州，香椿芽、韭芽、芹菜号称春菜三芽。香椿季节性很强，谷雨前，香味浓厚鲜嫩。徐州椿芽色紫，芽肥，梗嫩，醇香久有名气。现在不少人家利用搭棚培育香椿芽，也别有一番风味。

香椿的食用花样繁多，根据不同的地域和个人的口味爱好，以及饮食习惯都会变化出不同的吃法。最常见的有盐腌香椿、香椿拌豆腐、香椿炒鸡蛋、香椿拌鸡丝、油炸椿芽鱼等。将洗净的香椿和蒜瓣一起捣成泥状，加盐、香油、酱油、味精，制成香椿蒜汁，用来拌面条或当调料，更是别具风味。

山药:以丰县山药最为著名。质细腻,肉洁白,是原国家卫生部公布的既是食品又是药品的蔬菜。据《徐州府志》记载:"薯蓣好者出彭城。"徐州以盛产山药闻名,尤其是丰县山药,更是当地特产,2014年在中国举行的APEC峰会,徐州山药被选作无公害原料来招待各国领导人。作为主料、配料均可,特别是冬季,许多人都将山药配以其他肉类,是进补的好食材。在日常生活中,大小相同的山药,较重的更好,同一品种的山药,须毛越多的越好。山药的横切面肉质应呈雪白色,这说明是新鲜的,若呈黄色似铁锈的切勿购买。

韭黄:韭菜是我国驯化最早,栽培最久的蔬菜之一。最早见于记载的是西汉桓宽的《盐铁论》中,有"冬葵温韭"之说。温韭就是温室培育的韭黄。宋代陆游的诗词中有"鸡跖宜菰白,豚肩杂韭黄""新津韭芽天卜无,色如鹅黄三尺金"等句。

韭黄也称"韭芽""黄韭芽""黄韭",俗称"韭菜白",为韭菜经软化栽培变黄的产品。是我国人民喜爱的蔬菜之一。古代《诗经》中就有"献羔祭韭"的描述,唐代以前就广为培植。将韭菜隔绝光线,完全在黑暗中生长,因无阳光供给,不能进行光合作用合成叶绿素,就会变成黄色,乃冬季培育的韭菜,嫩而味美,称之为"韭黄"。其营养价值要逊于韭菜。

铜山韭黄,闻名全国,徐州韭黄不仅传遍全国,而且出口到中国香港、日本等国家和地区。沙塘韭黄"色淡黄,叶似金条,茎如白玉",以清鲜味美、芳香可口而闻名遐迩,是各种韭黄品种中的上品。特别是在蔬菜品种稀少的冬季,用韭黄做菜、做馅,其鲜无比。韭黄在徐州主要产在铜山县,当地农民用韭菜经软化栽培而成。北宋苏东坡在徐州任知州时曾写过"渐觉东风料峭寒,青蒿黄韭试春盘"的诗句,这就是指铜山沙塘韭黄,它色、香、味三绝。陆游也曾有诗赞道:"新京韭黄天下无,色如鹅黄三尺余。"

韭黄在烹调中,可以凉拌、炒、做汤、做馅。在徐州一带,"凉拌韭黄""韭黄鸡丝""韭黄鳝丝""韭黄炒蛋""韭黄酸辣汤""韭黄水饺"等多不可数。

苔干:是徐州邳县、睢宁县一带特产。据邳县地方志记载:"苔干,在我国已有二百多年的栽培历史。"过去由于条件的限制及人们的认识不足,苔干的生产未受到充分重视。近年来,随着对外关系及对外贸易的发展,邳县苔干在广州交易会,受到港澳商人的青睐,一些外商纷纷订购,使平凡、庸俗的苔干身价倍增。色泽翠绿,响脆有声,味甘鲜美,爽口提神,备受海内外消费者青睐。

牛蒡:是一种营养价值很高的保健型蔬菜。它浑身是宝,享有"蔬菜之王"的美誉。牛蒡作为蔬菜食用,自古有之,食法颇多。唐代孟诜的《食疗本草》、南宋林洪的《山家清供》等都有记载。牛蒡的加工方法多样。在烹饪过程中,可根据具体的菜肴加工成茸、末、丁、条、丝、片、块等形状,可做主料单独成菜,亦可作为配料进行烹调。牛蒡适合的烹调方法也较多,炒、炸、蒸、炖、煮、焖、煨、拔丝、蜜汁、酱、腌等,做馅心、做粥、做汤羹等均可,特别是药膳制作,用途更为广泛。不同的烹调方法,其口感具有爽脆、软糯等滋感。牛蒡可适合多种调味,酸辣、麻辣、咸鲜、椒盐、糖水等均可以进行调味。

十孔浅水藕:也叫白莲藕,个大、丰满、质细洁白。不管是凉拌还是热炒,均清脆爽口,甘甜无渣。之所以稀有,是因为藕有10个孔儿,是藕氏家族里绝无仅有的。其中,睢宁姚集十孔浅水藕最有名,远销南京、上海、天津、沈阳、哈尔滨等地。

邳州红心萝卜:属于大红袍萝卜的一个品种。红皮白瓤,中间有一条红线从头到尾,呈放射状穿插在白色的肉质中,也称为萝卜筋。是邳州的名土产,产量不大。邳州官湖半庄一带出产最为有名。邳州萝卜是大众饮食不可缺少的蔬菜品种,特别是在过去,在冬季蔬菜缺乏的情况下,家家户户更是离不开萝卜。萝卜不仅是家庭制作小菜的原料,也是制作主食辅助原料。如邳州有名的小吃萝卜卷、摊煎饼、萝卜丸子、萝卜丝饼、萝卜羹等都是萝卜的饮食制品。

芦笋:是江苏省徐州市丰县的特产。以嫩茎供食用,质地鲜嫩,风味鲜美,柔嫩可口,烹调时切成薄片,炒、煮、炖、凉拌均可。冷藏保鲜先用开水煮一分钟,晾干后装入保鲜膜袋中扎口放入冷冻柜中,食用时取出。食用方法多种多样,既可凉拌生食,又可炒、煎、蒸、煮、炖、煲、煨、烧等食用。常见的菜肴主要有凉拌芦笋、酸辣芦笋、鹌鹑芦笋汤、芦笋鸡蛋汤、素炸芦笋、素炒芦笋、肉片炒芦笋、虾仁烧芦笋、芦笋虾仁蒸包、火腿炒芦笋、鲜菇龙须、芦笋煎鸡蛋、糖醋芦笋片、芦笋烧干贝、芦笋鲍鱼汤等。

徐州水产

徐州地处古淮河的支流沂、沭、泗诸水的下游，以黄河故道为分水岭，形成北部的沂、沭、泗水系和南部的淮、安河水系。境内河流纵横交错，湖沼、水库星罗棋布，废黄河斜穿东西，京杭大运河横贯南北，市内有云龙湖、大龙湖、金龙湖、九龙湖等湖面公园，东有沂、沭诸水及骆马湖，西有夏兴、大沙河及微山湖。

徐州拥有大型水库两座，中型水库5座，小型水库84座，总库容3.31亿立方米，形成具有防洪、灌溉、航运、水产等多功能的河、湖、渠、库相连的水网系统。近年来，随着徐州煤矿塌陷区改造，形成了新一批的九里湖、潘安湖等大型水域。整体水域面积约680平方公里，约占徐州境内面积(市区约3037平方公里)的6％。如此巨大的水域面积，加上四季适宜的气候，为各类水产品的生长繁殖带来了适宜的生长环境和空间，也给徐州居民带来了丰富的水产来源，满足了居民日常生活的需要，也丰富了徐州饮食的内容。

徐州水产主要以淡水水产为主，海产品在古代就已经引入徐州一些高档宴席中。过去由于运输、保鲜等条件限制，徐州多数海产品都是以干货形式使用，数量不多，多为高档。过去所说的"山珍海味"，就是形容原料的高档。现在由于运输也和保鲜技术提高，现徐州市场海产品多为鲜活，且品种众多，食法多样，接近日常居民生活。

徐州众多的河流湖泊，诞生了众多的水产原料。有些水产原料还具有一定的地方特色，有的形成地方小吃，有的形成地方特产，形成了独有的一些加工方法和烹调技法。由于时代的发展，水产品在人们的生活中所占的比重越来越大。从营养角度来说，鱼肉的营养价值较高，且容易被人体消化吸收，其脂肪酸多为不饱和脂肪酸。在现代讲究养生的年代，水产品越来越多地走向居民的餐桌。

在过去，人民生活不富裕，甚至得不到保障。记得小时候，到了一定季节，就到河流、池塘等捉鱼，算是改善了伙食。那时候，人民对生活不太注重，许多水产品无人去食用，价格很便宜，也没有现代那么多的食用方法，如甲鱼、鳝鱼、鳗鱼、龙虾等。龙虾在20世纪80年代前，很少有人食用，鳗鱼在人们心中是不祥之物，如今已经成为高档原料去食用，价格不菲。

徐州土生土长的淡水产品，主要有植物类、鱼类、虾蟹类、贝类和两栖类。

植物类主要有藕、莲子、荷叶、鸡头米、蒲菜（80年代以前还有，后很少有人再栽培采摘，现为淮安特产），铜山部分地方使用无污染的杂草（一种水生水草，长年生活在水中，主要用于炸杂草丸子）。植物类水生原料在徐州不多，近年来市场有不少南方水生蔬菜进入徐州市场，如荸荠、茭白、芋头、水芹等。

鱼类品种较多，主要有鲤鱼、鲫鱼、青鱼、草鱼、花鲢、白鲢、桂鱼、白鱼、黑鱼、鳊鱼、鲇鱼、八须鲇鱼（90年代从南方引进）、罗非鱼（90年代引进的热带鱼品种）、甲鱼、鳝鱼、泥鳅、昂刺鱼（徐州俗语鮥鱼）、鳡鱼（徐州50年代以前还有少量，现在市场上见不到了）、骆马湖的银鱼、虎头鲨（徐州俗语趴地虎），另外还有一些麦穗、白参等小杂鱼。比较有名的鱼的品种有微山湖的四孔鲤鱼、大运河的赤色鲤鱼、黄河鲤鱼、大运河（骆马湖）白鱼、骆马湖的银鱼等。名菜及具有地方风味的家常菜品种主要有糖醋黄河鲤鱼、红烧四孔鲤鱼、蒜爆运河鲤鱼、三军占鳌头（"鳡鱼鱼头）、龙门鱼、梁王鱼、红烧划水、清蒸桂鱼、清蒸白鱼、彭城鱼丸、珍珠绣球桂鱼、网油包烧桂鱼、奶汁鲫鱼、愈炙鱼、糖酥草鱼、老蚌怀珠、众士乘龙、炒乌鱼片、糖醋鱼丁、清蒸肚藏鳞、酱汁四孔鲤鱼、霸王别姬、独头蒜烧鳝筒、泥鳅钻豆腐、红烧板鳅、烧杂鱼、新沂闸头鱼、云龙湖花鲢鱼头、地锅鱼、鲇鱼烧豆腐、砂锅萝卜鱼、鮥鱼粉丝等。

徐州水生的虾蟹类主要有青虾、草虾、龙虾、罗氏沼虾、螃蟹等。青虾以微山湖和骆马湖青虾最为有名，个大、色青、晶莹半透明、虾肉鲜嫩；草虾主要生长在杂草丛生的水中，个小，带有一定的寄生虫类，多用于制作虾干；龙虾，也叫淡水龙虾，学名称为蝲蛄、螯虾，肉食性虾类，个大、壳硬、黑褐色，肉质结实，带有攻击性。据说源于日本，此虾常年生活在污水中，以腐肉等小动物为食物，故过去人们认为其脏污，没人食用，现在经过大量人工培育，已经成为较为奢侈的饮食消费品。罗氏沼虾是90年代徐州引进的淡水虾品种，壳薄体肥、头大、身小、肉质紧实、鲜嫩、味道鲜美，营养丰富，生长快，已与繁殖培育。螃蟹则以微山湖的湖蟹较为有名，个大、体重、蟹黄饱满、蟹味足。徐州地区青虾多喜盐水虾，原汁原味，也可制作糖酱虾、醉虾、炒虾仁等，体态较小的多喜用韭菜或蒜苗炒制，也可用淀粉、面粉、鸡蛋调成糊，挂糊炸制，多用于家常吃法。龙虾近年来吃法多样，红烧、清蒸、蒜茸、咖喱、糖醋等均可，风靡全国，但徐州多喜烧制，五味俱全，突出辣味，符合徐州居民的口味。

徐州水产贝类主要有田螺（徐州俗语蜗牛、蜗了牛，南方叫螺蛳）、河蚌等。田螺是徐州人日常生活中常见的食物，将田螺用清水渡净体内泥沙杂物，尾巴用剪刀剪去，留小口，加入多种香料卤煮，其中辣椒最不可少，最有名的就是徐州博爱街蜗牛，每天供不应求；田螺也可取肉，用开水烫过，挑出螺肉，去净螺肠等杂物，洗净，多用韭菜或蒜苗、辣椒炒制，配以徐州烙馍，风味独特。大型的蜗牛，多配以其他肉类烧制，如蜗牛烧公鸡、蜗牛烧牛肉、蜗牛烧鸭块等。河蚌则以云龙湖河蚌最为有名，个大肉厚，味道鲜美，大者比脸盆还大，多用于氽汤，汤汁奶白，味道鲜醇；也可将蚌肉红烧，或与红烧肉一起烧制，也可炒制。

徐州水产两栖类主要就是蛙类。徐州土生的蛙类是青蛙，20世纪80年代引进养殖牛蛙，个大肉肥。青蛙以害虫为食，属于国家保护的动物，禁止捕杀食用，徐州近几年有养殖青蛙，但需要政府批准。青蛙，徐州称为水鸡，南方叫田鸡，肉质洁白细腻、味道鲜美，是一些美食家口中之物。徐州名菜有"金蟾戏珠"，相传是宋时苏东坡在徐州待客，用青蛙加工成泥，汆制后再烧制而成。市场酒店等多供应酱爆牛蛙、辣子牛蛙、水煮牛蛙、炒水鸡等。

　　长期生长在湖中、以渔猎为生的渔民，不仅掌握了各种水生动植物的生活习性和生长季节，还掌握了一些独特的加工方法和烹调技法。如骆马湖白鱼，当地喜欢先将白鱼用盐腌制再烧制，鱼肉呈蒜瓣状，肉质鲜美；新沂闸头鱼在当地用原水烧制，风味独特，离开此地，就达不到原地的效果；微山湖在船上地锅的运用较为普遍；干靠鱼、干靠虾不是将鱼晒干，而是用小火将小鱼、小虾烘炒干，香味浓郁。如此技法，是徐州人民在长期的实践活动中得出的宝贵经验。

徐州果品

徐州作为中原地带，其独特的自然气候，适宜于一些果品的栽培。虽然比不上南方的自然气候，水果品种丰富，但一些极具特色的果品，还是给徐州留下了宝贵的食物原料。尤其是一些坚果类，在国内外享有盛誉。

丰县红富士苹果：丰县大沙河是江苏最大的苹果生产基地，其所产富士苹果个大、爽口多汁、甜脆味美、色泽亮艳、肉质细腻、汁多口味佳，独具风味浓郁、可溶性固形物含量极高、极耐储藏等优点。丰县大沙河红富士苹果，不仅是生活中的副食来源，也是当地烹饪菜肴的原料。最常见的就是拔丝苹果，缕缕金丝，缠绵不断，苹果酸甜可口；还可做成苹果酱、果汁、果脯等。

冬桃：在徐州铜山区，冬桃是著名品种。水果中的稀有晚熟品种之一，因为其冬天方熟，故称冬桃。冬桃味香脆甜，略带冰糖味，皮薄核小肉细，且内核分离，汁多可口，采下冬桃，掸去桃上雪，食之，沁人心脾，齿颊留香，耐人寻味。

大沙河白酥梨：是江苏省徐州市丰县大沙河镇的特产。"大沙河"牌优质白酥梨个大酥脆、皮薄汁多、营养丰富，连年被评为"部优、省优、市优"产品称号，获全国"梨王"桂冠和全国农博览会金奖。

睢宁三水梨：三水梨原指"新水""幸水""丰水"三个品种，引自国外，现已享誉国内外。肉质细嫩、爽口，风味浓甜似蜜，汁水特多，成为睢宁一大特产。历史上"睢宁青梨""水壶子"等地方名品享誉黄河故道地区。睢宁是全省梨品种资源最丰富的县。直至今天，睢宁仍有成片100年树龄以上的老梨树处于盛果期，堪称全省一绝、全国少有。2004年1月，"利生"三水梨获得"江苏名牌产品"称号，日前，该县又被命名为"中国三水梨之乡"。

睢宁黄皮西瓜：主产区在西部王集镇，稳定区域面积1万余亩。目前推广的优质品种为宝冠黄皮西瓜，20世纪90年代在美国园艺新品种大赛中获优胜奖。睢宁黄皮西瓜果皮金黄色，肉质细爽多汁，种子小而少，果皮薄而硬，耐储运，具有抗病力强，结果早、成熟早的特点。

邳州白果：白果，俗称银杏，为银杏科、银杏属落叶乔木，别名白果、公孙树、鸭脚树、蒲扇，是邳州著名特产。银杏是中国特有的古老珍贵树种，栽培始于秦汉，盛于三国，唐宋以来日益普及。是世界上最古老的树种之一，生长较慢，寿命极长。自然条件下从栽种到结银杏果要二十多年，四十年后才能大量结果，因此别名"公孙树"，有"公种而孙得食"的含义，是树中的老寿星，故称"白果"。银杏树具有欣赏，经济，药用价值。银杏树是第四纪冰川运动后遗留下来的最古老的裸子植物，是世界上十分珍贵的树种之一，素有"活化石"之称。邳州的白果在国内外均享有极高声誉。年产量50万公斤以上，占全国总产量的10%。1986年被江苏省命名为银杏生产基地。

白果食用时去壳，捣碎，生用，或蒸、煮熟以后用。白果熟食用以佐膳、煮粥、煲汤或做夏季清凉饮料等。

挑选白果应该以外壳光滑、洁白、新鲜，大小均匀，果仁饱满、坚实、无霉斑为好。取白果摇动，无声音者果仁饱满，有声音者，或是陈货，或是僵仁。白果买回后要放在通风阴凉处，不能晒太阳。因为晒太阳后，白果会外干内热且湿润，极容易霉变，霉点往往先从外壳开始，保鲜的最好办法是冷藏，万无一失的办法是剥掉外壳，将果仁放在冰箱冷冻室里保鲜。

新沂板栗：新沂板栗是新沂市邵店镇沭河村名特产品，是全国板栗重点产区之一，已有数百年历史。邵店镇被中国林科院专家誉为"中国平原板栗第一镇"。邵店板栗，分油栗、毛栗两大类型。其中邵店大油栗为最好，籽粒大（每市斤40粒左右），色泽油光发亮，肉质松，味香甜，糯性大等特点。新沂板栗全身是宝，不仅用于食品加工、烹调宴席和副食，还可生食、炒食、也可用于制作烧栗仔鸡、栗子炖鸭等多种菜肴，喷香味美，还可制作栗粉、栗酱、栗浆、栗干等，制成糕点、食品等。板栗易贮藏保鲜，可延长市场供应时间。板栗多产于山坡地，国外，属于健胃补肾、延年益寿的上等果品。选购时要挑选个大的，皮呈深褐色，果仁淡黄、结实、肉质细、水分少，甜度高、糯质足、香味浓；有光泽者为上品，炒后容易剥壳，颗粒也较均匀。

桂花楂糕：山楂糕是一道流行于北方地区的汉族民间糕点，取山楂果汁，配以白糖、琼脂，冻结成板。口感爽滑细腻，甜美冰凉可口，是一种很不错的有药用食品。其味甘冽微酸，具有消积、化滞、行瘀的食疗价值。

桂花楂糕是徐州传统名特产。是以山楂、白糖和桂花酱制成，颜色鲜红艳丽。晶莹剔透，因此又有水晶楂糕之称。北宋时，徐州楂糕就作为贡品进贡上京。据徐州《铜山县志》载："士人磨楂实为糜，和以饴，曰楂糕。"《徐州文史资料》第三辑咏楂糕诗云："红如朱砂透如晶，色似珊瑚质更莹。金桂飘香果酸酽，味回津液两颊生。"

桂花楂糕不仅具有桂花的花香，还具有山楂的果香，既酸又甜，酸而不沥，甜而不腻。有人赋诗云："红如朱砂透如晶，色似珊瑚质更莹。金桂飘香果酸酽，味回津液两颊生。"

徐州桂花楂糕既鲜红艳丽，又凝练晶莹，因此又有水晶楂糕之称。徐州桂花楂糕的色、香、味都是具有特色的。桂花楂糕的香，不仅具有桂花幽柔的甜香，而且有楂糕本身的一种果香，是其他桂花食品所没有的，只要仔细品尝就能感觉出来。

徐州调味品

徐州人日常饮食口味偏重，偏向于鲁菜的特点。在调味方面有许多独特之处。在过去，徐州日常饮食中，比南不甜，比北不咸，比西不酸，以鲜咸为主，兼蓄无味，并有许多自己当地出产的特色调味品。

徐州过去家庭中善于用酱，特别是一些面酱，大多是家庭制作。有的家庭将吃剩的馒头、煎饼、烧饼等，自己加水发酵，暴晒，既可用于调味，也是家庭必要的一些小菜。一些酱菜园子都生产黄豆酱，作为徐州特色黄豆酱，颜色淡黄，口味鲜咸，经常被家庭代替酱油食用。

徐州万通酱园，是徐州的老字号，其生产的徐州万通米醋，是调制冷菜必不可少的调味品。与其他醋相比，无色味醇。徐州冷菜善用的三合油（酱油、醋、香油），必不可少徐州的米醋。精选优质大米为原料，历经深层液态发酵工艺，真正实现了"调味不调色"的优点，既能增加菜品酸味，又能保持菜品的本色。米醋的酸味还能够提高味蕾对咸味的敏感性，从而减少盐的用量。

徐州菜肴兼蓄五味，特别是一些烧菜、酱卤菜，善用"五香""八大味"。"五香"是指花椒、八角、桂皮、丁香、小茴香，再加上砂仁、豆蔻、陈皮，号称"八大味"，把香料按比例碾碎，就是常用的"五香粉"。现在，十三香等多种复合调味品也被广泛应用。

徐州民间菜，善于用辣，但不同菜肴辣的味型不一。家常炒菜类和一些烧菜类，多用干辣椒，特别是邳州所产的特产干辣椒，一些干煸菜肴，辣度很高，吃了以后冒汗过瘾。而一些汤点和冷菜，多善于使用胡椒，如辣汤、酸辣汤等；在一些传统项目中，还善用辣椒油，如羊肉汤、丸子汤、牛肉汤等，这些汤点以及相应的烧菜如烧羊肉、烧牛肉、烧羊杂等，用羊油或牛油熬制的辣椒油增加了菜点的风味，浓而不浊，辣而不烈。徐州特色的辣椒油，已经远销全国各地。辣味的味型主要有香辣、酸辣、糊辣、麻辣等口味。

徐州出产的"青方"腐乳，"八义集臭腐乳"也时常被当作调味品食用，将腐乳碾碎调成汁，是徐州米粉肉必不可少的调味品，卷制一些腐乳素肠、腌制的腐乳虾、腐乳烧肉等，也少不了徐州的"青方"。

徐州甜油，极具特色，是徐海一带最常用的冷菜调味品，以睢宁、新沂窑湾所产最佳，历史悠久。甜油酿法是在每年春天取小麦熟面块遮光高温发酵，待面块生出乳黄色菌性线绒，将其从室内搬出在通风处晾干，放入露天大缸内加水浸泡。白天阳光暴晒、夜晚月照晨露。立秋之后，从缸中的滤筒内取出的杏黄色液体叫甜油。甜油酱香浓郁，色泽清澈，鲜美爽口，集鲜、甜、浓、香于一体。清乾隆三十年（1765年），甜油由当地官员邳宿运河道千总陆修钠进贡，被选为御用贡品。乾隆下江南也曾多次驻留窑湾品膳，甜油开始在江南各地流传开来，如今已成为饮食中独特而重要的调味作料。

徐州的盐豆，也是家庭中常用的调味品。臭中有香、回味无穷是它的风味特色。采用当年收获的黄豆为主要原料，经清洗泡浸、煮制成熟、发酵培菌、加料拌味、晾晒至干、密封储存等工序制成，整个过程约需10天的时间。由于制作工艺精细，其成品色泽黑红，质地脆嫩，味道咸鲜香辣，是佐餐下酒的开胃小菜。制作出的菜肴，如盐豆炖豆腐、盐豆炒粉丝、盐豆炖小鱼等菜肴，色泽红润，风味独特，是当地有名的特色菜肴。

徐州的一些蔬菜，也常常被用作调味品，特别是一些特产原料。如徐州的香椿，是制作徐州特产"徐州臭干"必不可少的原料，将香椿腌、煮成卤，别有风味；再如徐州的韭黄，在冬季，一些凉拌菜经常使用它来提鲜、提色，包括一些烧菜、汤羹，食用前，撒上一点韭黄，鲜香浓郁。除此以外，徐州烧炒菜，善于炝锅，就是将葱姜蒜还有一些香料等，放入油锅炸一下，起香后再用来烧炒菜。徐州的花椒不算有名，但徐州人喜用花椒叶调味，特别是使用一些鲜花椒叶，过去农村家前院后种植一些花椒树，烧炒菜，特别是烧鱼，喜欢摘一把鲜花椒叶洗净放入，家庭制作面酱，也喜欢放一些花椒叶在里面，增进面酱的风味。

徐州的麻油也很有名，新沂沙沟香油，是徐州香调味特产之一。是以优质芝麻为原料，采用传统的小磨水代法，结合公司专有的现代化科技手段精制而成。它不仅保持了传统小磨香油的风味，而且创出了香油色泽晶莹、无浑浊沉淀物的一大特色，已被徐州市评为"徐州市非物质文化遗产项目"。

徐州调味还善用芝麻、花生碎等提香。将芝麻炒熟、花生米炒熟去皮碾碎，直接拌在蔬菜中，香味浓郁，也有的喜欢放在汤羹中。

徐州过去的酱菜园很多，都出产一些当地的酱菜和调味品，历史悠久，各有特色。一般都是前店后厂，场地很大，坐满了腌制酱菜的大沙缸，直径有一米多，缸上罩着尖顶的竹编盖子，以腌制酱菜为主，也生产酱油、醋等。徐州市区及各县区都有酱园，四道街、西关、牌楼、马市街、统一街、三民街、建国路、王大路、二眼井、万里香等居民集中的地方都有酱菜店，品种都差不多，只是面积大小而已。

徐州糕点

徐州把糕点叫作果子，是民间的一种叫法，实际上是徐州糕点的统称。糕点是一种食品，它是以面粉或米粉、糖、油脂、蛋、乳品等为主要原料，配以各种辅料、馅料和调味料，初制成型，再经蒸、烤、炸、炒等方式加工制成。

中国过去点心主要以糕点为主，按照风味流派，主要有京派、津派、苏派、广派、潮派、宁派、沪派、川派、扬派、滇派、闽派、西点等；按照加工制作，有油酥类、混糖类、浆皮类、炉糕类、蒸糕类、酥皮类、油炸类、其他类等。

徐州，地处苏、鲁、豫、皖四省交界，素有四省通衢之说，历来为兵家必争与商贾云集之地，食品行业发达，孕育出了独特的徐州美食。尤其是独具特色的糕点，如今仍然是徐州老年人们钦点的美味小点，影响了周围整个淮海经济区。美食传承记忆，历史沉淀文化。不管时代如何变迁，"徐州果子"永远是徐州人记忆中的味道。

徐州糕点历史悠久，早在清朝同治年间，徐州就有专门糕点加工和出售的作坊，民国时期，店铺多达百家，比较有名的有潘义泰食品店、永康食品店、云泰丰食品店、万生园食品店等，有的现在已经消失，有的还传承至今。经营品种众多，许多品种已成为当地名产。如"蜜三刀"在宋代就已流行，传说乾隆皇帝吃过蜜三刀后"龙颜大悦"，御笔手书"徐州一绝，钦定贡品"。"羊角蜜"相传为楚汉时期楚王项羽所创。"小孩酥"是清朝乾隆年间的传统食品，荣获中国首届食品博览会金奖、全国首届妇女儿童用品食品博览会金奖、首届新加坡国际名优博览会金奖，受到高度评价，传说源于楚汉时期。"蜜制蜂糕"传说源于唐朝，系徐州歌伎关盼盼所创，是徐州名特糕点之一，被国家国内贸易部命名的"中华老字号"徐州名特产。"蝴蝶馓子"北宋时期就非常有名，苏东坡在徐州任职期间喜食这种馓子，还写有《寒具诗》。"桂花楂糕"清代就已形成。《铜山县志》记有："土人磨楂实为糜，和以饴，曰楂糕。""丰县蜂糕"，相传明万历年间，丰县城里有个虔诚的伊斯兰教徒，其母患病，医治不愈，他用面筋、香油等作料制成糕给母亲滋补身体，结果其母亲身体病愈，蜂糕便由此而来。后经历代糕点师改进制作工艺，蜂糕成为丰县特产，在苏鲁豫皖毗邻地区享有盛誉。1983年荣获江苏省名特产品称号，1985年荣获江苏省优质产品称号，1990年在中国妇女儿童博览会上获铜牌。"金钱饼"源于北宋时期，徐州一带就用面粉制作一种铜钱大小、实心无馅，其外布着密密麻麻芝麻的金钱饼，是百姓逢年过节常吃的点心。

徐州糕点品种众多，最有名的应当数徐州人熟知的"徐州老八样"(蜜三刀、羊角蜜、条酥、麻片、花生糖、金钱饼、江米条、桂花酥糖)。其他传统糕点还有糖豆、京果棒、寸金、枣泥酥、红豆沙酥、赖皮月饼、面京果、油京果、糖豆角(也叫空壳)、云片糕、大芙蓉、蜜套环、麻枣、炒糖、蜂糕、桂圆糕、桂花糕、绿豆糕、糯米雪片糕、马蹄糕、牛舌酥(也叫鞋底酥)、方酥、百合酥、香蕉酥、菊花酥、甜切酥、燕窝酥、馓子、麻花等。近年来相继创新开发了牛蒡酥、银杏酥、板栗酥、红枣燕麦酥、红枣酥等。众多的品种，丰富了徐州果子的内涵，也满足了当地居民及外来游客的饮食需要，形成了具有地方特色的饮食品种。

徐州糕点讲究用料，注重制作技艺。徐州糕点，选料严格，注重制作，方法复杂多样，比如"蜜三刀""羊角蜜""炒糖""蜂糕"等，非一般人能做出正宗的口味，在选料上有所讲究，制作要经过多道工序，有些工序复杂。如"桂花酥糖"，酥糖的屑子要经八十孔筛子筛过，再采用传统工艺碾制，利口不黏，入口细而爽口，入口即溶，松而不散。"羊角蜜"是用白面擀制成面皮，两层中夹砂糖，用一种特制的套在食指上的刀切割好，在沸油中炸，使其膨胀，趁热捞出，立即放入预先备好的米粞浆中，吸入米粞浆，最后捞出放在糖粉中拌匀。再如麻片，糖要熬制得恰到火候，色泽金黄，芝麻成熟恰当。麻片厚薄均匀，不带杂质和杂味。现代有许多传统工艺已经近乎失传，需要进行挖掘保护和传承。

徐州糕点重油、重糖、突出食材本味。徐州糕点比较注重用油，特别是酥皮类，如条酥、京果、芙蓉更是少不了油，再加上使用油炸，从而使一些糕点油性较大。有些糕点注重用糖，如"蜜三刀""羊角蜜""炒糖"等，主要就是以糖为主，注重糖稀的黏稠度和数量，一口下去，会使人感到沁人心脾，糖浆晶莹剔透、甜中带香、甜味浓郁，老少皆宜。徐州不同的糕点，由于其口味不同，酥而适口，甜而不腻，突出食材本味桂花香、玫瑰香、芝麻香、花生香等香味有别。

徐州糕点讲究色香味形，老少皆宜。徐州糕点，注重造型，形状美观，丁、条、丝、片、块都有一定的标准；色泽鲜艳，诱人食欲；口味有甜味、酸甜味、咸香味、麻香味、果香味、椒盐味、花香味等；许多糕点师老少皆宜，重点突出，深受居民喜欢，故其传承性悠久。

过去徐州传统的糕点行业，几乎都是手工制作，产量不高。多是以师带徒，口传手授，故而形成了一批有影响力的糕点作坊。他们严格工艺，控制食材质量，注重产品质量，形成了一批有个性特色的糕点。近年来，随着国有企业改革，一些传统的糕点食品厂有的因人才流失、产品不过关、经营不景气而改头换面。有的转入私人企业，大批量的工业化、标准化生产还没有形成气候，多数还维持在手工作坊阶段。工艺复杂的一些传统糕点，有的已经流失。一些有绝活绝技的老师傅，有的已经作古，有的在颐养天年。作为传承和保护，还需要进一步加强。

近年来，随着人民生活水平的提高，人民对健康的需求也越来越高。高糖、高油已经不适应人体健康的需要，徐州糕点在这方面也做了大量的改进和创新。有些糕点已经采用木糖醇代替白糖,油的品种和数量也从动物油向植物油转化,采用了一些不饱和脂肪酸较高的花生油、橄榄油、松子油等。

徐州过去糕点的加工和出售,一般是前店后坊,现场加工,趁热出手,方便顾客。比较有名的糕点作坊有:"稻香村"糕点坊、"泰康"清真食品店、"吕同茂"糕点坊等。现在最有名的是彭城路的"泰康"清真食品店。民国时期,徐州的食品业以生产糕点的食品作坊、糖类作坊为主。民国七八年间,永康祥绸布店店主姚鼎臣(绰号姚麻子)就在今泰康食品店处经营食品,店名为稻香村。该店制售饼干,当时徐州其他食品店均没有饼干制售,而且该店还用铁听盛放饼干,非常受欢迎。后来经历了停业、重开、辗转多地的遭遇。他说,据他了解,回族人白少轩是泰康清真食品店的老板,该店在徐州沦陷之前就已经存在。抗日战争的徐州会战时期,回族人白崇禧协助李宗仁抗击日本侵略者。在指挥台儿庄战役时,白崇禧多次途经徐州,和泰康清真食品店的老板白少轩有过往来,白少轩用清真糕点招待他,并常送一些清真糕点到白崇禧的司令部去,方便他的日常饮食。白崇禧食用多次后发现,该店牛骨髓油茶属于方便食品,在战场上能够充饥,也比较有营养。当时战场上有很多回族士兵,在战事紧急的情况下,来不及为他们单独开灶做饭,恰好可以用这油茶充饥,于是他向白老板提议,把牛骨髓油茶作为回族士兵的军事补给。白老板当即就赶制一批,辗转送到台儿庄抗日战场上。侵华日军占领徐州后,有人将此事举报给侵华日军,称白少轩是在抗击日本人,于是泰康食品店被付之一炬,无法营业。白少轩就到徐州城北开了间羊肉馆谋生。抗日战争胜利后,全市人民欢欣鼓舞,各种欢庆活动纷纷开展,对糖果糕点的需求激增,于是白少轩的糕点情结再度被点燃,他在大马路重开泰康清真食品店。

近年来,徐州恢复了一些传统的糕点制作,也出现了一些较为有名的企业,如"重阳"糕点、"永康糕点""汉品坊"食品等。

徐州糕点不少品种是地方特色比较浓厚的产品,有的多次在全国获奖,已经形成徐州的传统食品,代表徐州糕点的制作技艺和水平。例如徐州"老八样",主要指蜜三刀、羊角蜜、条酥、麻片、花生糖、金钱饼、江米条、桂花酥糖。据老师傅讲,传统的老八样中还有寸金、炒糖。

蜜 三 刀

相传北宋年间,苏东坡在徐州任知州时,与云龙山上的隐士张山人过从甚密,常借酒相会。一天苏东坡与张山人在放鹤亭上饮酒赋诗,酒酣之时,苏东坡抽出一把新得宝刀,在饮鹤泉井栏旁的青石上试刀,连砍三刀,在大青石上留下一道深深的刀痕,看到宝刀削铁如泥,苏轼十分高兴。正在这时,侍从送来茶食糕点,有一种新做的蜜制糕点十分可口,只是尚无名称。众友人请苏东坡为点心起名,他见这种糕点油润金黄,表面上亦有浮切的三痕,随口答曰"蜜三刀是也"。

后来,经苏东坡亲自起名的"蜜三刀"名噪一时,徐州城里的茶食店,糕点坊争相制作。经过数百年的流传,徐州蜜三刀的配方工艺已达到炉火纯青的境界,大约徐州人出于对苏东坡的崇敬

之情的缘故吧。因而对徐州蜜三刀也情有独钟。清朝乾隆皇帝三下江南路过徐州的时候，指名徐州府衙派人到百年老店"泰康"号即今天的徐州市泰康回民食品店制的御膳蜜三刀。

徐州市生产的蜜三刀，表面裹上一层密密麻麻的白芝麻，蜜里透亮，大方坦然，内心实在。吮吸浆汁，晶莹剔透，芳香扑鼻。由于选料考究，选用精面粉、芝麻仁、蜂蜜、植物油、麦芽糖、白砂糖、南桂花等优质原料；传承传统工艺，保持了蜜三刀油润金黄，香甜可口的特色，已经成为外地游客来徐游览时首选的名特产品。

羊角蜜

因其形态似山羊之角，内含蜜糖而得名。此品系选用上等面粉、蜂蜜、白糖、麦芽糖、素油等为原料精制而成。将面粉擀制成面皮，两层中夹砂糖，用一种特制的套在食指上的刀切割好，在沸油中炸，使其膨胀，趁热捞出，立即放入预先备好的米稀浆中，因热胀冷缩的原理吸入米稀浆，最后捞出放在糖粉中拌匀。成品里外三层：蜂蜜糖浆、角壳、粉屑。食时，咬破角壳，蜜浆流出，香甜满口，别有风味，是甜品中的甜品。

民间传说，霸王项羽率军与汉刘邦大战于九里山前，在人困马乏、饥渴难耐时，山上牧童用一只羊角盛满野蜂蜜，敬献给楚霸王项羽及妃子虞姬饮用，饮后顿觉神清气爽、愉悦无比，霸王大喜，把随身镶满金银珠宝的佩剑送给牧童。后来，军师范增命御厨坊用面粉制作成羊角形的点心，里面灌制蜂蜜、麦芽糖，成为楚王宫里的一道名点。随着岁月的变迁，昔日楚王宫的御用名点逐步演化成古城徐州一种著名的特产点心。

条酥

条酥是徐州传统的面食糕点，是将蒸熟的小麦粉、绵白糖、饴糖、小苏打调和，擀成厚胚，撒上芝麻、切经烤制而成，金黄酥脆、香甜酥松，入口易化。徐州的条酥与其他地方的条酥相比较而言，质地稍硬，故而条酥能保持一定的形状，吃起来的口感也更加酥脆。以前居民喜欢拿一些鸡蛋、面粉、糖去蛋糕作坊让师傅加工条酥。

麻 片

也叫芝麻片，是用白芝麻、绵白糖、饴糖等原料，采取传统工艺——芝麻去皮、熬浆、上浆、压片、切片等工序精制而成。薄如纸，洁晶透明，香酥可口，脆而不黏。

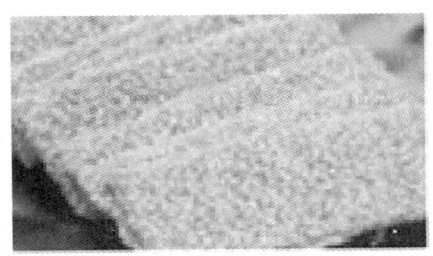

花生糖

徐州民间很早就流传用熟花生仁、麦芽糖制作花生糖，因其色泽金黄，香甜可口，很受人们的喜爱。一般家庭都可制作，将花生去皮炒熟了，放在一边凉透备用，接着把白砂糖放入铁锅中，加水熬成黏稠状，再加入麦芽糖和它们拌和，糖熬好后，把花生倒入糖汁中拌和，趁还没有完全成形时倒出，摊平砸紧，等稍硬后切成片。

江米条

江米条是徐州传统糕点，一般家庭逢年过节也会做。江米也叫糯米，制作江米条时需用糯米面加麦芽糖，用热水调制，擀成圆形，切成筷子粗细的段，用热油炸至起鼓，趁热再裹上熬制的糖浆，撒上白砂糖，裹蘸均匀。口感酥脆，甜香适口。

金钱饼

全国各地的金钱饼从形状到制作有较大差异。徐州的金钱饼外形如铜钱大小，实心无馅、精致小巧，裹满芝麻，色泽金黄，犹如金钱，故名"金钱饼"。相传元朝末年，在朱元璋的部队中，流行一种以糖为馅的"大金钱饼"，当时称作"麻饼"，作为军队的干粮。打败元军，朱元璋非常高兴，又称这种饼为"得胜饼"，后流传到各地。徐州对其进行改进，在面粉中加以蛋黄，切成小方块，刷上蛋黄液，经烤制后，形如金钱，一口一个，酥脆香甜，食用方便，流传至今。

桂花酥糖

主要以芝麻、精面粉、蜂蜜、麦芽糖、白砂糖、南桂花等制作而成。

桂花酥糖以芝麻、精面粉、蜂蜜、麦芽糖、白砂糖、南桂花等经熬糖、打糖、烘烤等十几道传统工艺精制而成。相传北宋年间,苏东坡时任徐州知州,农历七八月间,黄河上游决口,洪水直抵徐州城下,苏东坡率领军民日夜防洪,黄河洪水越涨越高,眼看就要漫过城墙,民间纷纷传言,只有一位年轻貌美的女子跳进黄河,大水才会退去。苏东坡十三岁的女儿苏姑闻讯后,焚香祷告:"只要能拯救徐州老百姓,她情愿舍身抗洪",祷毕便从城墙上纵身跳入水中,人们顺水打捞直到徐州城东南的下洪,才发现苏姑穿的红鞋漂浮上来,苏姑的事迹感动了徐州的军民,他们日夜抢险防守,终于保全了徐州城。为了纪念苏姑,徐州人民还建起了黄楼庙,塑了苏姑像祭祀。从前每年正月十六日为庙会,赶会的人以妇女居多,所以有"苏姑香火满黄楼,有女如云拥"的诗句来描绘黄楼庙会的盛况,赶会的人们争相购买百年老字号泰康回民食品店生产的"白麻桂花酥糖"来祭祀苏姑。桂花酥糖可直接食用,也可沸水冲饮,具有"香""细""甜""松"的特点。所谓"香",桂花香、芝麻的清香扑鼻而来。所谓"细",指酥糖的屑子经八十孔筛子筛过,采用传统工艺碾制,利口不沾,入口细而爽口。所谓"甜",即以白糖为主,饴糖适量,甜而不厌。所谓"酥",指麦芽糖骨子松脆,入口即溶,松而不散,上口松脆,回味油润。

另有传说,唐朝初年,古彭城有一位孝子,为了给母亲治病将干面粉炒熟至冒出香味,再配蔗糖、桂花,又香又甜的,母食数日,止咳康复! 此法后被一董姓的糕饼店主得知,仿制并加以改进成桂花董糖,十分受欢迎,生意兴隆! 再后来,仿造的人越来越多,工艺原料也越来越精致,时至今日就是徐州人最爱的桂花酥糖了! 桂花酥糖是徐州的著名特产糕点,有着上千年的制作工艺。

小孩酥

小孩酥是徐州传统名牌产品,早在清朝乾隆年间就已流行,其特点是"香、酥、甜"三性具备。相传楚汉时期,虞姬爱吃甜食,霸王项羽为博得红颜一笑,四处寻找,一日偶遇一老汉,老汉奉送一物,此物入口即酥,甜而不腻。虞姬吃后开怀大笑,赞不绝口,后来此物为"贡糖",也就是今天的"小孩酥"。该产品继承传统特色,改进生产工艺,造型体态完整,具有风味独特、品质纯真、香甜酥松、老少皆宜的特点,曾荣获首届中国食品博览会金奖,全国妇女儿童食品用品金奖,被誉为"群酥之冠"。

蜜制蜂糕

"蜜制蜂糕"是徐州名特糕点之一,尤以丰县蜜制蜂糕为最,用传统工艺制作,配料独特考究,在苏鲁豫皖毗邻地区享有盛誉。1983年荣获江苏省名特产品称号,1985年荣获江苏省优质产品称号,1990年在中国妇女儿童博览会上获铜牌奖。可直接食用,也开水冲饮。传说,唐朝贞观年间,礼部尚书张建封任徐州武宁里节度使时,有宠妾关盼盼,烹饪女妆,音乐歌舞无所不能,尤其是关盼盼善用面筋、蜂蜜、麻油、果料制作一种蜜制蜂糕日常食用,以保持红颜不老,姿色动人,深得张尚书的喜爱。张特为关盼盼独选一楼,曰"燕子楼"。后来张建封病故后,关盼盼独居燕子楼十多年,闭阁焚香,坐诵佛经。其侍女将蜜制蜂糕的制法传至民间,徐州百姓争相仿制,成为一道名点。尤以坐落在市中心彭城路上的泰康回民食品店生产的蜜制蜂糕最为著名。唐宋以来,文人墨客白居易、苏东坡、文天祥都到过徐州"燕子楼"并有名诗题咏,随之燕子楼声名大振,蜜制蜂糕因而也成为历经千年而不衰的名特糕点,列为古城徐州的八大名点之首。另外相传,明万历年间,丰县城里有个虔诚的伊斯兰教徒,其母患病,医治不愈,他用面筋、香油等作料制成糕给母亲滋补身体，结果其母亲身体病愈，蜜制蜂糕便由此而来。后经历代糕点师改进制作工艺，蜜制蜂糕成为丰县特产。

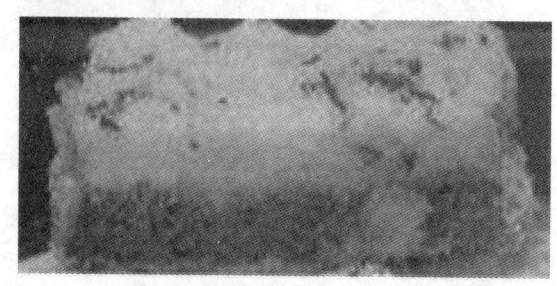

蝴蝶馓子

徐州的蝴蝶馓子以其香脆、咸淡适中、馓条纤细、外型美观、入口即碎的特点，赢得人们的喜爱。苏东坡在徐州任职期间喜食这种馓子，在他的《寒具诗》中写道："纤手搓成玉数寻，碧油煎出嫩黄深，夜来春睡无轻重，压扁佳人缠臂金。"（"寒具"是馓子两汉时期的别称）。不过徐州人最喜爱的食法是烙馍卷馓子，配以稀粥，吃起来惬意舒坦。

徐州饮食习俗篇

日常食俗

徐州市地处鲁南、苏北、皖北、豫西四省交界之地。南方有人把徐州人和山东人都列入"老侉"或"侉子"的行列，也不足为奇，因为当地人口音同山东鲁南口音相似。在日常生活中，相邻地方也有相似的饮食习惯。主食上以米、面较多。民国时期以谷麦豆类为主。后逐渐增加山芋、玉米等杂粮。20世纪60年代，家境贫困的农民多以山芋青菜掺入主食。70年代多数人家喜食面食。一日三餐干稀粗细，视家境而言。与鲁南接壤乡村有食煎饼习惯。十有八家备有铁鏊，用时置于地上，鏊底烧火，鏊上持竹劈子，将用水磨过的粮糊均匀摊成薄薄一层，待烤熟后即成煎饼。60年代以前，徐州杂粮多，主食离不开窝窝头，而且菜少，多蘸点辣椒酱吃，故有"窝窝头，蘸辣椒，越吃越添膘"之说。二抹头介于干饭（米饭）、稀饭（米粥）之间的稠米饭。可咸可甜，是过去生活困难时好做的一种饭。

徐州人爱吃狗肉，相传源于西汉时期的刘邦，其历史悠久。古代徐州有"狗全宴"，现在大街小巷仍有供应，狗肉以卤煮为主，以沛县最甚。尤其是烧饼夹狗肉，更是沛县一大特色。许多来徐州的人，早上会专门开车去沛县吃烧饼夹狗肉，新出炉的烧饼加上刚出锅的狗肉，饼酥肉香，再配以黄豆热粥，比西安的肉夹馍要更胜一筹。其他县区也有食狗肉之风，各有特点。

徐州人还爱吃羊肉，有"冬吃三九，夏吃三伏"之说。羊肉馆到处可见，以丰沛萧砀县羊肉汤质优。（具体资料参看"徐州伏羊"）

徐州人及周边市区过去喜食鲤鱼。古代徐州就有鲤鱼跳龙门、民间有"无鲤不成席"之说，因鲤鱼的"鲤"与"礼"谐音，"鱼"与"余"谐音，象征飞黄腾达、注重礼节礼貌、年年有余之意。在徐州，不论是黄河鲤鱼，还是大运河赤鲤以及微山湖的四孔鲤鱼，肉质鲜嫩。特别是微山湖四孔鲤鱼，此鱼除多出两个小鼻孔呈乌色外，其他与一般鲤鱼相似，但味道甘醇，深受徐州人民喜爱。现徐州名菜有"糖醋四孔鲤鱼""龙门鱼"等。逢年过节，女婿给岳父母送礼，必不可少四条鲤鱼。

徐州人比较讲究吃鸡。鸡在徐州食用得较为普遍，特别是在秋季（中秋节），当年的仔鸡这时候最肥美鲜嫩。过去吃鸭鹅的较少，吃鸡的较多，多含有"吉利"之意。因此徐州酒席中必不可缺少鸡。传统酒席中冷菜、炒菜、大件均离不开鸡，大菜中，过去讲究整鸡、整鱼。现市场上"冯天兴烧鸡"最富盛名。名菜有"葱扒鸡""龙凤烩""凤凰卧巢""牝鸡抱蛋"等。

徐州人爱食辣，喜欢葱、姜、蒜、香菜、芥菜、茴香菜、辣椒等刺激味重的蔬菜，而且喜欢生食。这与徐州人的地理环境有关。据资料研究，徐州一带和山东南部一些地方，并沿东陇海线均属"辣椒带"。徐州讲究辣味，特别是在乡土民间菜中，无不体现辣的感觉。干辣椒、青辣椒、辣椒酱、辣椒油、辣椒粉等无所不用。徐州的"拌五毒"就是典型代表（葱、姜、蒜、香菜、辣椒均切丝在一起凉拌），辣椒品种以邳县最佳，称之为"辣椒之乡"。

徐州人还吃蝉猴、蝉蛹、豆虫、蚂蚱等昆虫。每到夏季，蝉猴破土而出，这时期是捕捉蝉猴的大好时机，特别是雷阵雨过后，泥土松软，树林里、园篱笆等处是捕捉蝉猴的好去处。现在价格不菲，论个售卖，现在已有人工养殖，尤以丰县苹果园最甚。豆虫，学名豆丹，是徐州一带秋季收豆季节比较常见的一种昆虫，也是一种美味，这时候豆虫正肥，油炸煎烹，美味绝伦。但由于其外表不堪，有些人敬而远之。蚂蚱也是民间食用比较多的昆虫，徐州食用蚂蚱由来已久，据《新唐书·五行志》记载："贞元元年夏，蝗，自东海，西进河、陇，群飞蔽天……民蒸蝗，曝，扬去翅足以食之。"另据今本《丰县简志》记载："永贞元年六月，蚂蚱自天而下，遮天盖地，十来天不息，将庄稼吃成光秆，百姓争炒蚂蚱吃。"现多用油炸食。有些过敏体质的人应慎食。

徐州人爱食蒸菜。徐州到现在还保留着蒸吃野菜的习惯。过去农村中吃灰灰菜、地枣苗、槐花、槐叶、榆钱、荠菜、马兰头、枸杞头、马齿苋、扫帚菜、芹菜叶、茼蒿等已成习惯，到了春季最佳上市季节，是当地人的最佳选择。许多家庭买回家或蒸或炒或凉拌或做馅或做汤，都是理想的选择。特别是做蒸菜，是徐州一大特色，也是徐州家庭野菜做法一绝，洗净拌些干面粉，稍放些盐上锅蒸，或以蒜泥或以辣酱或以油炒，旧时是春荒时期的救命饭。现在成了民间一大美味，大街小巷有专门制作叫卖者，也登上了宴席的台面，成为徐州地区特色菜肴。

徐州人爱食地锅。徐州地锅是徐州饮食习俗中不可缺少的部分，源于民间。据说起源于汉代，当时行军打仗，军队为了赶时间，就在熬菜的时候，把面饼贴在四周，菜熟饼熟，饭菜均有。后流传在民间，过去农村特别是在农忙时，没时间做饭，只好在土灶上熬一些常见的家常菜，如茄子、豆角、冬瓜之类，然后把面和成团，用手压成饼，贴在菜的周围，饼的一端浸在菜汤中，饼熟菜香。饼一端带有菜肴汤汁的味道，另一端干香，既是饭又是菜，民间称之为"老鳖溜河沿"。在微山湖地区，在湖上作息的渔民，受船上条件所限，往往取一小泥炉，炉上坐一口铁锅，下面支几块干柴生火，然后按家常的做法煮上一锅菜，锅边还要贴满面饼，和民间这一做法大同小异。地锅菜的汤汁较少，口味鲜醇，饼借菜味，菜借饼香，具有软滑与干香并存的特点。如今，厨师将传统地锅菜的制法加以改良，从而推出了地锅鸡、地锅鱼、地锅牛肉、地锅三鲜、地锅豆腐、地锅龙虾等地锅佳肴，逐渐演变为市肆经营的地锅系列菜肴，甚至登上了宴席，形成徐州一大特色。

徐州人爱喝酒，各地均有各地名酒，徐州市区有莲花泉白酒，新沂市有沭河大曲，邳州市有邳州大曲，丰县有泥池大曲，沛县有沛公大曲，睢宁有睢宁大曲。亲朋好友不同场合，酒席也不一样。若是三五好友聚在一起，喝酒较为随意喝酒划拳没有什么讲究，若是宴请客人则有一定的规格要求。徐州当地喝酒有"一二三，三二一"之说，即第一杯一口气喝完，第二杯两口气喝完，第三杯三口气喝完，或倒过来。喝完第一口酒后，主人邀请吃菜，若有鸡必然先吃鸡，以图吉利。碰杯时，要把酒杯低于对方酒杯，以示敬意。有些地方不站着喝酒，如贾汪一带有"一碰俩，不碰仨，站着喝酒算白搭"的俗语，若站着喝也是坐下咽，喝完后要向对方亮杯，以示喝完。邳县等地有"续一个"的习惯，即第三杯酒，或者称为"加深印象"。沛县等地喝酒，自己先喝两个，以示有发言权，然后给在座的均端敬两杯酒。酒席中若有整鸡整鱼，鱼头鸡头要对着客人或年长的人，以示尊敬。过去招待贵亲、稀客的菜肴较为讲究，杀鸡宰鹅，上桌必备8～10样菜为敬。席间，年少的要为年长的敬上两杯酒，表示尊敬。敬完两杯酒后，还要陪碰两杯。有时也划拳娱乐，不会划拳则"杠子老虎"，或猜火柴杆，或哑拳。当主人视大家喝差不多时，喝"门前盅"，即最后一杯酒，喝完后吃饭。饭后聊天、谈话，此顿饭即结束。

迎客饺子送客面，这是徐州迎来送往的习惯。

谈到食俗，不能不说一说徐州过去的庙会。庙会也是中国民间广为流传的一种传统民俗活动，是中国民间宗教及岁时风俗。其形成与发展和寺庙的宗教活动有关，在寺庙的节日或规定的日期举行，多设在庙内及其附近，进行祭神、娱乐和购物等活动，是中国集市贸易形式之一。徐州庙会很多，庙会上除了一些日常用具和小孩玩具等外，主要的就是汇集周围的一些市肆小吃。这些流动的民间小吃业，随着庙会和集市流动在四乡八集以至外县，甚至外省经营，形成一大帮派，他们都掌握各地庙会和集市的日期，一个接一个去赶场。在庙会开始的前一天，这些摊贩用独轮车（或肩挑）带着黑色布篷、灶案用具等，在篷下设灶、摆案，就地取料，加工出售。由地方老大统一安排，供应品种相同的，设点要有一定的距离；同一地点往往搭配不同的品种，行话为"干湿搭配"，如炸糖糕、油条与热粥配合联营；包子、油旋子与辣汤、玛糊配合联营，既方便顾客，又便于销售。民间歌谣唱道："干秦行，无招牌，一把筷子竖起来。摆棋子，汤下月，拨云见日品种多。赶东集，下西市，吃喝喊叫做生意。有老大，无定市，搭起黑篷供饮食。"卖汤羹类的，就地挖个地窖，用泥块在平地加高坐锅，用秫秸或豆秸做燃料，烧好后再放入缸中卖；煎包子的则就地起灶；卖羊肉汤的就地杀羊等。叫卖是黑篷底经营的另一特色，多以长音招揽顾客，如"酸辣鳝鱼辣汤""五香玛糊"等，卖包子的多是摔打着锅铲，大声吆喝"包子多大油多深，一个四两（旧制16两为1斤），两个半斤"，后音长久，声音洪亮，吸引顾客。俗语云："民间小吃数黑篷，敲砸叫卖有喊声。煎炸烙烤有稀洒（汤羹），供给闹市集会中。"

黑篷底饮食品种很多，品种齐全，各具特色，通常用暗语（黑话）表示：

卖辣汤的，行业黑话叫"拨云"。因辣汤中有面筋片、鸡蛋穗、鳝鱼丝等。卖辣汤时，锅下有火，始终保持汤微开状，配料不断随滚波涌上翻下，如云片飞动，盛时为使每碗厚薄均匀，用弯把铜勺横拿拨动，恰似拨动云片一般。俗语说"辣汤烧得好，要凭盛得巧"，故称卖辣汤的为"拨云"。

卖豆腐脑的，行业黑话叫"托月"。徐州的豆腐脑微咸带辣，吃起来鲜嫩可口。盛豆腐脑时用铜勺卧执平旋，一片片雪白浑圆如月，故名"托月"。

卖热粥的，行业黑话叫"掏井"。因盛热粥的缸很深，需要用长把弯勺，将胳膊伸进缸里，弯着腰一勺一勺往碗里盛，似掏井之状，故名"掏井"。

卖玛糊的行业黑话叫"扯条子"。因玛糊中有粉丝，又细又长又滑，用长木把勺子盛时漂浮在玛糊上。盛时先盛大半碗玛糊，然后用勺扯盛粉丝，扯盛的粉丝量要恰好，须一次成功盛入碗中，既凸出碗面，又不使玛糊溢出。行业中俗语云："五香玛糊味道浓，盛的得当在勺功。"也就是说，盛玛糊时难在盛粉丝上，所以叫"扯条子"。

卖油煎包的，黑话称为"摆棋子"。庙会、集市的油煎包子，大部分是圆的，由于过去经济不发达，肉类较少，包子的素馅较多，特别是以韭菜、豆腐、粉丝等做馅最多。俗话说"包子大了净韭菜"。这样的素包子皮薄馅多，煎出的包子个大微黄。煎包子时，需要把包子放在煎锅中均匀摆好，故称"摆棋子"。

卖油旋子的，黑话称为"摆盘子"。油旋子摆在特制的铁盘中，四周凸中间凹，像个倒过来的鏊子，加热，倒入油，油旋子放入油中煎炸后，其形如盘，一片片摆在大拖盘中，所以叫"摆盘子"。

卖糖糕的，黑话称为"毛滚子"或"油滚子"。糖糕是烫面，性柔而糯，包上糖按成扁圆形，经油炸鼓成球形外皮起酥。故称"毛滚子"或"油滚子"。

卖反手烧饼的，黑话称为"摘月"。反手烧饼也叫花边烧饼，是用半发面剂子包上椒盐，用手捻成饼，反手贴炉上，底火上炙，熟时用特制的铁铲从炉顶铲下，因饼为圆形，动作就像摘取月亮，故称"摘月"。另外，还有用缸炉烤的圆烧饼，烤时一个个贴在缸炉的四周，好像挂着的月亮，故黑话中称这种卖烧饼的叫"挂月"。

其他品种如油条、油馍、蒸包、馒头、麻花、鸡蛋饼、馓子肘、煎豆腐卷、石头馍灌鸡蛋、煎鸡头包子等，也都有黑话代替。

市肆的小吃和零菜有豆浆、豆脑、绿豆稀饭、玛糊、油茶、羊肉汤、辣汤、饨汤、丸子汤、馒头、花卷、煎包、蒸包、烧饼、油旋子、菜角、火烧、锅贴饺、水饺、绿豆面条、蛙鱼、凉粉、热豆腐（浇上辣椒酱）、油炸臭干（夏季较多，多配散啤酒），还有新疆的烤羊肉串，冷菜有烧鸡、盐水鸭、酱牛肉、牛肚、猪头肉、猪大肠、猪脑、猪耳、猪心、猪肝、猪蹄、猪尾巴、狗肉、油炸小鱼、油炸虾、盐水田螺、拌皮肚丝、拌腐竹、花生米、香肠、粉皮、豆腐干、豆花干、羊肉、羊肚等。家庭中喜欢秋季腌雪里蕻、胡萝卜、萝卜干、腌萝卜缨、腌韭菜花、八宝菜、腌辣椒、咸鱼、糟鱼、三丁、腐乳等。

节日食俗

徐州节日主要有过年、正月十五、二月二(龙抬头)、清明、端午节、大暑(伏羊节)、中秋节、冬至节、重阳节等。

春节食俗

过年,即春节,是中国最隆重的节日。春节前,家家户户准备过年礼物。农村中过年前都要做一些油炸食品,如炸果(糯米面蒸熟后,擀薄切长方条,中间切一口,翻套,过油炸,香脆)、炸丸子(荤素都有,素丸子大多用萝卜、北瓜)、炸鱼、炸藕夹、炸山药夹等。城市居民也有炸果,做一些花生糖、芝麻糖等,鱼肉大多吃不完就腌制,做一些咸肉、腊肉、咸鱼等。农村中喜欢写"福"字倒贴,以示幸福要到来了。农村中过去还要蒸"黄团子",或用谷面或用玉米面,有三层意思:一是象征全家团圆,二是象征富贵,因为"黄团子"是金黄色,三是象征丰收,因其形状如粮囤。大年三十中午或晚上,全家围桌而坐,喝酒吃菜,以庆新年到来。

许多人以为,过春节就仅仅是大年三十这一天的时间。实际上徐州人过了腊八节,就视为过年了。民间俗语说"小孩小孩你别馋、过了腊八就是年;哩哩啦啦二十三、二十三糖瓜粘;二十四扫房日、二十五买豆腐、二十六买斤肉、二十七宰只鸡、二十八把面发、二十九蒸馒头、三十晚上熬一宿"。腊八过后,徐州人开始制作年货为除夕做准备。这时候,天气寒冷,是制作风鸡、香肠、咸肉或风鱼等最佳季节。腊月二十三,俗称"小年",传说这日是"灶王爷上天"之日。家家户户要在贴着灶神像的厨房灶头上"送灶""祭灶"。腊月二十四,家家户户要把家里角角落落拾掇干净,准备迎接新年,真正备年货,也是从这天开始。蒸馒头、糖包、枣糕和烙馍馍,酥(炸)藕夹、土豆、山药,炸丸子(多以萝卜丸子居多)、炸麻叶子、炸豆腐泡和炸鱼,蒸好的馒头存放在特大馍筐中,能吃很长时间,有钱的人家,会做得很多,够吃一个正月。腊月二十五,推磨做豆腐,过去做豆腐是家家户户必须准备的年货,能放,也可以做成豆腐泡等。腊月二十六,宰猪囤大肉,以前肉少,不像现在,人们只在一年一度的年节中才能吃到肉,因此要提前买肉,主要用来做肉馅包饺子,农村杀猪过年的较多。腊月二十七,赶集宰鸡,一般在这天集中购买年货赶集的较多,同时也是为送节礼准备货物,鸡鱼肉必不可少的,还有一些糕点之类。同时理发、洗澡、洗衣。腊月二十八，揉年糕、贴窗花。腊月二十九，祭祖。年三十、大年夜，全家吃团圆饭，子时守岁"接灶君"。徐州人大年初一要吃饺子，饺子馅有荤、素之分，荤馅以猪、牛、羊肉制作；素馅多以新鲜时蔬、豆腐、馓子、鸡蛋、粉丝做成。包饺子有时候包几个硬币在里面，谁吃到，大吉大利。

  正月初一除互相拜年之外，一般不出门，也不扫地。穿新衣、拜先祖、开门放炮，喝元宝茶，发压岁钱，早上要吃饺子，而且要吃素馅的饺子，即素素静静过个年。同时，为拜年来客，家家户户要一早准备待客之物，多是事先准备的炒花生、炒瓜子、油炸麻叶，有钱的还准备些糖果、各色点心，如徐州的京果棒、蜜三刀、羊角蜜、大芙蓉、麻片等。正月初二走亲戚，媳妇回娘家。正月初三，蔬果祭门神。正月初四夜接财神、正月初五是小年，正月初六接亲戚较多……正月十五，闹花灯、吃元宵。过去没钱买花灯，家家户户用面做成面窝窝，蒸熟，放入豆油，用棉花做捻子，当作花灯，供小孩玩，事后还可以食用。元宵节过完，才算过完一个完整的年。

正月十五

  正月十五吃元宵，"元宵"作为食品，在中国也由来已久。南方叫"汤圆"、北方叫"元宵"，二者制作也不同。"汤圆"是用糯米面包馅，"元宵"是用馅料裹蘸糯米粉。风味各异，可汤煮、油炸、蒸食，有团圆美满之意。徐州的元宵不是包的，而是在糯米粉中"滚"成的，或煮制或油炸，热热火火，团团圆圆。在民间元宵节还有蒸面灯的习俗。"雪打灯，好年成，拉风箱，蒸面龙"。这歌谣唱的正是元宵节蒸面灯的习俗。按照徐州的传统习俗，面灯蒸好后要先敬天地祖宗，然后在面灯上插好灯芯，倒上豆油，这才真正成为面灯。许多人会将面灯放在不同的地方来表达对来年美好的祝愿，比如将鸡灯放在鸡栅边，就祝愿家鸡不生病、多下蛋。面灯实际就是蒸面窝窝，和面时可以加点盐、花椒粉，也可做成各种形状。中间放油，点着后端着玩耍，油烧干后，可供食用，过去蒸面灯很普遍。正月十五这天都要蒸大包子。徐州的老百姓从正月十三家家户户就开始泡干菜，将夏季晒干的萝卜缨子、马齿苋、苋菜、灰灰菜等掺上细粉、豆腐，条件好点的再配点猪肉、鸡蛋等，蒸出来个大、皮薄、馅香。

立春

  立春这天，人们常说叫打春，要吃青萝卜，叫作"咬春"。"咬春"嚼萝卜，则取古人"咬得草根断，则百事可做"之意。打春要咬春，一要吃春饼，二要吃春卷。春饼就是将烙好的饼卷上菜肴，如土豆丝、蒜苗鸡蛋、豆芽之类的。

二月二

  二月二，徐州俗称"龙抬头"，因从此雷声渐多。一般家庭吃糖豆、炒花生、爆米花、玉米花、炒黄豆等，并用来招待客人。徐州在这一天的传统小吃是糖豆，花样丰富，口感各异。丰、沛县一带，炒糖豆给孩子吃，名为"吃蝎子爪"。据说可以免遭蝎子蜇。有的将春节留下的大馒头蒸一蒸给老人吃，认为可以免腰疼；将元宵节留下的面灯给青壮年吃，认为可以增强体力。

清明节

清明节,给逝去的人上坟,带点酒菜祭奠,以示对故人的怀念。徐州清明节的传统老习俗非常丰富,不仅要吃蒸菜和青团子,还要插柳、上坟祭祖、掩骨会、扫"金银灰"、春游踏青远足。在徐州地区,清明前一天为寒食节。《荆楚岁时记》称:"去冬节一百五日,即有疾风甚雨,谓之寒食,禁火三日。"寒食节的起源,据说是与春秋时期晋国公子重耳的臣属介子推有关。重耳流亡国外十余年,介子推护驾有功,当重耳返回故国即位,介子推却躲入深山。重耳以火烧山企图逼出介子推,不料山火却将介子推烧死了。为了纪念介子推淡泊名利的高风亮节,民间便有10日禁火之举。在古代寒食禁火,只能吃冷食,家家户户在节前就纷纷制作甜干饼、锅摊饼、冷粥以便充饥,寒食节里街上卖干饼的小贩特别多。有诗云:"草色引开盘马地,箫声催暖卖饧饼。"清明节日食俗,徐州特色食品有蒸菜和青团子。这个时节,野生蔬菜正值鲜嫩时期,徐州多用来做蒸菜,也可以将野菜剁碎,与面和成青色菜团子,蒸、煮均宜,也可以蒸过后再烧成菜吃。徐州俗谚:"二月清明榆不老,三月清明老了榆。"这是指立春早晚与榆钱老嫩的关系。徐州习俗,清明时爱吃"蒸榆钱"。但若是春节后才立春,清明节的榆钱就老得不能吃了。除榆钱外,清明时亦可多采些野菜如地枣苗、老鸹嘴、荠菜等蒸食。清明过后是谷雨,吃香椿最佳时节。

端午节

端午节,家家户户吃粽子,吃鸡蛋。粽子馅中有加红枣、山楂糕、咸肉、腊肉、香肠、海米等。以往徐州的粽子很少用糯米,用的是当地农村生产的黍子(淡黄色,比小米稍大,有黏性),粽子馅取的是皮薄、肉厚、味甜的徐州红枣,就连粽叶也是采用当地石狗湖(云龙湖前身)近郊河道生长的芦苇叶,从而构成了口感好、味道甜、清香浓的特点。徐州粽子的包法上,多取三角形,也有四角形的,俗称斧头粽子,在扎法上不用竹针,也不用棉绳,而是用蒲叶破开为绳。徐州粽子比南方粽子大些,这是适应徐州人大口吃食、大口咀嚼的习惯。煮法,多采用小火慢煮,并加入鸡蛋同煮,黍子米的黏性得到充分发挥,鸡蛋也具有苇叶的香味。有些人家还要放上新下来的独头蒜,有祛瘟辟邪之意,特别是劝小孩吃,民间有"吃了端午蒜,一夏无灾难"之说。鸡蛋加入粽子锅中煮,相传鸡蛋象征着龙蛋,是对曾经伤害过屈原尸身的龙的惩罚。

那时人们生活水平低,家宴不像现在那么丰盛。生活尚宽裕的,端午节家宴中少不了的是:新蒜砸成泥,蘸白水鸡蛋(鸡蛋是和粽子同时煮的)、细粉烧猪肉和新上市的青椒炒仔鸡等。

六月六

六月六为"曝阳节"。徐州城乡,人们习惯将衣服、书籍等物拿出来晒。俗话说:"六月六,晒龙衣,湿了龙衣烂蓑衣。"如这一天下雨,则认为是个涝年。邳、睢一带,这一天要接出嫁的女儿回娘家消夏,有"六月六,熬猪肉,有娘送,无娘受"之说。若娘家父母年逢66岁,出嫁的女儿应于这天送66个水饺祝贺。这时也是徐州伏羊的开始。

中秋节

中秋节，是家庭团圆的节日，吃酒时必然少不了月饼和鸡，以示全家团圆幸福、吉庆有余。中秋节前几天，有婚约家庭，男方要给女方家送去八瓶酒、八斤月饼、八条鱼、八只鸡、八斤果子、八盒烟（现一般为一条或两条）、八斤水果（水果可几样，每样八斤亦可），即徐州过去的"八个八"礼。在中秋节传统文化的礼仪中，月饼被赋予了特殊的寓意，敬奉月神，祈求月神的保佑，风调雨顺，国泰民安，亲人团圆，并请月神享用美味的供品（祭文最后的"尚飨"，就是请月神来享用供品）。而被月神光顾过的供品（包括月饼），也就带有神灵所带来的福祉和保佑，也就有了精神上的享受。

九月九重阳节

农历九月初九，是我国民间的重阳节。徐州也不例外。步步登高，爬山登高，备带食物，喝酒吃螃蟹，登高望月，以示一年比一年好。民间在重阳节前后，百姓利用刚收获的新黍米（似小米，有黏性）磨成面，包上山芋丁，并掺适量的白糖，制成黍米面山芋团子，与南方的重阳糕有相似之处。重阳要吃螃蟹，这时候螃蟹最肥。

旧时的徐州，十分注重过重阳节，几乎所有人都要摆顿重阳宴，不论菜肴好孬。现在仍有很多人在重阳节前一天，约上好友，带上酒肴，登山过夜。一时间，山顶人声鼎沸，遍及山野，政府有时候不得不出面协调指挥。

立冬与冬至

冬季有两个节气是很重要的，一是立冬，二是冬至。许多朋友会将立冬和冬至两个节气搞混，一般立冬是在11月，冬至是在12月。

立冬是秋、冬季节之交，故"交"子之时的饺子不能不吃。现在的人们已经逐渐恢复了这一古老习俗，立冬之日，各式各样的饺子卖得很火。吃饺子是从汉代开始慢慢延续下来，有一两千年的时间。也有不少人家立冬吃羊肉，有资料记载，立冬后徐州人每天吃羊1000只，说明徐州人有立冬吃羊肉习俗。

冬至这天，徐州叫"立大冬"，俗称"立大冬，长一葱"（此后白天渐长）。徐州习俗，这一天要吃"冬疙瘩"，也叫"猫耳朵"，一种形似猫耳朵的水饺。冬季入九喝鸡汤是徐州市冬季饮食进补的传统，而且徐州市每年的这一天都举办彭祖腊羹节。丰沛一带流传吃狗肉和羊肉，传说刘邦在冬至这天吃了樊哙的狗肉，赞不绝口。

腊八节

农历十二月初八是"腊八节"，腊八这天要喝腊八粥。腊八粥分甜、咸两种，甜的多放入瓜仁、果脯，咸的则放入豆腐皮、香干丝、榨菜丁、冬菜、笋丝、肉丝等。粥煮好后，要盛上些先送亲邻，有小孩的人家让小孩多喝些亲友送的粥，意为可以"拉巴拉巴"（徐州话"拉巴"有扶助提携之意）。腊八节源出佛教，这天，各寺院尼庵都要用大锅煮粥，分送施主家，借以讨取布施。

庙会食俗（黑蓬底饮食）

城隍庙会、火神庙会、阎王会、玉皇庙会五、人祖庙会、黄楼会、福神会、云龙山会、蟠桃会、地藏王会、泰山会十二、五毒庙会、关帝庙会、留侯庙会、刘将军庙会。（具体见前文日常习俗）

婚丧食俗

喜 宴（吃大席）

结婚时男女之大事，现代自由恋爱青年较多，经媒人介绍的也有，但古代习俗"见面礼"在农村仍存在。旧社会时的男婚女嫁，全凭父母之命，媒妁之言，只要男女双方家长同意，子女的终身大事就算定了。也有幼年定婚，俗称"娃娃亲"。提亲前，男孩的父母要请媒人吃饭，俗语云"成不成，酒两瓶"，这是给媒人的酬谢，媒人酒足饭饱后，才会当作一回事去办，不然会被讲小气。定亲的最后一天是赠送定亲礼物，由男方送至女方家里，俗称"传柬"以示定婚。传柬前，双方商定具体日期，男方家请老先生写"敬求金诺"等字样。女方收到后，要写回启，多写上"谨遵台命"等字样。另外还带有盐、葱、筷子、花生、栗子、白果、红绿线、春麸子等。盐是延年益寿，葱指下一代聪明，筷子有称顺子，指什么都顺利，花生指婚后花开生育，有男有女，白果指白头偕老，栗子指早生贵子，红绿线指月老牵线搭桥，麸子指婚后有福。女方则忙着张罗酒席，找人陪客。席间双方随客划拳行令，直喝得一醉方休才肯罢休。但轻易不让新人喝酒。定亲以后，男方还要给媒人送条大鲤鱼，酬谢媒人介绍之功。

结婚时，结婚酒席很隆重。在结婚的前一天，厨师就得来到男女方家中，备料顺菜，各种材料则由主人根据厨师开的菜单和料单，提前买好，整个婚礼有总管（指挥）司仪、厨师、帮手、服务员等。

结婚酒席档次的高低一般视家庭条件而定。但酒席中鸡和鱼是必不可少的。菜肴一般是凉菜八样、大件四件，炒菜四件或六件，外加一甜汤一咸汤。其中炒菜中一般不可缺少拔丝，以示情谊绵长，凉菜一般为五荤三素，并且要有鸡和鱼，以示吉利和年年有余。厨师在前一天顺菜时，主人要给开刀礼（一条毛巾和一块香皂）。新娘到达新郎家后，司仪典礼，拜天地、父母、亲戚等。在新娘的嫁妆中有时藏有红枣、生花生、桂圆、栗子以示意早生贵子。

客至，开席，过去在开酒席前，每桌上四碟或八碟果子，以供客人先"垫点点心"。两次上席后，厨师开始上头菜，头菜一般以烧海参蹄筋等海味居多，头菜装盘后，上放一山楂糕刻的双喜字，以示喜庆。服务员上头菜时，要报"头菜来了"。这时新娘要拿出事先准备好的用红纸包的礼钱,由服务员交给厨师每人一份,以示致谢。然后新郎新娘给各位客人敬酒,上烟点烟。有时碰到开玩笑者,半天不得走开,客人敬完酒后再到厨房给厨师敬酒。女方家来的酬客,一般在晚上,由新娘的哥弟及亲戚组成,由一年长者带领四五个人,均是酒量大者,到男方家中,男方则选派酒量大会说话的人来陪酒讲话,双方划拳行令,直喝得一醉方休。厨师除了做菜以外,还要给新郎新娘下长寿面。面条一般不熟,每碗再放两只荷包蛋,鸡蛋也不煮熟,糖心,筷子用火烤后掰弯,使之食时不能像正常一样食用。面条好后,新郎新娘还要给厨师喜钱。每人一份用红纸包,临走主人还要给厨师喜酒、喜糖、喜烟等。条件好的还有红纸包(主要视情况而定)。若厨师和主人关系密切,红纸包、酒和烟一般退还给主人,以示自己人不必客气。

城市婚宴一般采用"三滴宴",具体菜肴质量视家庭经济情况。农村酒席中,菜肴大多以实惠为主,因农村酒席,妇女小孩较多,大多是大鱼大肉丸子等。旧时多以每桌八碗为标准,俗称"八大碗"。辣、咸、味重、色红实惠。菜肴中以猪肉、猪耳、猪肝、猪肚、猪心及各地特长较多。下面是1987年沛县胡寨一农村结婚酒席菜单:

冷菜:盐水花生仁、五香蚕豆,凉拌藕,芹菜拌肉丝、糟鱼、菠菜拌猪血、卤鸡杂、芹菜拌虾。

热菜:红烧猪肉、烧羊肉、烧绿豆面丸子、烧藕夹、烧山药、拔丝山药、米粉肉、杂碎汤、糖醋鱼、清汤鸡、荷包蛋、红烧鲤鱼。

这是一桌在当时条件较好的酒席,对于条件一般的情况来说,菜肴可酌情减少。

丧 席(喝丧汤)

丧席是指家中有人去世,为应酬亲朋好友来祭奠而开设的酒席。过去丧席比较简单,以素为主,也喝酒。但酒席中豆腐是不可缺少的,以示白事(丧事也叫白事)。另外不能用粉丝(扯扯拉拉不吉利),也不能吃面条菜。

喜 面 和 寿 宴

喜面一般是生孩子满月摆的宴席,徐州传统习俗"送粥米",就是娘家亲朋好友要送上一些米面、鸡蛋、挂面、红糖、馓子、新衣等物。到指定的日子那天,娘家哥哥将"粥米"担了送去。娘家送粥米,婆家要准备宴席,叫"吃喜面"。"吃喜面"讲究喝红糖茶泡馓子,红糖表示喜庆,馓子谐音"散子",意多得贵子。还要吃"长寿面",即下挂面再卧进两个鸡蛋,酒足饭饱之后,每位客人还要带上十个"红喜蛋"。

寿宴,是指给老年人过寿承办的宴席,要有寿糕。现在多用生日蛋糕。八宝饭多做成寿桃形,象征老人长命百岁。

饮食方言

据《辞海》解释:"方言"是一种语言的地方变体,在语音、词汇、语法上各有其特点,是语言分化的结果。"俗语""俗话"是流行于民间的通俗语句,带有一定的方言性。徐州地区饮食中的方言俗语与饮食习俗有极大的关系,有其独特的代表意义,是徐州地方饮食文化中的重要组成部分。研究地方饮食方言俗语,应从地方的特产原料、工艺流程、成品特色、饮食风俗等方面进行研究,以从中探讨地方的饮食文化。

徐州的"饦(sa)汤"是徐州地方饮食方言中最具典型的方言事例。"饦汤",源于彭祖的"雉羹",其主要原料是以"雉"(野鸡)和"稷"(黄米)碾碎熬,熬至雉酥脱骨、稷熟出汁,再和以盐味,因此又称"饦汤","饦"字据传是地方庸儒品饦时,聊以为乐趣而臆造。另一传说为乾隆皇帝南巡时,途经徐州,品尝此汤后,问卖汤者此为啥汤,卖汤者随口答曰这就是饦汤,以后就沿袭成俗了。

徐州在几千年的演变中,经历了战火洗礼、黄河泛滥等许多人为及自然的灾害后,本地人口稀少,南来北往拥入徐州的人很多,各地的方言混杂在一起,形成了徐州独特的方言风格,也有的与其他地方有接近之处。具体来说,饮食中的方言主要体现在以下方面:

1.特产原料

徐州的地方特产很多,很具有地方特色,以下是原料的地方方言俗称。

(1)植物性原料蔬菜类:

"苔菜""黑菜":指乌塌菜。

"架梅":指四季豆。

"梅豆角子":指扁豆。

"楮(chu)桃咎子":指楮桃树上结有绒毛的果实。

"黍黍":指高粱。

"玉黍黍":指玉米。

"芫(yan)菜""香菜":指芫荽。

"洋蒜"：指洋葱。

"搅瓜"：地方特产，产于邳州、睢宁一带，表面金黄色，又称搅丝瓜，蒸或煮后用筷子可顺搅成丝。

"豆角子""豆角"：指豇豆。

"地蛋""地豆"：指土豆。

"马马菜"：指马齿苋。

"辣疙瘩"：指芜青。

"腊菜"：指雪里蕻。

"苤(pie)了头""苤了疙瘩"：指苤蓝。

"地早苗""卜蒜""野蒜"：指薤头，小蒜。

"灰灰菜"：指野苋菜。

"地角皮"：指地耳。

"白芋""红芋""山芋"：指甘薯。

"辣萝卜"：指红皮大萝卜。

"豆筋"：豆制品，指植物肉。

"马牙""转莲""望日葵"：指向日葵。

"地姜"：指洋姜。

"毛芋子"：指芋艿。

"洋柿子"：指西红柿。

"拉皮""粉皮""熟粉皮"：用淀粉摊制的面皮。

"大料"：指八角。

"忌讳"：指醋。

"鱼松"：指鱼腥草。

"长果""落生"：指花生。

"苔干"：地方特产，产于邳州、睢宁一带，一种莴苣的干制品。

"莪豆"：指白蘑菇。

"旺卜"：指南瓜。

(2)动物性原料。

"唠唠"：指猪。

"鬼子肉"：指驴肉。

"驴顺"：指驴鞭。

"颌(ge)绷"：指颈部，"猪颌绷""鸡颌绷"。

"脯脯囔"：指畜类中奶脯等部位的肉。

"肚崩"：指奶脯肉。

"肋扇":指五花肉。

"皮肚":指油炸制的干肉皮。

"滚子":指鸡蛋。

"青皮":指咸鸭蛋。

"(草)厚子""(草)混子":指草鱼。

"家鱼":指白鲢或花鲢。

"曹(cao)鱼":指鲫鱼;"曹(cao)鱼壳子":指小鲫鱼。

"餐(can)子""餐条子""角嘴鲢子":指小白鱼。

"鮥(ge)鱼""鮥(ge)燕":指黄颡鱼。

"元宝鱼":指青虾。

"虾婆婆":海洋产品,指赖尿虾。

"屋蝼牛":指蜗牛。

"歪蚌":指河蚌。

"季花鱼":指桂鱼。

"趴地虎""麻泥丁""麻泥古丁":指虎头鲨。

"鱼泡""鱼泡泡":指鱼鳔。

"姐儿龟":指蝉猴。

"姐了":指蝉。

"老雀""小小虫":指麻雀。

"麻鸹油":指鹪鸪。

"作料":指调味品。

2.加工工艺

"阿锅":把杂粮入锅中烧煮,"阿稀饭"。

"吊""吊汤":烧煮之意,"吊汤"即煮汤。

"叠":指上浆。

"馏":把蒸熟后的食品重新加热蒸透。

"哈":指菜肴上桌前短时间、快速蒸东西,哈透、哈一下。

"紧""掸":指焯水,"紧一紧""紧长鱼""掸一掸""掸水"。

"渫(za)":指植物性原料焯水,焯水后制作干菜居多。

"泖(mao)":指动物性原料焯水。

"熬(ao)":烧煮之意,"熬菜""熬稀饭"。

"打活":指在炉操作工后帮忙者。

"擗(pi)":指把东西分开,"擗青菜"。

"豁":倒掉之意,"豁水""豁掉""豁汤"。

"拨面鱼":将面搅成稀糊,用筷子沿碗边斜拨,形状细长,掉入开水中煮熟。

"泻(xie)":指出水,塌架。

"放油":指过油。

"重油":指再过一遍油。

"拉油":指过油,"拉遍油"。

"拉水":指用水烫,"拉遍水"。

"渡":指用水浸泡,"渡一渡""渡渡水"。

"煞":指植物性原料经刀工处理后用盐腌出水,"煞水"。

"僵":指东西干硬,咬不动。"炸僵了"。

"旋(xuan)":削之意。"旋掉"。

"码码":指腌制,"码码味""用盐码码"。

"鞘(qiao)头":指烧制的动物性原料中加入蔬菜等原料。

"欠火""差把火":指东西不熟或不透。

"浡(yu)锅":指汤汁沸腾时泛出锅外。

"巴锅":指食物粘在锅上,"烧巴锅子"。

"戗":指把东西铲掉,"戗刀""戗锅"。

"熥(teng)":指把食品放在锅中小火煎(用油或不用油)。

"炕炕":指把食品放锅中(不放油)或火边焙熟,"炕饼"。

"圆汽":指蒸锅上汽。

"顺菜":指事先加工配菜。

"走菜":指上菜。

"跑菜":指传菜。

"下口":加调料调味。

"卧鸡蛋":指做荷包蛋。

3.饮食成品

"饣它(sa)汤":徐州地方风味小吃之一,用母鸡和麦仁熬制。1999年获"中华名小吃"称号。

"辣汤":徐州特色风味小吃之一,用母鸡及面筋熬制,胡辣味浓郁,常见的品种有"鳝鱼辣汤""母鸡辣汤""素辣汤"等。

"丸子汤":徐州特色风味小吃之一,是在开水锅中煮绿豆面饼和绿豆面丸子,食用时配以红油、蒜泥等。

"玛糊":又称"五香玛糊",是用花生米、粉丝、豆腐(或豆皮)、大米、青菜等同熬,汁浓味足。

"发馍""馍馍":指馒头。

"单饼""烙馍":徐州特色面食之一,用水调面团擀成直径约30公分的圆饼,放鏊子上烙熟。

"油馅子""油旋子":用水调面团裹以馅心,用手捻薄,放热油中煎炸。馅心可荤可素。

"蛙鱼"：徐州风味小吃之一，用水淀粉加热成糊状，放入漏盆中，滴漏在冷水中，食时调味，配以徐州萝卜榨菜，风味独特。

"面鱼"：见"拨面鱼"。

"面片""面叶"：工艺似手擀面条，开头不是条状，而是长方形或三角形，煮食。

"汤丸子"：指元宵。

"麻叶"：油炸食品之一，用米面配以芝麻擀成薄饼，切长方形，中间划一刀，一端从口中翻过两圈，油炸。

"角蜜""羊角蜜"：徐州特色糕点食品，因形似羊角，馅心含蜜而得名。

"果子"：糕点的统称。

"盐豆""萝卜豆"：徐州民间风味小菜，大豆煮熟，经发酵后，加以调味，湿者为"鲜盐豆"，干者为"干盐豆"，配以萝卜为"萝卜豆"。

"五香疙瘩"：徐州民间风味小菜，用芫青或苤蓝腌制，可调、炒。

"黑咸菜""面咸菜"：用芫青或苤蓝腌制后，经长时间加热煮透（10小时以上），颜色发黑，肉质软面。

"豆卤""臭豆卤"：指"青方"，比较有名的有徐州万通酿造厂酿造的青方及邳州八义集的青方。

"喝饼"：一种面饼，多用于过去农村家庭烧菜时在菜四周贴饼，饭菜兼备，又称"老鳖溜河沿"，有时简化为菜汤中煮饼。

"锅盔"：指大、薄而圆的烧饼。

"朝排"：指长方形的烧饼，形似古代大臣朝见皇帝时的牙板。

"地锅"：多与喝饼结合，属民间家常菜，烧木柴，小火，有地锅鱼、地锅鸡、地锅排骨等。

"托"：指蔬菜拌以面粉稀糊，经煎或炸制，如"煎南瓜托"。

4.民俗习惯

"完""咧""谏""耍""啃（kei）""剋"：在饭桌上均指吃。

"叼（dao）"：指用筷子夹菜吃。

"肴肴""压压"：喝酒后吃菜称"肴肴"。

"闪座"：中途离席称"闪座"。

"刹口"：解馋之意。

"碜（chen）""和碜（chen）"：食物中夹有沙，"碜（chen）牙""牙碜（chen）"。

"口轻""口重"：指调味品盐少或盐多。

"䞋（zhui）""胀"：贬义的吃，有骂人之意，"䞋饱吗"。

5.饮食用具

"净锅""铁古子"：煮汤或早点用来烧稀饭的盛具，多用铁皮制作。容量较大。

"锅腔"：四周用泥制、中空、前有进口（大），后有小口出烟，烧木柴。

"锅拍"：指锅盖。

"拍子"：用高粱杆扎制的圆形工具。

"篦子"：指烙煎饼或单饼时用来翻饼的竹制工具。

一个地区饮食文化内涵很多，饮食中的方言俗语只是其中的一个组成部分。随着社会的发展和交流，人们物质生活水平的提高，有些方言逐渐被通俗语言代替。而饮食中的黑话、术语只是厨人们在长期的实践操作中的隐晦语言，其专业性较强，一般不为外人所理解。饮食中方言的形成，有的是根据原料或食品的外形、颜色、气味、口味、风味特色、制作工艺或动作的习惯等结合方言中的其他语言特点而形成的；有的是根据想象臆造而出现的，并且臆造的字较多，一般字典上查不到；有的是由于社会交流，本地语言和外来语言的结合。一方水土养一方人，美丽富饶的山川土地，哺育了勤劳智慧的徐州人民。徐州人嗜咸偏辣、喜饮酒的饮食习惯，体现了徐州人民粗犷豪放的性格特点。烹饪鼻祖彭铿、大师易牙及历代的烹饪工作者为徐州的饮食文化做了很大的贡献；独领风骚的文人墨客也在徐州的饮食文化中增添了浓浓的一笔。

方言俗语是一种文化的体现，是一个地方人们智慧的结晶。研究地方饮食方言俗语，对研究地方的民俗习惯，探讨中国传统的饮食文化，有着非凡的意义。

由于方言是地方的一种土话，有很多无法在字典中查到，只有通过音、意、形等方面进行臆造，有些可能不能完全表达方言的本意，本文中臆造的字亦是如此。本文中的方言是徐州日常饮食中的一部分，还有待于继续收集整理。

徐州饮食

其他篇

名人与徐州饮食文化

徐州饮食文化是以徐州地方饮食为载体产生和发展起来的文化现象,是实施精神文明赖以产生的前提和基础,它与徐州的历史、区域、经济、民俗、物产、烹饪技法等密切联系,是人类社会发展和进步的标志。徐州饮食文化的内容丰富,包括彭祖饮食文化、烹饪原料文化、小吃文化、主食文化、菜肴文化(名菜、小吃、小菜)、面点(糕点)文化、早点文化、烹调技艺文化、日常食俗和节日食俗文化、食品文化、饮食礼仪文化、饮食器具文化、饮食方言文化、宴席文化、饮食养生文化、饮食诗文文化、名人饮食文化、餐饮经营文化、茶文化、酒文化等,有着丰富的内容和文化底蕴。

这些文化的存在和发展,反映了徐州饮食文化的历史悠久和徐州人民的聪明智慧,体现了饮食文化在人民生活中的重要作用,同时也推动了徐州经济的快速发展。有些饮食文化内容,经历了几千年的沿袭和传承,已形成了颇具特色的饮食文化特征,融会在徐州地方文化中。

一个地域的文化底蕴的传承与延续,与史料记载有极大的关系,同时与名人的口传言播、诗书字画影响很大。徐州的饮食文化也是如此。

徐州历代名人辈出,许多名人都与徐州饮食文化结下了不解之缘,留下了大量的饮食佳作和脍炙人口的诗文绝句,还有大量美丽动人的传说和典故。

彭 祖

彭祖为尧舜时期人物,因"雉羹"治好了尧帝的厌食症而受封于彭城。作为中国烹饪的鼻祖,他开创了中国烹饪的先河,其养生之道被后人奉为圣典,他为徐州留下了大量的历史财富。其"彭祖文化""彭祖饮食文化""彭祖养生文化"说明了他对徐州乃至世界做出的贡献。彭祖饮食文化是以彭祖饮食内容为载体产生和发展起来的文化现象,是徐州饮食文化的重要组成部分,也是精神文明赖以产生的前提和基础。它是以彭祖文化为背景,其形成是在漫长的历史时期中,随自然环境、人文环境、社会生活等多种因素形成和发展的。它与徐州的历史、区域、经济、民俗、物产、烹饪技法等密切联系,是人类社会发展和进步的标志。其遗留下来的"羊方藏鱼""雉羹""糜角鸡""水晶饼""云母羹"等肴馔,至今仍在流传。"爨阵八法"是彭篯祖对烹饪技艺的另一大贡献，对中国烹饪的厨房布局影响至今。

易牙

战国时期的易牙，是继彭祖以后有史籍记载的烹饪大师。齐桓公称霸，九会诸侯，易牙任"司庖"。就是专管齐桓公的饮食，因"烹子事主"而得到齐桓公的宠信。传说干政事败后，晚年流落于徐州，求教彭祖的烹饪之道，其创制的"易牙五味鸡"及用于齐桓公会诸侯的"八盘五簋"筵流传至今。前人有诗赞美他："雍巫善味祖铿，三访求师古彭城；九会诸侯任司庖，八盘五簋宴王卿。"

他不仅善于烹饪之道，更是第一个运用调和之事操作烹饪的庖厨，好调味。他又是第一个开私人饭馆的人。晚年流落徐州，他开设了"易牙居"，创立了"易牙五味鸡""五味芹芽"等食疗菜，因此也可以说他是中国食疗的创始人。后人为纪念这位大师，历代都有以易牙命名的饭庄。后人总结了易牙的经验，写成《易牙遗意》一书，广为流传。

项羽与虞姬

项羽与虞姬，历史上绝配的英雄与美女。相传，虞姬姿容绝代，博学多才，为避秦乱随父居宿迁。项羽，将门之后，身高八尺，重瞳迥耀，仪表非凡，勇猛过人。一日，二人庙会相见，一见钟情。虞姬禀告父亲，邀其家中做客，虞姬亲自烹制"鸳鸯鸡"，其父即将虞姬许配给项羽，并资助项羽反秦。后项羽称霸定都彭城，虞姬在开国大典设制了"龙凤宴"，一时传为佳话。"龙凤宴"古朴庄严，造型典雅，制作讲究，技术复杂，是徐州古代著名筵席。代代相传。有人题诗云："一餐龙凤宴，尝尽天下鲜；珍馐佳寰宇，疑是上九天。"后项羽兵败垓下，自刎乌江，上演了一场霸王别姬的悲剧，"龙凤宴"中名菜"龙凤会"，后人取名"霸王别姬"即出于此。后因在婚宴上有不吉利之嫌，现又恢复为"龙凤会"。

刘 邦

汉高祖刘邦，沛县丰邑中阳里人，汉朝开国皇帝，汉民族和汉文化伟大的开拓者。对汉族的发展，以及中国的统一和强大有突出贡献。刘邦讨伐英布，回故里集名师、汇珍馐大宴百官百姓，击筑作《大风歌》，名扬天下，后有人赞云："集四海琼浆高祖金樽于故土，会九州肴馔铿膳秘以彭城。"可见筵席盛况。刘邦取得天下后，定都西安。据《三辅旧事》载："太上皇不悦关中，高祖迁丰沛屠儿、沽酒、卖饼商人，立为新丰县，故一县多小人。"徐州饮食随之影响到西安，这就是历史有名的"东食西迁"，因其出名的"沛公狗肉"更是驰名全国。皇后吕雉，与刘邦可谓患难夫妻。吕雉为人有谋略，刘邦死后，吕雉先后掌权达十六年。相传有次吕雉过生日，亲自指点做了一道"牝鸡抱蛋"，其意为牝贵于牡，女尊男卑，表达了吕雉的政治野心。后经历代相传，成为有权有势人家妇女做寿的必备菜，流传至今。"煎香椿托盘"这道系村野风味菜，历史悠久，相传出自西汉开国皇帝刘邦的故事。楚汉相争，一次刘邦败绩，被项羽追赶躲在一个小山洞（今徐州西南约30公里的皇藏峪中的黄藏洞）避难。当时山上有户人家想招待他，一时无菜，适逢这天是谷雨，是香椿芽正盛的时候，遂掰来做了两个菜："煎椿芽托盘"和"生油拌香椿"。刘邦食后,感到醇香无比,美不可言,遂问香椿为何这样好吃?主人说"雨(谷雨)前香椿芽嫩如丝,雨(谷雨)后香椿芽生木质",王爷来得正适时。次日刘邦走出门外,见不远处有香椿数株,便顺口说出"但愿香椿长春"。后来这几株香椿树的芽果然比其他树芽晚老一个季节。为此有人题诗云:"椿芽时已过,枝嫩叉芽生。汉王长春愿,食之齿颊香。"徐州香椿就此名扬四方。不仅这一故事流传至今,而且托盘之美。令人津津乐道。

刘 裕

宋武帝刘裕,徐州人,卓越的政治家、改革家、军事家,被誉为"南朝第一帝"。刘裕九岁入学,父亲设宴庆贺,特做了有寓意的四道菜。第一道红烧鲤鱼,希望将来富贵有余;第二道菜烧肉,希望将来为人忠厚;第三道清炖鸡,取百事吉利之意;第四道烩蛋,希望将来事业辉煌,贵为人主。总的意思是希望刘裕能像跳过龙门的鲤鱼,平步青云。刘裕听后说,何不现在就让鲤鱼跳龙门?说完把烧肉块枕在鱼头下,把鸡块垫在鱼尾下,让鱼头、鱼尾翘起来,再把烩蛋浇在鱼身上,然后对大家说,这不就是鲤鱼跃过龙门,到了金色的云彩中了吗?在座宾客大为赞赏。刘裕当了皇帝后,率军来到彭城,回忆往事。踌躇满志,遂命厨师将四道菜做成一个大件,并赐名"龙门鱼"。从此,"龙门鱼"作为一道名菜流传至今。

朱 温

朱温,即后梁太祖,五代梁王朝建立者,砀山人。相传朱温未发迹时有次犯事入狱,出狱后有两位结义兄弟为他接风喝酒压惊,厨师为他做了一道"红烧黄钻鱼头",酒菜摆好后,有一人迟迟不到,另一人外出寻找。朱温由于久在狱中,饥饿难忍,等不及竟独自把鱼头吃了。二位兄弟顺水推舟说,这鱼头就是为你做的,愿你独占鳌头,旗开得胜。朱温后来当了梁王,回到砀山,回想当年情景,重温当年"红烧黄钻鱼头",赐名为"独占鳌头",从此徐州一带吃黄钻鱼头成风,鱼头也成了宴客的常用佳肴。因梁王所食,后人也称为"梁王鱼"。抗日名将李宗仁在徐州指挥抗日,徐州名厨胡德荣先生做了一道"独占鳌头",取名为"三军战鳌头",深受李宗仁喜爱。

关 盼 盼

关盼盼,唐代徐州名伎,徐州守帅张愔之妾。据说,关盼盼在夫死守节于燕子楼十余年后,白居易作诗批评她只能守节不能殉节,她于是绝食而死。大诗人白居易当时官居校书郎,一次远游来到徐州;张愔邀他到府中,设盛宴殷勤款待。酒酣时,关盼盼表演了自己拿手的"长恨歌"和"霓裳羽衣舞"。关盼盼不仅能歌善舞,还擅长烹调,亲自为大诗人白居易做了一道"油淋鱼鳞鸡"。白居易大为赞叹,当即写下一首赞美关盼盼的诗。诗中有"醉娇胜不得,风袅牡丹花"之句,意思是说关盼盼的娇艳情态无与伦比,只有花中之王的牡丹才堪与她媲美。这样的盛赞,又是出自白居易这样一位颇具影响的大诗人之口,使关盼盼的艳名更加香溢四方了。后来白居易重访故地,关盼盼又做了一道"葱烧孤雁",向诗人表达像孤雁一样忠贞。徐州古迹"燕子楼"现在犹存,清末名人钱食芝曾题诗云:"千年故事已成古,名楼佳肴传世人。"

韩 愈

韩愈，南阳(今河南省孟县)人。贞元十五年春，他从汴州之战中逃了出来，经河南来到徐州，投靠在同乡徐泗濠节度使张建封的门下，做了个节度使推官，在徐州大约住了一年。韩愈在徐州时年三十二三岁，在徐州写了近十首诗，为徐州的人文景观增添了光彩。唐宋时期，韩愈好饮食，曾亲自创制了不少名菜，如"愈炙鱼"，在徐州广为流传。

白居易

白居易，字乐天，号香山居士，唐代著名诗人。九岁时，其父白季庚来徐任彭城县令，全家随任寄寓徐州，他在徐州生活了23年之久。一直到32岁离开徐州，他把徐州当作了第二故乡，对徐州倾注了深情。他在《江南送北客因凭寄徐州兄弟》诗中写道："故园望断欲何如，楚水吴山万里余，今日因君访兄弟，数行乡泪一封书。"乐天嗜酒，也精于美食，当年他在徐州爱吃一种鸭子，因其字"乐天"，故称"乐天鸭子"(荷叶醉鸭)。此菜在70年前是徐州"庆合园饭庄"的名菜，声名远扬。

苏 轼

苏轼(1037年－1101年)，字子瞻，又字和仲，号"东坡居士"，眉州眉山(今四川眉山)人，苏洵的长子，苏辙的兄长，是北宋著名文学家、书画家、散文家和诗人。曾任徐州太守，在徐州一年又十一月，为徐州人民做了不少好事，也写下了许多描绘徐州风土人情的名篇佳作。苏轼不仅是位才华超群的文豪，也是一位美食家兼烹饪大师，自号老饕，他善于调味，精于食道，其《老饕赋》《炖肉歌》等饮食诗文，流传甚广。北宋熙宁年间在徐州任知府，元丰十年(1078年)，徐州连降暴雨，黄河岔道洪水决堤，水情险恶，苏东坡亲自率吏民防洪救灾，经过几天几夜的连续奋战，终于战胜了洪水。地方百姓被苏东坡的精神和行为所感动，为感谢苏东坡的辛苦，纷纷杀猪宰羊送到府衙，苏东坡推辞不及，遂令厨师把这些物料烹制回赠百姓。其中一款，百姓称为"回赠肉"，也称"东坡回赠肉"。后人有诗赞曰："狂涛淫雨侵彭城，昼夜辛劳苏知州；敬献三牲黎之意，东坡烹来回赠肉。"除此以外，还有苏东坡的"金蟾戏珠""五关鸡""醉青虾"留世，后人并称为"东坡四珍"。后有人题诗赞"东坡四珍"："学士风流赞老饕，烹调有术自堪豪。四珍千载传佳话，君子无由夸远庖。"苏东坡还热爱徐州的热粥，写下了脍炙人口的《豆粥》诗："君不见滹沱流澌车折轴，公孙仓皇奉豆粥。湿薪破灶自燎衣，饥寒顿解刘文叔。又不见金谷敲冰草木春，帐下烹煎皆美人。萍齑豆粥不传法，咄嗟而办石季伦。干戈未解身如寄，声色相缠心已醉。身心颠倒自不知，更识人间有真味。岂如江头千顷雪色芦，茅檐出没晨烟孤。地碓春秔光似玉，沙瓶煮豆软如酥。我老此身无着处，卖书来问东家住。卧听鸡鸣粥熟时，蓬头曳履君家去。"这些流传下来的东坡饮食诗文，显示了当时徐州的饮食状况。后人为纪念这位大师，创有"东坡草堂宴"。

刘伯温

辅佐朱元璋奠基明朝江山的刘伯温也是一位美食和烹饪家，曾三次来到徐州。一次，地方官宴请他,其中一道"炒苔菜荚",被他赞不绝口。相传还曾亲自指导厨师做了"南煎丸子""酿苦瓜""里脊苦瓜""莲子苦瓜""野味三套"五个菜。后来"酿苦瓜""里脊苦瓜""莲子苦瓜"失传,后人根据其爱好,创制了"刘基丸子"等名菜,民国时期,徐州"兴盛园菜馆"就经营"刘基丸子""野味三套"等名菜。从刘伯温所著《多能鄙事》卷一至卷三的饮食部分,可见其对饮食极有研究。

刘 墉

刘墉(1719年—1804年),字崇如,号石庵,另有青原、香岩、东武、穆庵、溟华、日观峰道人等字号,清代书画家、政治家。山东省高密县逄戈庄人(原属诸城),祖籍江苏徐州丰县。乾隆十六年(1751年)进士,刘统勋子。官至内阁大学士,为官清廉,有乃父之风。刘墉是乾隆十六年的进士,做过吏部尚书,体仁阁大学士,工书,尤长小楷,传世书法作品以行书为多。

"一品粘肉"是新沂民间一道自制的民间菜。相传,刘墉随乾隆下江南,晚上入住马陵山,趁着乾隆独自出游之际,刘墉想到此处邵店的圣泉寺,成亲王和其父刘统勋都为此题过字,便想一睹风采。走到中午,顿觉腹中饥饿,便走进路边一小酒店,店主人正在案上斩肉,刘墉好奇,便问何菜?店主人说,是祖辈流传下来的一种做法,还没有名字,于是刘墉点此菜细细品味,连声夸好,待结账时,刘墉面露尴尬,竟忘了带银两。店主人打量着刘墉,觉得此人气度不凡,是读书之人,便请他题写菜名,刘墉爽快答应,因店中无笔墨,刘墉随手拿过当柴烧的玉米芯,在木板上写了四个大字——"一品粘肉"。刘墉回去后,觉得十分内疚,遂用上好的宣纸写下"一品粘肉"四个字,并留下落款,派人送去。此时店主人才恍然大悟,如获至宝。"一品粘肉"也就此成了小店的招牌菜。

还有一次,刘墉陪乾隆第三次南下,途中又一次来到新沂马陵山。乾隆看到山上树林中开放着一串串白色的小花,便问"这是什么花"。刘墉上前答道"此乃槐花"。乾隆再向远看,只见众多男女老幼正在采摘,不由眉头紧皱"这么好看的花为何乱加采摘",刘墉忙上前答道"此花可吃",乾隆十分好奇:"这花既然可吃。朕也要尝一尝。"听说万岁爷要吃槐花,这可吓坏了县令。这是老百姓用来充饥度荒的,怎么能给皇上吃呢?刘墉请来几个厨师高手,建议配上马陵山产的花生米,去掉槐花的涩味,加入鸡蛋,清蒸上盘。乾隆感觉此菜外酥里嫩,清香可口,赞不绝口。刘墉见皇上高兴,忙说"如今当地百姓一日三餐把槐花当饭吃呢"。乾隆不解"此花做菜尚可,如何当饭"。刘墉说:"每年槐花盛开之日,也是春荒之时,百姓家中无粮,只好以槐花充饥,此事还望圣上体恤百姓,放粮救济,度过春荒。"乾隆忙说"应该应该,刘爱卿,你去办吧"。为纪念乾隆对百姓的厚爱,故将此菜称作"龙口花香"。

李 蟠

江苏徐州人。字仙李,号根庵,又号莱溪。生于清·顺治十二年(1655年)五月二十九日,卒于清·雍正六年(1728年)四月初一日,享年73岁。李蟠出身于书香门第,诗礼世家,天资聪敏,28岁入泮为博士弟子,36岁中举,43岁(康熙三十六年)钦点状元,是徐州明清两朝唯一一位文状元。康熙三十六年（1697年）殿试时，因对军政、吏治、河防靖条答对贴切，符合事理，且见解独到，遂被康熙皇帝钦点为一甲进士第一名，授官翰林院修撰。

康熙三十八年（1699年），朝廷任李蟠为顺天府乡试主考官遭到蜚语中伤，被判充军。3年后赐归故里，从此闭门著书，直至善终。著有《偶然集》传世。所书《东坡放鹤亭记》《金刚经》，世人视为珍宝，可惜已散失。今徐州户部山有状元府旧址，云龙山上有其撰写的碑文3种。

一次徐州地方官宴请李蟠，席间有两道菜用羊做的菜——鱼羊烩和羊羹，异常鲜美，引起了李蟠赏识，遂作对联一副："烹饪鱼羊鲜馔解解解老饕之谗；调理大羊美羹试试试厨者之技。"康熙年间徐州有个"悦来酒家"，是当时首屈一指的名牌老店，此店名师李自尝有四道拿手菜，银珠鱼、醋溜酥鱼丁、多味龙骨、鱼衣羹。李蟠品尝后曾写诗赞曰："酒家悦来誉九州，古彭烹盛选鳌头。鲤鱼脱身化银珠，多味龙骨腹中闻。大海漂浮王子衣，鸾刀纷纶糖醋熘。"从此酒家"名冠九州"，四道名菜盛极一时。

文兰若

文兰若，徐州人，名聚蕙，字兰若，生于清光绪十五年（1893年），病逝于1973年。父亲文元柱，清代贡生。兰若先生幼承庭教，学识渊博，年轻时参加同盟会，并参加过"五四运动"，因目睹官场污浊，毅然永不为吏，后在"一高"任教师。一生清贫，甘做布衣，排行居五，官称五爷。以声韵学、历史学和美食家著称。笃钟于饮食文化，对烹饪颇有研究，有"文老饕"之称，有家传《大彭烹事录》和自编《东坡食谱》（后毁于"文化大革命"期间），对《齐民要术》《随园食单》等古籍食谱了如指掌，如数家珍。

20世纪60年代初，自然灾害造成人民生活水平普遍下降。据我老师胡德荣先生讲（胡德荣，徐州烹饪泰斗，2000年去世），有一次他去文先生家，文先生留他吃饭。说有四个菜，一品豆腐、状元红、凉调高洁、万象更新，一汤谓之一龙戏二珠汤，主食艾窝窝。名称如此高雅，想必是珍馐美味，待上桌时方才明白。原来这天有人送文先生两个鸡蛋，他大做文章，自制糟豆腐一块（一品），红辣椒酱一碟，调韭菜一碟，葱花调蛋白一碟，三寸碟盛装，两个蛋黄，一棵小白菜做汤，萝卜丝加少许面捏成饺状，曰艾窝窝。几个菜都出自《金瓶梅》。

康有为

康有为（1858年—1927年），广东省南海县丹灶苏村人，人称康南海，中国晚清时期重要的政治家、思想家、教育家，资产阶级改良人物的代表人物。光绪二十四年（1898）开始进行戊戌变法，变法失败后逃往日本。民国十六年（1927）病逝于青岛。康有为作为晚清社会的活跃分子，在倡导维新运动时，体现了历史前进的方向。但后来，他与袁世凯成为复辟运动的精神领袖。

清末，徐州有一家饭庄，闻名遐迩，店名"者者居"。是取论语叶公向政篇句"近者悦，远者来"之义，旧址在徐州老南门内，即现在的彭城路中段。者者居饭庄有一位有名的厨师，叫翟世清。翟师傅是徐州人，光绪年间曾一度在北京某大饭店担任掌灶厨师。一次，适逢近代改良派领袖后为保皇会首领的康有为来这个饭庄赴宴，与洋人对对联。原来，当时八国联军正入侵中国,他们是为炫耀武力,胁迫清政府投降,通过日本公使呈递的清廷外交官一副上联,要求属对,内含对我国的藐视和挑衅。其文曰"骑奇马,张弓马,琴瑟琵琶,八大王王王在上,单戈能战",文义实是一张战表。康有为面对侵华军的挑衅曰"伪为人,袭龙衣,魑魅魍魉,四小鬼,鬼鬼犯边,合手即拿",此对可称杰作!他不仅显示了高超的中国文字艺术,更重要的是直接打击了帝国主义侵略者的嚣张气焰。

翟师傅闻悉这一宴会的缘由,激起了强烈的义愤,当即利用徐州的一道古典名菜"众星捧月"加以改进做成一个特殊的大件上席。他在菜面中心排成"中国"二字,用莲子做星辰,而在菜周围偏东北用枣排一个"日"字象征中国如太阳照满乾坤、侵略者的阴谋决不能得逞。半副对联一道菜,使侵略者不敢正视,灰溜溜而去。由此,康有为与翟世清得以相识,并互相表钦佩。

公元1917年,康有为来徐州。这时翟世清已由北京返徐。在西园菜馆主持烹饪。西园菜馆旧址在徐州南门外奎西巷路北,后台老板是清末的张三举人。有一次,徐州南货业"杨渐记"的老板杨鸿斌(与张勋为干亲家)在西园菜馆宴请张勋,康有为也在座。由于张勋爱吃海参,让翟世清主持配制一桌"扒海参全席"。其中有一道徐州名菜叫作"清炖鱼丸",宾主品尝之后,赞不绝口。康有为当即询问厨师来历,才知道正是在京烹制"众星捧月"大举中华民气的翟世清,于是连忙招请他共叙往事。接着,翟世清又向康有为介绍席上"清炖鱼丸"这道菜。原来,这道徐州名菜是清康熙年间徐州著名厨师李自尝首先创制的。康有为听后即席赋诗赞道:"元明炮膳元宋法,今人学古有清风。彭城李翟祖彭铿,异军突起吐彩虹。"诗中所言"彭铿",就是传说中活了880岁的彭祖,他可说是中国烹饪学的鼻祖,公元前2300余年前的唐尧时代受封于彭城。赋诗毕,康有为又书写了一幅条幅"彭城鱼丸闻遐迩,声誉久驰越南北"对翟世清所制的清炖鱼丸赞赏备至。

不久,康有为从山东泰安得到鱼中稀世珍品——"赤鳞鱼",专请翟世清师傅来烹制。这种赤鳞鱼产于东岳泰山黑龙潭上一带的山泉之中,体长五六寸,通体半透明状。夏天如果将钓得的赤鳞鱼放置在石头上,不多时即会化下一摊油。赤鳞鱼刺细如线,其味鲜美非凡。以翟世清师傅精湛的技艺,烹调东岳名贵的赤鳞鱼,真是堪称双绝!康有为于筵席上品赏完之后,立即乘兴挥毫,书两联如下"龙潭赤磷自出没,玉鼎烹来馔珍馐""山珍海味乃虚名之士,鸡鱼蛋豚是将相之材"。此事一时传为美谈。

钱食芝

清末民初,徐州名人秀才,善画山水,亦善写梅。其山水画师从清代画家王石谷,书法追摹汉魏碑刻,兼学清代书法家刘石庵,诗学陶渊明。钱食芝早年曾与苗聚五、杨侯、闫咏佰等人,创办了徐州市著名的"集益书画社"。1913年他发起成立并负责"东方书画社",主要成员有李兰、章亚古、张伯英、张从仁、苗聚五等。他著有《怀微草堂诗书画合册》。其传世绘画作品有山水长卷《秋山行旅图》等。钱食芝先生也是著名画家李可染的第一位绘画启蒙老师。

钱食芝,常以诗书画自娱,但对烹饪既擅长又有研究,曾写有"红黍是好友,白鱼我仇人;鲜蒌长交往,狗肉冤更深"等诗文。

徐州南关芭子街（编笆子的多，今之建国西路），当时比较繁华的商业街，有家酒楼叫"畅春楼"，店名由钱食芝题写。该店有道看家菜"明炉烤鸭"较为有名。一次，钱食芝与苗聚五、胡敬轩等人来吃烤鸭，众人酒意正浓时，让钱食芝以此题文助兴，钱食芝随赋"祭鸭文"一首，"生前呱呱叫，行动摇摇跩。死后无藏身，而今我腹揣。"这一文人逸事，在学者及厨行中，传为佳话。

李厚基

李厚基（1869年—1942年），字培之，江苏丰县人。北洋武备学堂毕业。初为直隶总督署卫队管带，后历任北洋军第二镇管带、标统，第四镇第七协协统。辛亥革命时，参加进攻武汉。民国建立，改称第四师第七旅旅长。1913年进兵上海镇压"二次革命"，任吴淞要塞司令。同年带兵入闽，历任福建镇守使、护军使。1916年投靠皖系，任福建督军兼省长，参加督军团活动。1918年段祺瑞发动对南方的战争，他任闽浙援粤军总司令，被击败。第一次直奉战争后，投靠直系。1923年被皖系徐树铮与孙中山的北伐军联合驱走。1924年11月任山西援军副司令，旋改任南下宣抚，任全威将军。后寓居天津。

有一次，李厚基回徐州，徐州豪绅为了讨好他，在快活林酒家宴请他。席间，李厚基乘兴畅谈他随李鸿章访问欧美的经过，谈到吃牛肉问题。他说："在俄国吃的俄式烤牛肉，与中国回民烤牛肉不同，俄国是大长条，先腌后再隔火炙，别有一番风味；在美国吃的烤牛肉，是烤时加调料，烤后再蒸，蒸好再烤，风味又不一样。"他又说："一次，我同李大人在美国纽约。当时，美国要人宴请，席设在著名的中国万里云菜馆。有一道菜是洋葱炒牛肉丝，鲜嫩微甜稍辣，得到李大人的称赞。以后李大人每餐必点此菜。因为李大人是中国的钦差大臣，洋葱炒牛肉丝这道菜就很快在美国闻名遐迩，美国人把此菜翻译成"炒杂烩"或"李（鸿章）杂烩"，并且成为中国饭店的代称。遗憾的是，李大人没有在中国吃到可口的洋葱炒牛肉丝，究其原因，是因为美国有专养成的食用牛，肉质鲜嫩，而中国是非老牛不杀。"李厚基谈罢不胜感慨。

李厚基在讲这番话时毫无目的，而快活林主要股东之一、商会会长徐厚基听后，感到这是一次显示快活林厨师特长的大好机会，他马上找厨师张继阁商量。过了一会儿，一道鲜美的洋葱炒牛肉丝端上桌来，李厚基吃了几口，大为惊叹，说他没想到徐州能做出这样鲜嫩的牛肉丝，便询问其故。徐厚基答道："这是我店名厨张继阁用'软炒法'炒制的。所以老牛肉质虽老，如掌握好火候，也能炒得鲜嫩。"李厚基听了十分赞赏，乘兴口占一联"李杂碎誉满美国，张师傅名扬徐州"。从此，洋葱炒牛肉丝就成为徐州名馔，前来快活林品尝者络绎不绝。

李厚基有一次宴请亲友等知名人士，地点在"兴隆园"菜馆（今兴隆巷奎河西岸），头天预订了三桌"八盘五簋"宴，主要菜点有金丝鱼丸、龙爪夺珠、鸳鸯鱼、烤方肋、八士饼等，李厚基有个随员姓权，食后赞叹不已说"我们福建人认为福建菜有着天然的海鲜，花色多，品种全，用料精细，制作精细，历史悠久，但是比起徐州4000多年的烹饪历史，就算不了什么了"，并乘兴作诗一首：

    满园百花香，翠柳竹林。漪澜荡漾水云光，河畔交荫碧玉芒，妙在花趄。
    宾客遍遐方，济济沧沧，四筵舞著更飞觞，品尝彭城珍馐味，忘是他乡。

这首词后来被徐州书法家苗聚五书写唱跳行书,装裱后挂在"兴隆园"。

桂中行

桂中行(？—1895年),字履真,江西临川人,先世贾贵州,遂占籍镇远。晚清将领,并善工书画,尤能画兰。清咸丰(1851—1861年)年间诸生。光绪元年,在徐州做了八年知府。

桂中行在徐州期间,经常与友人穿便服到饭馆饮酒作乐。一次,桂中行与友人来到"百花园菜馆"(淮海路大慈庵处)娱乐,点了一桌"四盘四"便餐,还叫来歌伎陪酒,弹唱作乐,边吃边品。桂中行说,无酒不成宴,无令酒不欢。我们今天来一个见景生情的酒令,由席上实有之物,做出拆合字,还要有一个双音两读的字,加虚字不许重复,还得与前对仗相偶。众人皆赞同,桂中行指着"羊方藏鱼"为题说:"六月鱼羊食之鲜也,鲜矣!"第二位客人指着歌伎为题说:"三位女子择其所好者,好之!"第三位客人一时犯难,认罚三杯。正在这时,堂倌上来中碗烧杂拌,接着上炸八块、火镰肉、野鸡羹,随口说了句,九个菜都已上齐,这位客人马上来了灵感,说:"我的酒令有了,九件成皿馈哉盛乎,盛焉!"于是乎,桂中行与第二个客人也随从三杯,互相扯平,酒足饭饱。

张 勋

张勋(1854年—1923年),原名张和,字少轩、绍轩,号松寿老人,谥号忠武,江西省奉新县人,中国近代北洋军阀。清末任云南、甘肃、江南提督。

清朝覆亡后,为表示效忠清室,张勋禁止所部剪辫子,被称为"辫帅"。1913年镇压讨袁军。后任长江巡阅使、安徽督军。1917年以调停"府院之争"为名,率兵进入北京,于7月1日与康有为拥溥仪复辟,但12日为皖系军阀段祺瑞的"讨逆军"所击败,逃入荷兰驻华公使馆。后病死于天津。

民国三年(1914年),徐州官绅为张勋六十大寿于道台衙门,当时全国各地知名人士都派代表前来祝寿,祝寿的礼仪和宴席的设置都由孔子的76代后裔衍圣公孔令贻主持议定,设立三个厨房,分别制作高级宴席、普通宴席和素宴,总计100多人。高档宴席采用徐州明代流传下来的"五吉宴席",原料全为进口的高档原料;普通宴席全为徐州传统宴席"十全宴",素宴采用徐州元代慈航园素菜馆流传下来的"天花宴"和"菊花宴",招待释道两家人员。这次张勋寿宴一连摆了七天,共计600余桌,名流云集,盛况空前。

张宗昌

张宗昌(1881年—1932年),字效坤。山东掖县(今莱州市)人。绰号"狗肉将军""混世魔王""长腿将军""三不知将军""五毒大将军""张三多"等,奉系军阀头目之一。张宗昌曾残酷镇压青岛日商纱厂工人罢工,造成"青岛惨案",1932年9月3日被山东省政府参议郑继成枪杀于津浦铁路济南车站。

一次张宗昌在徐州,其母随行赴宴。席上有鲜荔枝,张母不知如何吃,把荔枝连壳吞下,当众出丑传为笑谈。张宗昌见状第二日又大开宴席,将前次宴会的主客统统招来,特嘱厨师专制荔枝状糖果奉上,几可乱真。进食时,张母从容自若,仍囫囵吞食。客人不知就里,反而欲剥壳再食,张遂雪前耻!

张宗昌来徐,住吴氏学堂(今之解放路小学),举行军事会议。徐州兴盛园为会议举办五桌鱼翅全席,由徐州名厨李兴诗主持,颇得张宗昌赏识,当即聘为随军厨师,随张去天津,与溥仪的厨师得以交流经验,溥仪的厨师给李兴诗讲述了满汉全席,李兴诗也给他们讲述了徐州古典筵席"龙凤宴"。并后来合作制作"龙凤宴"。

李宗仁

李宗仁(1891年-1969年),字德邻。广西桂林临桂区人。中国国民革命军陆军一级上将,中国国民党内"桂系"首领,曾任中华民国首任副总统、代总统。他是北伐战争中有着重要影响的一位人物,北伐前致力两广统一,奠定北伐的基础,促成北伐。

1937年秋,李宗仁与白崇禧等人在徐州。一天,一行人从彭城路驱车南去行至上街中市路东(原云龙区委南边路东),见"奎光阁"菜馆(当时徐州正宗地方菜馆,名厨荟萃,技术力量雄厚,吊炉烤鸭声誉南北,著称于世)门前广告写有"吊炉烤鸭",遂命人买回一只烤鸭,乘车而去。

次日下午,李宗仁协同七位军政要员又来到"奎光阁"菜馆,定下两只鸭子,四个凉菜(芥末鸡、糖酱虾、糟荸荠、五香鱼),四个热菜(红烧鱿鱼、奶汁大肠、虎皮肉烧白菜、干贝蛋卤)。待烤鸭上桌时,又配蝴蝶饼、三丝胡辣汤,另有甜酱碟、蒜苗头等。李宗仁一行吃完饭,高度赞扬徐州菜胜过江南风味。

1938年李宗仁指挥抗日部队驻扎徐州,一天下午,一位姓甄的副官来到"宴春园",告诉老板,李宗仁要在这里举行宴会。5时许,李宗仁来到"宴春园",对老板说,"给我们做八个菜吧",老板胡庆昌及厨师李兴诗、胡德荣研究定了八个菜。两凉菜(芥末苔菜、胭脂野鸭);两个热菜(油淋臀尖、凤尾虾);四大件(珍珠鸭子、蜜汁地瓜、全家福火锅、三军占鳌头)。席间,招待员一一介绍。当介绍"三军占鳌头"时,招待员说,这本来是徐州的一道古典名菜"独占鳌头",今天又加了三种配料,火腿、海参和冬笋,用新法烹制,取名三军占鳌头,寓意李将军的部队会独占鳌头。说得李宗仁满意而去。

名人在徐州,很多都与徐州菜结下了不解之缘,有些是资料记载,有些是传说逸事,但不管如何,这些名人雅士对徐州烹饪的发展起到了推动作用,无形中推动了徐州饮食文化的发展。首先体现了徐州饮食文化内容丰富,既体现了徐州的烹饪之道,也有大家风范的文化底蕴;其次,体现了徐州传统饮食文化的内涵和精髓,这些名人的饮食和掌故,不是简单地追求美食,而是对徐州饮食文化的赞赏,使徐州的饮食文化上升到更高的境界;再次,体现徐州厨行先辈的聪明智慧和勤劳善作,在徐州饮食文化的传承和创新上,不断变化,使徐州饮食文化的内容不断得到丰富和提高;最后,徐州饮食文化不仅是美食的相关内容,更多的是与徐州的诗词音乐、文学艺术、地理历史、风土人情、文化交流等紧密联系,使徐州饮食文化的历史传承,永远闪烁下去。

徐州饮食"老字号"

花园饭店

花园饭店始建于一九一六年,业主吴继宏祖籍苏州,落户徐州,以经销英美烟草而发家致富,他出资两万银元,从上海雇来建筑技工,仿照上海时新别墅样式,兴建了这所花园住宅,于一九一九年正式开张营业。当时这座浅褐色的西式楼房成为徐州全城建筑最新颖、设备最完善的饭店。雇有南北名厨,备有中西餐点,厅堂陈设红木家具,房间设施壁炉暖气,并有西式卫生间。

最先住进花园饭店的是辫子军头张勋,他曾多次在饭店宴请士绅名流,密谋复辟"大业",在军阀混战时期,张宗昌、褚玉璞、孙传芳等军阀巨头都曾住在这里。国民党将领冯玉祥、张治中、马歇尔、邱清泉、于右任、黄维、黄百韬、李宗仁、蒋介石也在这里暂住过,冯玉祥与蒋介石拜把子就是在饭店换的帖,他俩结拜留念的照片,就是在当年的老商会门前(现市政府附近)拍摄的。

1938年5月徐州沦陷,日军强占饭店,开设了日式的鹤家屋旅馆,成为日军部队的高级招待所。

抗战胜利后,周恩来、张治中、马歇尔组成军事调停三人小组,来到徐州后即住进花园饭店。张治中、马歇尔住南楼。周恩来住北楼,为三人小组服务的电台机构设在北楼。后蒋介石、蒋纬国父子也曾在花园饭店下榻。

1949年4月,徐州市人民政府接管了花园饭店,并光荣地接待了我军的周恩来、朱德、陈毅、刘伯承、粟裕等高级将领。

1951年，人民政府以四万四千元（包括不固定资产）洽买过来，与九州饭店合并，改称淮海饭店，对内是市政府第一招待所。

1991年1月，恢复花园饭店原名。

花园饭店地处徐州市繁华的中心商业圈，目前是按四星级酒店标准建造的现代化商务酒店，酒店民国建筑风格，气派大方，豪华典雅的设计体现出传统文化与现代艺术的完美结合。

宴春园饭庄

宴春园饭庄创始于清光绪年间，是李会春（名画家李可染之父）、李会霖兄弟俩开办的，兴盛于20世纪二三十年代。

李会春兄弟俩原籍铜山县黄集后场，年轻时以打鱼为生，常来徐州卖鱼，出入于各大菜馆。

他们虽然以打鱼为生，却留心于烹饪这一行，借卖鱼之际常帮菜馆干些杂活，受到店主和厨师的一致好评。后经他人介绍，他们在马市街东头开一小饭铺，供应炒菜、汤点、蒸包等。质优价廉，深受顾客喜爱。名厨师高贯忠收李会春为寄名徒弟。

徐州有名杂货店"潘益泰杂货店"的四老板，是小饭铺的常客，爱吃他们的荷叶肉等。潘老板看他俩能干，随把坐落在兴隆巷东头的房舍包括小花园一处出租给他们开饭店，字号"宴春园"，地方书法家葛琪宾题写的招牌。当时"宴春园"规模较大，共有三进院子，二三十间客房可同时摆席40余桌，花园内绿柳成荫，园内也设客座。

饭店正门是虎座门楼，黑漆双扇大门上书："正走间哼哪来好美味，抬头看嗷此处有佳肴。"为砂石生题。二道门也是双扇门，上有一联："周八士闻香下马，汉三杰知味停车。"

"宴春园"虽居小巷，但环境优雅，风味独特，且位于南关商贾云集之地，富户所居之区，因而生意兴隆。平均每月摆宴1000余桌，营业额达三千元左右，毛利率约20%。当时每桌宴席价格：海十样二元，大十样、大三滴三元二角，鱼皮席四元八角，燕菜席九元六角。"宴春园"在经营中，以上等宴席为主。

"宴春园"客厅摆设讲究，每个客厅都有雕花的茶几、八仙桌、太师椅。客屋布置有别，四壁皆有字画装饰，餐具、茶具非常精致。有的客厅条几摆有香炉、烛台灯，为会亲、婚礼、结金兰之交的场面备用之物。

在经营管理方面，由李会春兄弟俩总管一切，下设账房、库房，管理人员各有专职又相互合作。

"宴春园"厨师荟萃,有名师田玉璋、陈学奎、高贯忠等二十余人,徒弟十多人。其烹调方法多样,代表菜有:"葱烧野鸭""粉丝鱼丸""明炉烧鸭""红烧黄钻鱼头""火腿烧南罗"等名菜。

"宴春园"后期加强阵容更加兴盛,1932年,李会春兄弟俩相继去世,此店就交给胡庆昌经营,一直延续到日军侵占徐州(1938年5月)。

1989年10月30日,徐州饮食公司恢复"宴春园"饭庄,在大同街93号开业。饭店融古今建筑风格于一体,并请李可染先生题写"宴春园"店名,原文化部长贺敬之题写"开琼筵以坐花,飞羽觞而醉月"的李白诗句。

汪家羊肉馆

从清末至解放初,徐州最大的羊肉汤馆要数汪玉泉(无字号)的羊肉馆了。这家羊肉馆坐落在下街(今解放路)中市路西,四间门面,南、北屋各五间,后边是厨房,设有两个大甑锅,中间有宝盒棚。另外还有养羊的场所。汪玉泉善于经营管理,品种搭配得当。他是以羊肉汤为主,兼营羊肉面、凉拌羊肉、杂碎、冷调菜多种,并有面食:羊肉烫面蒸饺、麻盐缸贴、大小圆烧饼等。他的羊肉汤是地方风味,其法是原汤本味,羊肉是现杀现用(有专人养羊及杀羊)。用大甑锅煮羊肉,待熟羊肉冷却后,截丝切薄片。另有水粉丝、辣椒油、香菜末。大甑前边有接桌,经常摆着数行(十个一行)的碗,里面放着水粉丝,上盖羊肉片,还有辣椒油、香菜末,碗里的肉有纯肥的、净瘦的,还有肥瘦相兼及杂碎。主要的招待员(堂倌)是丁玉东,他响堂报菜,唱说如流。一桌坐好几位,经客人点定,他从客堂里唱说:一碗肥,两碗瘦,三碗杂碎。掌灶师傅按客人所点,从甑中舀原汤浇上即成。这个店品种搭配得当,服务上桌,先吃后算账,以此招揽各界顾客,朝夕门庭若市。

徐州小吃馆"九阳春"

"九阳春"饭庄兴盛于80年前,坐落在今之徐州饭店西边,此处同时还有"颐和园""三和园"。这三家并列路北,都挂天津风味的招牌。此三家起源于津浦铁路开通后,东车站一带很繁荣,饮食业供不应求。那时有天津白案师傅白世德、陈继明等人,在金龙巷南头开设"一分利"小吃馆,以快餐面食著称,生意极为兴盛。后因故关闭,这伙人被地方人雇用,分别在这三个馆子工作。供应菜点是以徐州风味为主。菜点有炒肝尖、爆三样、辣子鸡、烧全家福、扒三样、坛子肉;汤有虾杆萝丝汤、鸡羹汤、片儿汤、木樨汤等;面食有拧丝卷子、水饺、大饼、焖饼、烩饼、炒饼、打卤面、炒面、炸酱面、素面、肉丝面等。这三家小吃馆各有门面五间,内有厨房客堂,规模不大布置整洁。两边挂着上书字号的竖牌,中间挂有写着菜肴品种的小牌,下坠红绿绸子,门前有站牌,都是很招眼的幌子。九阳春老板王贤阳,善于经营,并有良好的服务态度。客人进门先让座,端茶递香巾净面后;响堂报菜。菜案师傅如实配制,灶上顺序出来,敲勺为号,并敲出餐桌的号。服务员应声上菜,饭后唱说算账。再次递香巾,端漱口水。临走送出门外,那时的服务员,要数叶昌顺最有名气。

功德林素菜馆

"功德林素菜馆"开设于1936年,坐落在今之马市街西头路南。是继"觉林"(道家风味)之后的一家纯素菜馆。这两家素菜馆都是"居士林"(民间信奉佛教的组织)资助开办的。"功德林"以面筋成菜者,有百种之多。不过民初素菜荤名盛行,起源于道家素食爱好者,为以素乱荤之故。当时"功德林"曾有"糖醋鲤鱼""炒虾仁""冬菇烧大肠"等,享有盛誉,因之生意兴隆,朝夕门庭若市,但因加工较为复杂,价格较为昂贵,后来勉强维持。徐州素食源远流长,历代都有素食菜馆应市。如清代的"三清斋""慈航园"等,都是纯素菜馆,而且不用动物原料来命名,菜品均以蔬食原料与烹调方法命名。如流传已久的徐州蔬食八珍有"冬菜炒莪豆""口蘑锅巴""炸响铃"等。素菜取料于蔬菜、食用菌等。其主要原料是豆腐、面筋,因此豆腐、面筋有素食之肉之称。北宋道家葛长庚咏面筋诗云:"结庵白云处,山供味味新。嫩腐虽云美,麸筋最清纯。"是说豆腐鲜嫩,还不及面筋清纯。有谚云:"面筋之功,百菜赖之。"

樊信犬肉店——夜来香

烹食狗肉在我国有久远的历史。公元前11世纪的西周时代,宫廷宴会、祭祀大典中皆有狗肉制作的食品。周天子所食八珍之一的"肝膋"就是用狗肝与网油做成的;湖南长沙马王堆一号汉墓出土的随葬器物中有"狗巾羹一鼎""狗苦羹一鼎""犬肝炙一器"等多种以狗肉制成的食品,这些都证明中国古代食用狗肉已有很丰富的经验。徐州一带食用狗肉更是久负盛名。距今680余年前的元朝大德年间,徐州有个"樊信犬肉店",专门经营狗肉食品,当时南来北往的商贾行旅,乃至过往官吏都一尝为快。犬肉店主樊信是沛县屠狗出身的汉朝开国功臣樊哙的后裔,这爿店铺由他和徐州厨师合伙经营。主要供应早晚点,热凉菜肴都是以狗肉制作。樊信会做几个拿手名菜:一是用明炉炙烤的"叉烤犬脯";二是不去皮的"砂钵狗肉";三是"水晶压腿",做法是先腌后煮,拾盘中压平冷却、刀切装盘;四是"坛子狗肉",做法是把狗肉煮熟、脱骨、配鸭肉加辅料装坛,密封坛口,放到谷糠火中煟一天一夜,等冷却后取出,刀切装盘。此外还有"炸肝背卷""烧犬头""炒臀尖"等。樊信犬肉店最受欢迎的还要数"卤犬肉"味厚、醇香、酥烂,在这几种好处之外,还有一种异乎寻常的"鲜"。相传樊信做"卤犬肉"时,用的是祖上樊哙当年煮过"老鼋"的老汤,因此与众不同。樊信犬肉店后来取名"夜来香",就是由这美味的"卤犬肉"而得名。

元朝大德五年(1301年)冬,著名书法家鲜于枢从杭州返京就任太常典簿,途经徐州。鲜于枢书法豪健、遒劲，柳贯曾经这样描写过他："鲜于公面带河朔伟气，每酒酣放，吟诗作字、奇态横生。"这位才华横溢的艺术家在仕途中很不得志，终生只做个史椽之类的小官，因此，他往往在陶情诗酒之际，以濡毫挥翰自娱。这次奉命北上，逆旅长夜，心绪万千，久不能寐，忽然夜风吹过，阵阵奇香扑鼻。晨起命仆从打听，原来离徐州驿舍不远处就是樊信的狗肉店，夜间闻到的香气是卤犬肉出锅时散发出来的。鲜于枢不觉大喜，酒瘾上来，亲自前往品尝痛饮。樊信听说顾客是位大书法家，灵机一动，特为客人做了道精美的肴馔"犬鼋烩"，这是樊信从祖上流传下来的鼋汤卤犬肉悟出来的一种方法，他取甲鱼和狗肉同烩，去二腥得异香。鲜于枢吃起来连声赞美，樊信趁其酒兴正浓，上前请求鲜于枢为自己的店铺写块匾额，鲜于枢亦不推辞，趁着几分酒意，挥毫写下了"夜来香"三个大字。写得纵逸雄健。这"夜来香"的意思更是雅俗共赏，饶有趣味。从此"夜来香"犬肉店生意日隆，门庭若市。

兴隆园菜馆

民国九年（1920年），徐州南关兴隆巷路南，靠近奎河边有家兴隆园菜馆。虽然只有两进小院，客堂也不大，但是庭院中数百盆花草，姹紫嫣红，四季花开不绝。旁临奎河，一曲清流，岸边垂杨依依，渔舟往来如画。这怡人的风光，给凭窗小酌的客人平添几许兴致。时逢初夏的一天傍晚，奉军直隶督办褚玉璞在十余骑军人拥簇下来到兴隆园。落座后，招待员侯金钊上前请督办点菜，不料这位督办竟像水浒传中的鲁达一样粗鲁地说："选好的端上来！"当即由胡庆昌师傅主持，采用时鲜原料精心制作一桌丰盛筵席，其中有一道糟蒸鲥鱼。鲥鱼一上来，褚玉璞竟大发雷霆，责问为何鱼不去鳞。鲥鱼是油油鳞鱼，制作时要保持鱼鳞完整，否则会影响鲜味和破坏营养。说穿了怕他无法下台，不说又要大祸临头，侯金钊灵机一动，说道："回禀督办，乾隆皇帝下江南，途经徐州时，吃过这种鱼，他说是不去鳞味道更好，因此徐州厨师做鲥鱼至今不敢去鳞。"褚玉璞听罢，转怒为喜，说："原来这道菜是受过皇封的！我错怪了你们。"品尝之际还赞不绝口。由此可见民国初年军阀留恋帝制的可笑心理。

兴盛园菜馆

民国时期，徐州"兴盛园菜馆"坐落在徐州南关下街中段路东（今解放路中段苏园巷头），有门面三间，两进小院，瓦房十多间，客堂陈列优雅古朴，徐州书法家苗聚五曾为"兴盛园"书写楹联"周八士闻香下马，汉三杰知味停车"；画家李兰曾画巨幅"风雨归棹图"及"彭祖像"装饰厅堂，老板李兴仁继承翟世清技艺，加上善于经营，生意兴隆。"兴盛园"经常承办婚丧宴席和各行业会议及团体宴席，供应上至高级宴席下至普通便饭，一应俱全。品种上，烤、烧、扒、熘、爆及四季时鲜各具特色。李兴仁有一手绝招就是制作"古彭四珍"。李兴仁去世后，梁立业接管"兴盛园"。在"兴盛园"最突出的就是李兴诗，他是李兴仁的胞弟，颇有文化。民国时期军阀张宗昌来徐州,住在吴氏学堂(现址解放路小学),举行军事会议。"兴盛园"为会议承办五桌鱼翅全席,由李兴诗配制。颇得张宗昌称赞,当即聘为随军厨师,随张去天津。张宗昌失败后,李兴诗返回徐州,被"宴霖园"聘为主管厨师。

庆合园饭庄

徐州"宴春园"菜馆于1938年5月在日本人进徐州时被炸毁,原"宴春园"经理胡庆昌于当年农历八月,在道平路中段路南新开"庆合园饭庄"。全班人马都是"宴春园"的老人,其规模有两进院、瓦房24间,有腰楼,以承办红白宴席为主,兼门市营业。承办的宴席,多者千余桌,少者一二百桌,一般都是公馆衙门的高档酒席徐州的知名人士、大地主、资本家办理的红白宴席,多数由庆合园来办,十余年生意兴隆,至1951年关闭。

释菜馆"慈航园"

元末明初,位于交通枢纽的徐州出现了空前的繁荣,佛教兴盛,寺庙众多。那时徐州有一家由寺院僧人开办的素菜馆,名字叫作"慈航园",取佛教教义中"普度众生"之意,主管厨师是僧人慧远。"慈航园"的释家菜纯以素取料,做法考究,形成了与官邸风味、民间风味迥然不同的释家风味菜。慈航园的"天花宴""菊花宴""素八珍"经久不衰。各种宴席知名于世,流传至今的"天花宴",取意于六朝高僧于金陵说法"天花乱坠"的佛门佳话。先上一个大型冷拼盘居中,象征无上尊者如来;周围再上十个冷盘,象征十大护法金刚;接着陆续上六个大件,四小碗,四个座菜;最后上的是"一品锅",又名"一品慈航",总计为26道菜,随一品锅上的饭食叫作"罗汉饭"。菜肴的数目都是以佛教的典故而来。而"菊花宴",为元代禅宗高僧创制:先上八个冷盘,次上八个大件:金钵红莲、落霞飞鹜、孔雀开屏、蜜饯菩提、糖醋金针、爆檀香球等。最后上八个小碗,共24道菜。其中每一组菜都是八道,总结出人生的八个方面"苦、乐、成、败、称、讥、荣、辱";菊花宴的最后一道菜是菊花火锅,上席带炉,又称菊花炉。"素八珍"则是主管厨师慧远和尚在研究和继承宋代的素食养生经验后,加以改进创制的。有炒碎豆腐、冬瓜燕菜、糖醋响铃、香元四宝、炸万年青、口蘑锅巴、烹瓢椒子、酸辣莪豆。

食疗饭庄

明代,徐州有纪念食疗创始者易牙的"易牙阁饭庄"。"易牙阁"有四种风味迥异且有治疗疾病作用的食疗菜流传于后世,即养心鸭子、四谛丸子、杏仁豆腐和三正鸡。相传秦朝时,徐州有一名侍女,名叫黄花,善烹任,父兄均被征修秦始皇陵先后死去。一次,秦始皇巡视,途经徐州时心疾发作,黄花向始皇敬献"养心鸭子",始皇大喜。原来,黄花的本意是在鸭肚内藏金针一枚,准备上菜之际,刺死秦始皇,以报家仇。不料,事败身死,葬于荒郊。次年黄花的墓上长出了一种金黄如针的野菜,为纪念黄花,取名黄花菜。相传"养心鸭子"的做法就是在一只肥鸭肚内填装黄花菜、百合等,文火炖至酥烂而成。"四谛丸子"来源于佛经梵语,四谛指的是生、老、病、死。人生无常,应以苦为主的意思。古时邹县有位富豪,忧虑不能长寿,久之成疾。一个化缘的老和尚演说佛法,居然打动富翁;又做了一道叫作"四谛丸子"的菜,富翁服后,积疾豁然皆去。"四谛丸子"的做法相传是取面筋泡,内加茯苓粉等物,外挂蛋清糊,过油蜜饯而成。

宴霖园

民国年间,在原大公巷袁家花园,有一座"宴霖园"菜馆老板是李会霖,聘请胡庆昌为主管厨师,陈志云负责接待。陈志云出身贫苦,自幼在兴廉园菜馆学习做招待,由于刻苦好学,很快就通晓了烹饪行业的各种知识,还自学文化。由于善于揣度各种顾客的心理和要求,解决问题迅速,在同行业中赢得了"陈保险"的诨名。

有一次,菜馆里来了六个地痞,为首的是包揽词讼、私贩毒品的青帮闻人赵之亭。入座后,陈志云上前招呼、报菜,不料对方摆出一副有意刁难的架势,赵子亭无中生有,菜要"东西菜",汤要"南北汤"。声言如果做不出,就得奉送他们一桌酒席。菜馆上下,人人面面相觑,又气又急;哪知陈志云不慌不忙来到厨房报菜,要一个"苔菜炒冬笋",一个"火腿冬菇汤"。汤、菜上桌后,众痞要起哄,陈志云缓缓地说道:诸位且坐下。这汤和菜是以五行取义定名,东方甲乙木为青色,西方庚辛金为白色,南方丙丁火为红色,北方壬癸水为黑色。苔菜炒冬笋,一青一白为"东西菜";火腿冬菇汤,一红一黑为"南北汤",这乃是彭祖留传下来的,除了小店,你走遍全中国也没处去吃!一席话说得赵之亭哑口无言,只好付账溜之大吉。

两来风酒楼

1947年5月,山东人刘广宗在文学巷开菜馆,兼营馄饨。有名人书一副对联"客从两面来,顾主风踊至",取其"两来风"而得店名。1952年10月因经营不善,刘广宗把店交给劳方自救。由劳方韩广诚任经理,改名"新新两来风菜馆",主营炒菜、馄饨、面条等。1956年公私合营,该店与富春火烧铺、魏记小吃店合并为"文学饭店"。该店于1985年由平房扩建为三层楼房,店名也恢复原来老字号"两来风酒楼",当时徐州市人大副主任常玉亮同志题写的匾额。

店内有高级餐厅5个,设施齐全,全店营业面积500余平方米,可同时接待500余人就餐。1986年10月,江苏省副省长王冰石等来店就餐,并题写了"四方宾客至,两面春风来"的佳句。

主要菜点有冰糖肘子、虎皮肉、烧凤翅、鳝鱼辣汤、插酥烧饼、油酥火烧等。鳝鱼辣汤于1983年曾获得江苏省名点小吃称号。

三珍斋菜馆

1929年，安徽怀宁县程裕昌和弟弟程恒昌跟着父亲到徐州谋生，在大同街干起馄饨摊。1932年在大同街东头阳春池对面租一间房住，在巷口开设馄饨摊，不久迁到顺河街，在火车站附近摆起馄饨摊。1932年益智社东隔壁开设馄饨店，取名"复兴馄饨馆"，1936年租用无锡人庞南华在大同街西头的三珍斋店址，沿用"三珍斋"字号开三珍斋馄饨。1938年，徐州沦陷，生意惨淡，被迫停业。1939年在大巷口头恢复营业，除馄饨外，还经营面条、油酥火烧。1945年下半年，抗战结束后，在大巷口北头四开馄饨馆，主营馄饨、面条、烧饼，又增添了小笼蒸饺。徐州解放后，随着市场的逐步繁荣，程裕昌为扩大经营，于1949年5月搬出原破旧房子，迁至大同街34号营业，又增添了炒菜，店名改为三珍斋菜馆。1956年1月19日，三珍斋菜馆参加公私合营，程裕昌同年5月调到饮食公司任业务科副科长。1985年在菜馆二楼增设四川餐厅。

经营菜点近百种，名菜点有鸳鸯海参、鱼香肉丝、宫保鸡丁、麻辣牛肉、豆瓣鱼、干烧对虾、千层油糕、双麻酥、馄饨蒸饺等。

凌云楼羊肉馆

1948年4月,山东滕县人王纯之在太平街31号开设羊肉菜馆,主营羊肉汤、油饼,兼营炒菜。当时政府有一位姓凌的官员入股,借徐州云龙山的"云",店面是二层楼,各取一字,定名为"凌云楼",楼下为厨房。1954年4月,劳方生产自救,在中枢街153号经营"新凌云楼羊肉汤馆"。1956年公私合营,迁到大同街72号,经理是山东的朱子贵。1964年同馅饼粥店合并,1966年改名为"新华回民饭店",1979年恢复原老字号"凌云楼羊肉馆"。1982年6月扩建,由原来的190平方米增加到380平方米。可同时接待300余人用餐。

主要名菜有涮羊肉、烤鸭、烤羊腿、羊方藏鱼、冯天兴牛肉、干烧鱼等。名点小吃有母鸡辣汤、羊肉锅贴饺、素煎包、葱油饼、羊肉肉盒等。电影明星仲星火、秦怡,书法家尉天池、李伯忍等曾在此用餐。

天津菜馆

　　天津菜馆原名狗不理包子。1938年，天津师傅杨六到徐州开设狗不理包子铺，不久天津人吴振奎也来徐州，在复兴路开设狗不理包子铺。名师魏宏图12岁在天津"狗不理包子铺"学艺，于1944年31岁时来徐州，先在车站合股开"洪顺合饭店"，1946年和刘国富等人合股在金谷里娱乐场开"天一坊饭庄"，经营天津包子等，后魏宏图又在大同街开"公义德包子铺"。1980年徐州市饮食公司在彭城路宽段恢复了狗不理包子铺，聘请名师魏宏图、刘国富等人执厨。

　　主要名菜有冬菇卷、茄汁鱼片、冰糖肘子、蛤蟆鸡、菊花鱼等。面点主要是狗不理包子，选料讲究，皮薄汁浓，鲜美可口。

天津菜馆（1938年开办）

老广东菜馆

　　创始人是广东中山县的梁智明。他曾经在上海学糕点做西餐，1943年来到徐州，先后在日本驻徐领事馆、美国在徐空军部队任厨师，也在蒋纬国的装甲部队从事烹饪。1947年在青年路模范商场内，夫妻俩开老广东菜馆，经营的叉烧肉、炒面较为有名。以后又在大同街、彭城路经营。1978年又迁回大同街钟鼓楼南面经营广东风味菜。1986年，又在彭城路路东改建开业，1988年12月，同鲁兴菜馆对换营业地址。

主要名菜有：烤乳猪、烤鸭、上汤鸡、发菜蹄筋、鲜菇鱿鱼、蚝油牛肉等。

聚福楼菜馆

1947年，河北省东光县的刘清臣开办聚福楼菜馆，经营面条、炒菜、天津蒸包、烧饼等。"文革"时改为"聚丰楼"，1979年恢复原店名，1989年改建后面积达720平方米，可接待300多人就餐。经营菜点100多种，主要名菜有：霸王别姬、拔丝楂糕、虎皮肉、糖醋鱼等。名点有母鸡饦汤、插酥烧饼、油条等。

以上扫描资料摘自《徐州市饮食公司饮食史志》。

这些老店，现在大多已经消失，现徐州仅存在的不多，有待于进一步挖掘研究，恢复部分老字号。

鼓楼饭店（1975年扩建开业）

川鲁餐厅

常福兴菜馆

抗战前主要网点分布一览表

字　号	地　址	店　主
春和饭庄	大巷口	苑玉春
公园食堂	公园巷	娄开明
一品香	大马路	王之久
蔼蔼居	文亭街	叶秀章
兴廉园	杨家巷	杨孝廉
庆合园	统一街	李学德
聚乐园	统一街	
奎光阁	中正街	陈大狗
龙泉阁	三民街	汪仁俊
凤和楼	统一街	王××
长胜园	大同街	王××
冯天兴	二府街	冯××
九华楼	丁字巷	喻学仁
花园饭店	大同街	吴西鹭　刘庆标
中和楼	新南门	
兴隆园	兴隆桥西	周纪胜
宴春园	兴隆桥东	李会春
福兴饭庄	中正街	
公园饭店	大马路	
华北饭庄	中正街	
德胜楼	统一街	
广盛园	统一街	
江南春	二府街路北	王玉秀
城内一品香	大同街西头	
畅春楼	道平路	周继光
燕　园	津浦路	励诗纯

(附表一) 1988年徐州市饮食公司名菜、名点小吃分布

店　名	地　址	电话号码	名　菜	名　点　小　吃	风　味
三珍斋菜馆	大同街70号	32168	鱼香肉丝、宫保鸡丁、葱爆海参、麻辣牛肉、豆瓣鱼、干烧对虾	鸡丝馄饨、原笼蒸饺	四川风味、徐海风味
凌云楼菜馆	大同街118号	24926	烤鸭、涮羊肉、芙方腐鱼、鸡天兴牛肉、盐爆鱿鱼	母鸡馓汤、羊肉锅贴饺、素煎包、油酥饼	清真、北京风味
聚福楼菜馆	淮海东路118号	33257	霸王别姬、拔丝樱桃、虎皮肉、糖醋鱼	母鸡馓汤、天津包子甜酥烧饼、油条	徐海风味
老广东菜馆	彭城路63号	24171	烤乳猪、上汤鸡、发菜蹄筋、蘑菇鱿鱼、蚝油牛肉	蚝油拌面、广东炒饭	广东风味
天津菜馆	彭城路126号	32118	冬菇卷鱼片、冰糖肘子、烩鹅鸡、菊花鱼	天津狗不理包子、小米稀饭	天津风味
北京餐厅	解放路22号	32725	北京烤鸭、葱烧海参、抓炒鸡丝、滑蛋虾仁	锅贴饺、馅饼、馓汤	北京风味
宜春包子铺	大同街60号			三丁包子、豆沙包子、生肉包子、菜肉包子	扬州风味
车站饭店	复兴南路23号	24671		馓汤、蒸包、煎包	
常福兴菜馆	津浦西路73号	22179	三鲜炒面、扒肉条、炸鸡	羊肉拉面、油饼、水饺	清真
江南春菜馆	复兴北路1号	24900	香酥鸭子、松鼠桂鱼	馓汤、煎包	苏州风味
红星饭店	挥子街27号	26967		糖、咸麻花	
鲁兴菜馆	大同街19号	23815	葱烧海参、清炒虾仁、奶汤鱼肚、九转大肠	母鸡馓汤、什锦素煎包	山东风味
装楼饭店	中山北路63号	33109	拔丝拔桃、糖醋鳜鱼、烧甲鱼、炸八块	猪肉水饺、蒸包	徐海风味
迎宾菜馆	淮海东路18号	27600	将军过桥、翠羽腊筋、蜜汁山药、腊椒炖鱼、芙蓉泡泡松	各色年糕、小笼蒸包、甜酥烧饼	淮扬风味、上海糕点
淮南鱼馆	淮海东路61号	23500	清蒸鲫鱼、龙门鱼、红烧鱼、双色虾仁	蟹黄蒸包、椒盐花卷	
两来风酒楼	文学巷2号	23041	虎皮肉、冰糖肘子、烧凤翅、爆炒软卷	鸭油馓汤、干饼把肉丁、油酥火烧	徐海风味
素味香菜馆	中枢街4号	29248	素板鸭、素白油鸡、素长鱼、斋汁口蘑、罗汉全斋、炸响铃	什锦素煎包、母鸡馓汤、甜酥咸酥烧饼	素菜
同园面食馆	大同街99号	27425		炸酱面、打汁面、糖醋面、芙蓉面	晋阳风味面食
湖南餐厅	苏堤北路1号	26145	麻辣仔鸡、东安鸡、冰糖湘莲、菠菜海参、红煨鱼翅	葱油饼、馓汤、糖糕、蒸包	湖南风味

饮食行业网点情况统计表(菜馆业)

附表1　　　　　　　　　　　　　　　　　　　　　　　1949年10月

编号	店名	地址	确立年月	创建人	从业人数	资金数额	营业面积(间)	备注
1	九州饭庄	淮海路196号	民国38、4	杨昌明	33	20万	10	
2	同乐园	兴隆巷39号	民国37、7	张广平	11	20万	14	
3	庆合园	淮平路270号	民国27、5	胡庆昌	10	24万	17	
4	第一处	彭城路310号	民国38、4	吕桥栩	7	12.5万	13	
5	东来付	祠堂巷4号	民国38、4	郭先溥	10	20万	13	
6	永安饭店	大巷口42号	民国36、3	荣秀荣	12	22万	17	
7	一品香	大同街67号	民国34、10	刘清标	10	22万	14	
8	欢笑楼	大同街30号	民国22、1	勘诗纯	10	30万	10	
9	登瀛楼	大同街61号	民国38、6	翟爱松	12	8万	4	
10	大福来	彭城路365号	民国38、5	蒋蝶祖	6	8.0万	7	
11	一枝香	统一街13号	民国37、8	程茂祺	4	10.5万	6	
12	树德义	彭城路317号	民国28、6	王树森	5	3万	5	
13	新明楼	迎化二巷90号	民国34、2	司七俊	6	5万	8	
14	袁记	统一街130号	民国30、3	袁玉文	2	1万	3	
15	东来顺	统一街301号	民国37、3	马广银	6	2.0万	11	
16	瑞和居	统一街201号	民国37、1	李柱良	2	1.5万	5	
17	庆合园	统一街225号	民国20、5	李学第	2	8万	8	
18	任记	统一街213号	民国38、3	任运礼	2	2	4	
19	恩复兴	大马路256号	民国34、11	白柱诺	2	0	7	
20	记乐园	大马路211号	民国32、2	张继春	2	7	8	
21	龙泉阁	三民街92号	民国7、1	汪仁役	7	4	8	
22	忠义楼	复兴路270号	民国37、12	杨扶浦	3	1.6	3	
23	颐和园	大马路9号	民国38、6	秘玉衡	3	30	7	
24	皖北饭馆	淮海路19号	民国38、5	陈子和	7	3	10	
25	四海青	复兴路39号	民国38、6	张建标	3	5	4	
26	翠云轩	三民街134号	民国21、4	周振元	4	4.8	8	
27	迎阳楼	复兴路299号	民国36、7	李荻亭	5	5	5	
28	王记	建国路165号	民国32、2	王洪珍	1	2.5	2	
29	天香楼	三民街64号	民国30、3	李玉田	10	10.5	9	

饮食行业网点情况统计表（菜馆业）

1949年10月

编号	店名	地址	建立年月	创建人	从业人数	资金数额	营业面积(间)	备注
30	同一村	治平路129号	民国37、8	杨同道	1	1.5	2	
31	宾宾园	大马路212号	民国32、1	李鸿宾	2	5	4	
32	大中华小吃部	大同街41号	民国38、4	姚昌云	1	8	1	
33	冯天兴	公园西巷38号	民国37、3	冯庆山	5	8	6	
34	天一功	金谷里29号	民国33、3	李登岳	2	3	6	
35	盛和园	广东太巷18号	民国38、4	王允盛	3	3	5	
36	如意村	文亭街99号	民国27、8	王德志	4	4	5	
37	四和春	彭城路56号	民国38、1	张开祥	1	4	3	
38	海北春	大同街124号	民国37、11	刘承潽	2	1	1	
39	树德义	王大路1号	民国35、4	王树芝	6	2.5	6	
40	德兴永	大马路376号	民国37、3	刘梅庭	1	1.25	5	
41	天和涌	大马路1号	民国35、5	张成凤	2	1	2	
42	德盛园	二马路13号	民国27、9	季昌秀	3	1	2	
43	人人菜社	淮海路47号	民国38、7	齐长柱	2	1.5	1	
44	刘记馄饨馆	文学巷41号	民国37、5	刘广宗	1	1.1	3	
45	陈云记	马市街4号	民国34、1	陈先云	2	1.8	3	
46	同义春	建国路195-1号	民国38、8	权茂勤	3	2	2	
47	玉龙春	复兴路320号	民国34、5	李玉生	2	3	3	
48	俊美春	三马路16号	民国37、3	孟凡春	2	1	2	
49	同心馆	津浦西马路125号	民国38、4	范九凤	2	1	4	
50	永升园	徐钢路36号	民国37、1	陈启生	4	1	4	
51	李记	建国路327号	民国27、8	李彦平	1	1	2	
52	永盛园	烈士巷3号	民国33、4	张奎盛	2	1	3	
53	好友小吃部	余窑15号	民国38、6	祖立纯	2	2	2	
54	文陆园	土城街2号	民国13、1	陈忠鼎	2	2.5	5	
55	延记	千里巷1号	民国38、4	臧学兰	2	1.5	2	
56	庆乐天	统一街82号	民国31、1	段福庆	2	1.8	3	
57	茂三园	丰财街10号	民国38、6	闵魁福	3	5	2	
58	广长馆	毕孺南街47号	民国37、9	张泰祥	1	1	3	

附表2　一九五六年合营菜馆一览表

店名	店主	地址	从业人员	资金（元）	公私方代表	备注
云赞居	张富鄂	淮海东路1号	3人	1650	私方：张富鄂 公方：卜兆山	
义利	周庆义	淮海东路4号	11人	1385	私方：周庆义 公方：裴继洪	1956年并入同芳园
升意隆	娄开明	公园西巷2号	5人	858		同年并入惠乐村
祥记	赵松友	公园西巷3号	4人	231		同年并入惠乐村
惠乐村	郑连贵	公园西巷45号	6人	120	私方：郑连贵 公方：常开志	
三珍斋	程祜昌	大同街34号	14人	717	私方：程祜昌 公方：韩德春	
聚福楼	刘清臣	淮海路294号	8人	166	私方：刘清臣 公方：徐传怖	
天盛园	刘国富	大同街1号	3人	186	私方：刘国富 公方：孙振奎	
同芳园	胡继同	淮海路6号	8人	713	私方：胡继同 公方：张传伟	61年并入常福兴
树德义	王树芝	王大路1号	5人	66	私方：王树芝	
三义居	孙德太	复兴路100号	6人	389	私方：孙德太 公方：裴继洪	
增兴德	蕙五林	复兴路251号	4人	445	私方：蕙五林 公方：鹿士龙	
常福兴	马顺成	大马路2号	6人	141		
德兴斋	刘汉章	大马路376号	7人	275	私方：刘汉章	
美味斋	权启增	大马路381-1号	6人	136	私方：权启增 公方：杭正业	同年并入云赞居
鲁兴	王发太	大同街4号	9人	600	私方：王发太 公方：周云来	
老广东	梁启明	大同街109号	4人	643	私方：梁启明 公方：夏德芳	
凌云楼	慎振乔	中枢街153号	7人	200	私方：慎振乔 公方：朱子贵	
两来凤		方学巷41号	10人	127	工人自救	60年交徐州旅社

〈表3〉　一九五八年饮服公司下辖饮食网点表

店名	地址	企业性质	备注
1、两来凤菜馆	淮海东路	国营	一九六0年交徐州旅社
2、豆腐作坊		国营	
3、徐州饭店	复兴北路	国营	
4、同芳园菜馆	淮海路6号	合营	1961年并入常福兴
5、常福兴菜馆	大马路2号	合营	
6、德兴斋菜馆	大马路376号	合营	1959年开复兴路拆除
7、增兴德菜馆	复兴路251号	合营	1959年开复兴路拆除
8、三义居菜馆	复兴路100号	合营	1959年开复兴路拆除
9、树德义菜馆	王大路1号	合营	1959年开复兴路拆除
10、聚福楼菜馆	淮海路294号	合营	
11、惠乐村菜馆	公园西巷45号	〃	1987年改建为北京餐厅
12、鲁兴菜馆	大同街4号	〃	
13、老广东菜馆	大同街109号	〃	
14、凌云楼菜馆	中枢街153号	〃	
15、云赞居菜馆	淮海东路1号		

参考文献

[1]赵明奇,韩秋红.论彭祖文化的形成、发展与历史地位[J].扬州大学烹饪学报,2008(1):22-25.

[2]董原.尚书·礼记[M].西安:三秦出版社,2012.

[3]李振华译注.楚辞[M].呼和浩特:内蒙古人民出版社,2012.

[4]朱浩熙.彭祖[M].北京:作家出版社,2006.

[5]孔颖达(唐).《礼记注疏》卷十五,1892.

[6]钱峰,胡德荣.饮食文化古今谈[M].徐州:中国矿业大学出版社,1998.

[7]杨伯峻.论语译注[M].北京:中华书局,2006.

[8]李家骥.我做毛泽东卫士十三年[M].北京:中央文献出版社,1998.

[9]王建.徐州简史[M].北京:商务印书馆,2005.

后 记

饮食是人类生存的物质基础,饮食活动创造了一个色彩斑斓的文化世界,饮食文化在人类的整个文化中具有不可替代的独特地位,更是中国传统文化中最具有特色的现象之一。从火的发明到应用,人类从生食变为熟食,实现了饮食质的飞跃;盐的发明和使用,使饮食从本味到调味的快速演变。饮食早已经不仅是满足人们的生理需要,而且也在一定程度上满足了人们的精神层面的需求。徐州悠久的发展历史孕育并创造了饮食文明。在历史的长河中,勤劳的徐州人民逐步创立了浓厚的地方饮食文化,对中国饮食文化的发展,具有举足轻重的作用。在历史发展的长河中,人们创造了灿烂的饮食文化,并且经过历代的发展,流传至今。

徐州是个依山傍水的城市,其得天独厚的自然地理环境和气候,为徐州饮食文化的发展奠定了丰厚的物质基础;徐州是个人杰地灵的城市,历代名人辈出,推动了徐州饮食文化的发展和创新;徐州是个交通枢纽城市,南北交流,文化融合,丰富了徐州饮食文化的内容,促进了徐州饮食文化的发展;徐州人民是勤劳勇敢的人民,在对生活美好的追求中,创造和延续了徐州饮食文化的发展。

本书简要介绍了徐州饮食的发展历史、重要历史时期的彭祖饮食文化和两汉饮食文化,也推出了具有浓厚地方特色的伏羊文化和酒文化;对徐州的饮食特色也做了较为详细的介绍,穿插了部分的徐州物产和饮食习俗;收集整理了部分的老字号和名人与徐州饮食的内容。力争该书既有学术性,也有趣味性,便于读者初步了解徐州饮食文化的内涵,增强徐州饮食文化的传承与弘扬。

需要特别说明的是,鉴于2020年国家出台了更严格的"国家重点保护野生动物名录"等相关法律规定,书中删去了相关内容。

本书在编写的过程中,得到了徐州同行们的大力支持和帮助,为作者提供了大量的资料,江苏省徐州技师学院领导也多次了解情况,指导该书的撰写工作。徐州市原政协副主席赵彭城先生、江苏省徐州技师学院原党委书记刘涛先生,在百忙中写了序言。在此向他们表示衷心的感谢。由于作者才学疏浅,特别是对一些地方饮食史料研究还不够细致,不到之处在所难免,尤其是一些学术观点,仅代表个人思想和观点。同时由于徐州饮食文化内容丰富多彩,面广量大,不能一一列入。因此,不到之处,请请读者谅解。

编著者
二〇二〇年一月十五日